真菌微宇宙

看生態煉金師
如何驅動世界、
推展生命，連結地球萬物

How Fungi Make Our Worlds,
Change Our Minds &
Shape Our Futures

Entangled Life

Merlin Sheldrake

梅林・謝德瑞克 ——— 著
張東柱 ——— 審訂
周沛郁 ——— 譯

目錄

05

在植物的根出現之前——143

06

全林資訊網——171

以感激之心，

獻給我所師法的真菌。

前言

仰望樹頂。樹幹上萌發蕨類和蘭花，到了樹冠，消失在糾纏的藤本植物之中。我上方的高處，一隻巨嘴鳥呱地一聲，從牠棲息處振翅飛走，一群吼猴的吼聲趨緩。雨剛停，我頭上的葉子不時突然灑落陣陣大水滴。地面上低低飄著一片霧氣。

樹根從樹幹基部往外蜿蜒，不久就消失在叢林地上一堆堆厚厚的落葉之中。我用一根樹枝打地驚蛇。一隻狼蛛匆匆爬開，我跪下來，沿著樹幹向下摸索，從其中一條樹根摸向一團海綿狀的碎屑，細根在那裡緊密糾結成又紅又褐的一團。一股濃郁的味道飄起。白蟻爬過迷宮，一隻馬陸蜷起身子裝死。我的根消失在地裡，我用小鏟子清空了周圍。再用雙手和一根湯匙鬆動土壤表層，盡可能輕輕挖掘，緩緩把根暴露出來，根從樹木延伸而出，在土表下蜿蜒延伸。

一個小時後，我前進了大約一公尺。我的根現在比弦還要細，開始大量激增。根和鄰居糾纏在一起，很難追蹤，所以我趴下來，把頭探進我挖的淺溝裡。

有些根聞起來有刺激的堅果味，有些有木質的苦味，但我用指甲刮刮那棵樹的根，卻聞到帶香料味的刺激樹脂味道。一連幾個小時，我在地上一吋吋前進，每幾公分就刮刮嗅嗅，確保我沒追丟。

時間漸漸過去，我挖掘的根冒出更多細根，我選擇其中幾條，一路追到尖端鑽進腐爛的葉或細枝碎片之處。我把尖端浸到一瓶水裡，洗去泥巴，透過小型放大鏡來看。細根像小樹一樣分枝，表面有一層半透明的東西，看起來新鮮有黏性。我想要檢視的，就是這些精細的結構。一個真菌網絡從這些根蔓延入土壤裡，散布在附近樹木的根周圍。少了這個真菌網絡，我的樹就無法存活。少了這樣的真菌網絡，哪裡都不會有植物存在。陸地上的所有生命（包括我自己）都要仰賴這些網絡。我輕輕拉扯我的根，感到地面動了。

作者序　身為真菌是什麼情況？

在溼潤的愛之中，
某些片刻會令天堂嫉妒我們在地上能做的事[1]。
——十四世紀波斯敘情詩人哈菲茲（Hafiz）

真菌無所不在，卻很容易被忽略。真菌在你體內，也在你身邊。真菌供養你和你依賴的一切。在你讀這些字的當下，真菌正在改變生命發生的方式；真菌這麼做已超過十億年。真菌吃岩石，產生土壤，分解汙染物，滋養、殺死植物，在太空生長，引發幻覺，產生食物，製藥，控制動物行為，影響地球的大氣組成。想要了解我們所住的星球、我們思考、感覺、表現的方式，真菌是個關鍵。然而真菌一生幾乎都隱而不顯，超過百分之九十的真菌還不曾有過記錄。我們從真菌學到的愈多，愈發現少了真菌說不通。

真菌組成一個生物王國——和「動物界」或「植物界」一樣，是個遼闊熱鬧的範疇。細小的酵母菌是真菌，世上最大的生物之一——蜜環菌（*Armillaria*）蔓延的網絡也是真菌。目前的記錄保持者在美國奧勒岡州，有幾百噸重，蔓延十平方公里，大約兩千到八千歲。可能還有許多更大型、更古老的樣本尚未發現[2]。

地球最戲劇化的事件中，許多曾是（而且仍然是）真菌活動的結果。植物因為和真菌合作而離開水中，不過是五億年前的事，真菌成為植物根系數千萬年，直到植物能演化出自己的根。今日，超過百分之九十的植物依賴菌根菌（mycorrhizal fungi，這字來自希臘的真菌〔*mykes*〕和根〔*rhiza*〕），可以用共享的網絡來連結樹木，這網絡有時稱為「全林資訊網」。這古老的關係促成了陸上所有可以辨識出的生命，而這些生命的未來取決於植物和真菌持續建立健康關係的能力。

植物或許綠化了地球，但如果我們把目光放回四億年前的泥盆紀，會看到另一種令我們驚歎的生命形態——原杉藻（*Prototaxite*）。這些活生生的尖塔散生在地景中。許多比兩層樓的建築還要高。放眼望去，找不到接近這種體型的生物；雖然當時已有植物存在，但都不過一公尺高，有脊柱的動物還沒離開水中。小昆蟲以巨大的樹幹為家，在樹幹裡啃出房間和走廊。這謎一般的生物群（以前認為是巨大的真菌）是至少四千萬年之間在乾燥陸地上最大的生命構造，存在時間比人屬（*Homo*）長了二十倍[3]。

至今，陸上生的新生態系仍然是由真菌建立。火山島嶼形成，或是冰河後退、露出裸露的岩石時，地衣（lichen）這種真菌和藻類或細菌結合的產物，就是最先登陸的生物，會產生土壤，之後植物才能落地生根。在完善的生態系裡，如果沒有真菌組織的緻密之網把土壤固定在一起，土壤會迅速被雨水沖刷。地球上很少有真菌到不了的角落；從海床上最深層的沉積物，到沙漠的土表，到南極冰凍的谷地，到我們的腸胃和孔口。一株植物的葉和莖上，就存在數十、甚至數百種的真菌。這些真菌會在植物細胞之間的空隙交織成緊密的織錦，協助植物抵禦病害。自然狀態下生長的植物都少不了這些真菌；真菌對植物而言，就像葉子或根一樣不可或缺[4]。

真菌可以在各式各樣的環境生長茁壯，靠的是它們多樣化的代謝能力。代謝作用是化學轉換的藝術。真菌是代謝的魔法師，靈巧地探索、覓食、回收利用，它們的能力只有細菌能相提並論。真菌靠著強大酵素和有機酸的混合物，分解地球上一些最頑固的物質，從木質素（木材中最堅韌的組成）到岩石、原油、聚胺塑膠（polyurethane plastic）和TNT炸藥。很少環境對真菌來說太極端。礦場廢水裡分離出來的一種真菌，是目前發現最抗輻射的生物之一，或許能幫忙清理核廢料場。車諾比（Chernobyl）的核子反應爐裡住了大量的這種真菌。一些耐輻射的菌種，甚至會朝著放射性的「熱」粒子生長，似乎能把輻射當作能量來源，就像植物利用陽光中的能量[5]。

真菌的想像

蕈菇主宰了最普遍的真菌想像。不過植物的果實屬於遠比較大的結構，結構中還包括枝幹和根；同樣的，蕈菇只是真菌的子實體，也就是產生孢子的地方。孢子對真菌的功能，就像種子之於植物——讓它們傳播出去。真菌藉著蕈菇，懇求真菌以外的世界（從風到松鼠）幫忙傳播孢子，或是防止干擾這個過程。蕈菇是真菌變得可見、刺鼻、令人垂涎、美味、有毒的部分。然而，蕈菇只是眾多方式中的一種；絕大部分的真菌完全不產生菇體，就能釋放孢子。

多虧真菌子實體散播孢子的多產特性，我們活著都在呼吸真菌。有些真菌會爆炸噴散孢子，加速後的速度比起剛發射後的太空梭快了一萬倍，時速達一百公里——在生物活動的速度中名列前茅。其他種的真菌會產生自己的微氣候——蕈菇的菌褶蒸發水分，產生氣流，帶著孢子往上飄。真菌每年產生五千萬噸的孢子（相當於五十萬頭藍鯨的體重），因此是空氣中有生命粒子的最大來源。雲裡也有孢子，這些孢子會促使水滴和冰晶形成，最後形成雨和雪、霰和冰雹[6]。

有些真菌（像是把糖發酵成酒精、讓麵包發酵膨脹的酵母）是單細胞，藉著出芽生殖，一分為二。然而，大部分的真菌會形成許多細胞的網絡——菌絲（hyphae，發音：HY fee），這是細小的管狀結構，會分枝、融合、交纏成亂糟糟掐絲藝品般的菌絲體。菌絲體是指最常見的真菌習性，應該視為一個過程，而不是一種東西——是一個試探性、不規律的趨勢。水和養分透過菌絲體網絡，流過生態系。有些種類的真菌，菌絲體可以用電流刺激，沿著菌絲傳導電流活動，類似動物神經細胞裡的電脈衝[7]。

菌絲會形成菌絲體，但也會形成更特化的構造。子實體（例如蕈菇）是由菌絲束交纏而成。這些器官除了釋放孢子，還有許多厲害的功能。有些像是松露會產生香氣，因此成為世上最昂貴的食物之一。也有些像毛頭鬼傘（*Coprinus comatus*），雖然本身的質地並不堅硬，卻會從柏油地裡鑽出，抬起沉重的鋪路磚。摘朵鬼傘，就能煎來吃；把鬼傘放在罐子裡，潔白的菇體幾天內就會化成烏黑的墨汁（本書的插畫就是用鬼傘的墨汁繪成）[8]。

真菌擁有代謝天賦，因此能建立各式各樣的關係。打從植物成為植物以來，不論是根或莖的養分或防禦都依賴真菌。動物也處處仰賴真菌。地球上最大、最複雜的社會是由人類形成，第二名則是切葉蟻。蟻群數量可以達到八百萬隻以上，地下的蟻巢擴張到直徑逾三十公尺。切葉蟻的生命以洞穴隔室裡栽培的那株真菌為中心，牠們會用葉子碎片餵養真菌[9]。

人類社會和真菌的糾葛不亞於切葉蟻。真菌造成的病害導致數十億美元的損失——稻熱病菌每年損害的稻米數量足以餵飽超過六千萬人。樹木的真菌病害（從荷蘭榆樹病到栗枝枯病）改變了森林和地景。羅馬人向黴菌之神羅比格斯（Robigus）祈禱，防止真菌病害，但無法阻止飢荒，進而促成羅馬帝國衰亡。世界各地真菌病害的影響愈演愈烈——非永續的農法讓植物很難和它們依賴的有益真菌建立關係。抗真菌的化學物質廣泛使用，導致前所未有的新興超級真菌，威脅了人類與植物的健康。在人類散布致病真菌的同時，我們也為這些真菌的演化創造了新機會。過去五十年來，史上最致命的疾病（一種感染兩棲類的真菌）因為人類貿易而擴散到世界各地。九十種兩棲類因此絕種，還有上百種有滅絕的危險。華蕉（Cavendish）這個品種的香蕉占了全球香蕉運量的百分之九十九，卻因為一種真菌病害而大量死亡，在未來數十年間面臨滅絕的危機[10]。

不過人類和切葉蟻一樣，也會設法利用真菌，解決各種迫切的問題。其實，我們運用真菌解決問題的歷史，可能比我們成為智人的時間更久。二〇一七年，研究者重建了尼安德塔人（Neanderthal）的飲食；尼安德塔人是現代人類的近親，在大約五萬年前滅絕。他們發現，一個牙膿腫的尼安德塔人持續食用一類真菌（會產生盤尼西林的黴菌），表示知道這類真菌有抗生素的性質。還有其他久遠的例子，像是冰人（Iceman）。冰人是新石器時代的屍體，發現於冰河的冰中，存在距今大約五千年，保存極佳。冰人死去那天帶著一個小袋子，袋中塞滿一塊塊木蹄層孔菌（*Fomes fomentarius*），應該是用來生火的；此外還有悉心準備的樺樹多孔菌（*Piptoporus betulina*）碎片，很可能是作為藥用[11]。

澳洲的原住民會從桉樹陰面採取黴菌，治療傷口。猶太人的《塔木德經》（*Talmud*）中寫到一種黴菌的藥，稱為「查瑪克」（chamka），其中含有泡在椰棗酒裡的發霉玉米。西元前一五〇〇的古埃及草紙上提過黴菌的療效，西元一六四〇年，在倫敦的御用草藥師約翰・帕金森（John Parkinson）描述了用黴菌治療傷口。但直到一九二八年，亞歷山大・弗萊明（Alexander Fleming）才發現黴菌會產生一種殺細菌的化學物質——盤尼西林。盤尼西林成為最早的現代抗生素，至今拯救了無數生命。弗萊明的發現普遍認為是現代醫學的一個關鍵時刻，可以說幫忙扭轉了二次世界大戰的權力平衡[12]。

盤尼西林這種化合物可以讓真菌不受細菌感染，結果居然也能保衛人類。不過這不是特例；雖然真菌長久以來都和植物歸為一類，關係卻和動物比較近——研究者努力了解真菌的生命時，經常犯下這類的範疇錯誤。而在分子層次，真菌和人類的相似度夠高，許多生化創新能讓真菌與人類都受益。我們使用真菌產生的藥物時，常常是借用真菌的解決辦法，搬到我們自己體內。真菌製藥的產量豐富，今日除了盤尼西林，許多其他的化學物質也要靠真菌——環孢素（cyclosporine，一種免疫抑制藥物，讓人可以移植器官）、降膽固醇的史他汀類藥物（statin），許多強力的抗病毒與抗癌物質（包括價格高昂的汰癌勝〔Taxol〕）原本是從紫杉樹上的真菌中萃取而得，何況還有酒精（由酵母菌發酵產生）和裸蓋菇鹼（psilocybin，又譯賽洛西賓，是迷幻菇類中的活性成分，最近在臨床試驗中顯示能減輕重度憂鬱與焦慮）。工業用的酵素，百分之六十是由真菌產生，而百分之十五的疫苗是由經過改造的酵母菌品系產生。所有汽泡飲料都會用到真菌產生的檸檬酸。食用真菌的全球市場蒸蒸日上，預估會從二〇一八年的四百二十億美元，成長到二〇二四年的六百九十億美元。藥用蕈菇的銷售量年年增加[13]。

真菌的妙方不只應用在人類健康。基進真菌科技能幫我們對付一些環境持續破壞而導致的問題。真菌菌絲體產生的抗病毒化合物，會減少蜜蜂的蜂群衰竭失調症（colony collapse disorder）。真菌貪婪的胃口可以用來分解汙染物，例如漏油事件的原油；這個過程稱為真菌修復法（mycoremediation）。真菌過濾（mycofiltration）則是讓汙水通過菌絲體層，濾出重金屬，分解毒物。真菌製造（mycofabrication）則是讓菌絲體長出建材和織品，在許多應用上取代塑膠和皮革。真菌的黑色素（melanin，耐輻射真菌產生的色素）是很有潛力的抗輻射生物材料[14]。

人類社會總是繞著奧妙的真菌代謝作用而運轉。真菌的化學成就，要花幾個月才說得完。然而真菌雖然前景燦爛，在許多古代人類奇事中扮演了關鍵角色，得到的關注卻是動物和植物的九牛一毛。依據估計，世上有二百二十萬到三百八十萬種真菌（是估計植物物種的六到十倍），這表示描述過的真菌僅僅占總數的百分之六。我們才開始了解真菌生命的複雜精妙[15]。

走進隱祕而充滿生機的世界

打從我有記憶以來，就一直著迷於真菌和它們引起的變化。堅固的石頭變成土壤，一團麵團發酵成麵包，一朵蕈菇在一夜之間爆發——但這是怎麼辦到的？我青少年時期處理迷惘的方式，是想辦法把心思放在真菌上。我摘蕈菇，在我臥室種蕈菇。之後，我釀了酒，希望學到更多酵母菌的事，這影響了我。蜂蜜變成蜂蜜酒、果汁變成葡萄酒的轉變（還有這些轉變的產物如何轉變了我和朋友的感官）令我驚奇。

我成為劍橋大學植物系（劍橋沒有真菌學系）的大學生時，開始了我對真菌的正式研究，變得對共生著迷——共生就是無關生物之間形成的緊密關係。原來生命的歷史中，充滿密切的合作。光合作用是植物吃進光和空氣中二氧化碳的過程，產生的醣類和脂質能提供能量；而我得知大部分植物仰賴真菌提供土壤中的養分（例如磷或氮），並且用醣類和脂質來交換。植物和真菌之間的關係，促成了我們所知的生物圈，支持陸上的生命至今，但我們似乎了解太少。這些關係是怎麼形成的？植物和真菌如何和彼此溝通？我該怎麼學到更多和這些生物的生命有關的事？

我接受一份博士生的錄取通知，前往巴拿馬的熱帶森林研究菌根關係。不久之後，我搬到史密森尼熱帶研究所（Smithsonian Tropical Research Institute）在一座小島上經營的一個試驗站。那座小島和周圍的半島屬於一個自然保留區，全區森林覆蓋，只有一片空地上有著宿舍、食堂和實驗室建築。那裡有種植植物的溫室、裝滿一袋袋枯枝落葉的乾燥櫃、排滿顯微鏡的一間實驗室，還有一個裝滿樣本的大型冷藏庫——裡面有一瓶瓶樹液、死掉的蝙蝠，試管是刺鼠和巨蝻背上拔起來的蜱。布告欄上的海報，懸賞的是森林裡新鮮的豹貓排泄物。

叢林裡生意盎然。有樹懶、美洲獅、蛇、鱷魚；還有雙冠蜥可以跑過水面而不會沉下去。僅僅幾公頃的土地上，木本植物的種類和全歐洲一樣多。森林多樣性豐富，因此來這裡研究的田野生物學家也是形形色色。有些爬樹，有些觀察螞蟻。有些每天黎明出發，追蹤猴子。有些追蹤熱帶暴風雨中擊中樹木的閃電。有些整天吊在吊車上，測量森林樹冠的臭氧濃度。有些用電子元件加熱土壤，看看細菌對全球暖化有什麼反應。有些研究甲蟲怎麼用星辰導航。熊蜂、蘭花、蝴蝶——森林裡的生命似乎沒有哪個面向沒人觀察。

這個研究社群的創意和幽默令我驚奇。實驗生物學家大部分的時間都在管理他們研究的活樣本。他們的人生，置身於包含主題內容的疑問之外。田野生物學家則很少能控制那麼多。這世界就是疑問，而他們置身其中。二者的權力平衡不同。暴風雨沖走他們標示實驗的旗子；樣區裡的樹木倒下；樹懶死在他們打算測量土壤養分的地方；他們鑽過叢林時，被子彈蟻叮咬。森林和林中的居民打破了科學家當家作主的錯覺，我們很快就學會謙遜。

植物和菌根菌之間的關係，是了解生態系如何運作的關鍵。我想更了解養分透過真菌網絡而傳遞的方式，但一想到地下發生的事，我就頭昏。植物和菌根菌不大挑剔——一株植物的根裡可能住著許多真菌，而許多植物可以透過一個真菌網絡來彼此相連。就這樣，各式各樣的物質（從養分到訊息傳遞物質）可以透過真菌的連結，在植物之間傳遞。簡單來說，植物透過真菌而有了社會網路。這就是「全林資訊網」的意思。我研究的熱帶森林中，有數以百計的植物和真菌物種。這些網路複雜得不可思議，隱含的意義重大，而我們了解甚少。想像一個星際人類學家研究現代人類數十年之後，發現我們有網際網路這種東西，會有多麼大惑不解。當代的生態學有點像這樣。

我努力研究土壤間串連的菌根菌網路時，收集了數千件土壤樣本和樹根修剪下的樣本，打成糊，萃取其中的脂質或DNA。我在盆裡種了數百株植物，那些植物有著不同的菌根菌群落，而我量測植物的葉子有多大。我在溫室周圍撒了厚厚一圈圈黑胡椒，防止貓溜進來，帶進外來的真菌群落。我在植物上施用化學標記物，追蹤這些化學物質透過根，進入土壤，藉此測量應該有多少給了它們的真菌同伴——繼續搗碎，打成更多的糊。我坐著時常故障的小摩托船，嘩啦啦繞過森林遍布的半島；我爬上瀑布尋找稀有植物；背包裡裝滿吸飽水的土壤，沿著泥濘的步道跋涉幾哩路；開著卡車駛進一攤攤濃稠的叢林紅泥。

雨林中的許多生物之中，我最著迷的是一種小花。小花從地上萌發，像咖啡杯那麼高，莖梗蒼白細長，頂上撐著一朵鮮藍色的花朵。這種植物屬於叢林裡龍膽草科的鬼草屬（*Voyria*），很早以前就失去了光合作用的能力。而鬼草也失去了葉綠素，也就是讓植物能進行光合作用、呈現綠色的色素。鬼草令我大惑不解。光合作用是植物之所以是植物的關鍵。沒了光合作用，這些植物怎麼生存？

我懷疑鬼草和它們真菌夥伴的關係非比尋常，不知道這些花能不能告訴我土表下發生的一些事。我花了好幾個星期，在叢林裡尋找鬼草。有些花長在森林裡開闊的地帶，很容易看見。有些則藏起來，躲在樹木的板根後面。在四分之一個足球場大的樣區裡，會有數以百計的鬼草，而我必須一一清點。森林很少開闊、平坦，所以得手腳並用攀爬、彎腰鑽過。其實什麼狀況都可能，就是無法好好走。每天晚上回到試驗站時，我都渾身發臭，精疲力竭。晚餐時，我的荷蘭生態學家朋友會拿我莖桿脆弱的可愛小花開玩笑。他們研究熱帶森林儲藏碳的情況。我拖著腳步，瞇眼尋找地上的小花，他們則在測量樹木的周長。對森林的碳預算來說，鬼草微不足道。我的荷蘭朋友取笑我的迷你生態學和我小巧的迷人東西。我取笑他們粗野的生態學和他們的大男人主義。隔天天亮時，我會再次出發，盯著地上看，希望這些奇妙的植物會幫我找到通往地下的途徑，進入這個隱祕而充滿生機的世界。

跳脫成見，跨越界線

不論是森林、實驗室或是廚房，都改變了我的看法，讓我重新理解生命如何發生。這些生物引發了我們自身領域的疑問，而思考這些疑問時，這世界顯得不同了。我愈來愈喜愛它們這種能力，因此才寫了這本書。我曾經設法享受真菌的模稜兩可，但是在開放式問題創造出的空間裡，難免不自在，可能引發開放空間恐懼症（agoraphobia）。躲在速成答案建構的小房間，很吸引人。我盡可能忍耐。

我有個朋友——大衛．亞伯蘭（David Abram）是哲學家兼魔術師，他曾在麻薩諸塞州愛麗絲餐廳當過駐點魔術師（這家餐廳因為亞羅．古斯瑞〔Arlo Guthrie〕的歌而聲名大噪）。他每天晚上都會在桌子間穿梭；錢幣在他指間翻轉，再度出現在意想不到的地方，接著再度不見，一分而二，然後消失無蹤。一天晚上，兩名顧客離開餐廳之後隨即回來，憂心忡忡地把大衛拉到一旁。他們說他們離開餐廳時，天空藍得嚇人，雲朵龐大而清晰。他在他們飲料裡加了什麼嗎？一週週過去，事情一再發生——顧客回來說車潮感覺比以前更吵，街燈更明亮，人行道上的圖樣更迷人，雨更令人精神一振。魔術把戲改變了人們體驗世界的方式。

大衛向我解釋，他為什麼覺得是這樣。我們的感知很大一部分是靠期待來運作。在理解這世界時，相較於不斷從頭形成全新的感知，預先形成意象、用少量的感官新資訊來更新，需要的認知心力比較少。我們的成見導致了盲點，魔術師正是利用這種情形。錢幣把戲逐漸鬆動了我們對於手和錢幣運作方式的期待。最後，甚至鬆動了我們對一般感知的期待。離開餐廳時，天空看起來不同，是因為顧客看到那片天空當下的模樣，而不是預期中的模樣。我們被哄騙得跳脫期待，只能仰賴自己的感知。令人訝異的是，我們預期會看到的和我們實際去看的結果，居然有著天壤之別[16]。

真菌也哄騙我們跳脫成見。真菌的生命與行為令人驚奇。我愈研究真菌，期待就愈鬆動，熟悉的概念也開始愈顯陌生。生物探究有兩個快速成長的領域，幫助我渡過這些驚訝的狀態，並且提供架構，引導我探索真菌世界。

首先是愈來愈意識到動物界之外的無腦生物演化出許多能解決問題的複雜行為。最知名的是黏菌，例如多頭絨泡黏菌（*Physarum polycephalum*，雖然名字裡有個「菌」，不過是變形蟲，和真正的黴菌不同，不是真菌）。我們都知道，黏菌並不是唯一能解決問題的無腦生物，但黏菌很容易研究，已經成為開啟研究新門路的典型物種。絨泡黏菌會形成探索的網絡，由觸手狀的脈絡構成，沒有中央神經系統（或是任何類似的東西）。不過黏菌可以比較一些可能的行動方案，找到迷宮裡兩點之間最短的路徑，「做出決定」。日本研究者把黏菌放在仿大東京地區製成的培養皿裡。燕麥片是主要的都市樞紐，強光代表山之類的障礙——黏菌不喜歡光。一天之後，黏菌找到燕麥之間最有效率的途徑，發散成一個網絡，和東京目前的鐵路網幾乎一模一樣。類似的實驗中，黏菌重現了美國的高速公路網絡，和羅馬在中歐的網絡。一個黏菌愛好者跟我說了他做過的一個測試。他常在宜家家居的店裡迷路，得花好幾分鐘尋找出口。他決定拿這個問題挑戰他的黏菌；他依據當地宜家家居的平面圖，建了一個迷宮。果不其然，雖然沒有任何指標，也沒有店員指引，黏菌還是迅速找到通往出口的最短路線。「知道了吧，」他說著笑了一聲，「它們比我聰明。」[17]

至於要不要說黏菌、真菌和植物「有智慧」，取決於每個人的觀點。傳統科學對智能的定義，是以人類為標準來衡量其他物種。依據這些人類中心主義的定義，人類總是智能排名行的第一名，之後是外觀跟我們相似的動物（黑猩猩、巴諾布猿等等），然後是其他「高等」動物，這個名次表就如此這般往下排——一大串古希臘人提出的智能排名，多少延續至今。這些生物看起來不像我們，或外在表現和我們不同（或沒腦袋），所以傳統上被歸於階級底層的位置。它們太常被視為動物生命的靜止背景。然而其中許多生物能做出複雜的行為，促使我們以不同的方式思考生物「解決問題」、「溝通」、「做決定」、「學習」和「記憶」是什麼意思。這時，現代思維下一些惱人的階級就開始鬆動了。然後我們對於人類之外的世界那種毀滅性的態度，就可能開始改變[18]。

在這探究過程中引導我的第二個研究領域，關乎我們如何看待這星球無所不在的微生物。過去四十年，新科技讓我們破天荒地容易觸及微生物。結果呢？原來對你的微生物群落（也就是你的微生物群系〔microbiome〕）來說，你的身體就是個宇宙。有些微生物偏愛你頭皮的溫帶森林，有些喜歡你前臂的乾燥平原，有些愛你胯下或腋窩的熱帶森林。你的腸道（如果攤開來，可以鋪滿三十二平方公尺）、耳朵、指頭、口腔、眼睛、皮膚和身體所有表面、通道和腔室，都充斥著細菌和真菌。你身上的微生物數目比你「自己」的細胞還要多。你腸胃裡的細菌多過我們銀河裡的星星[19]。

我們人類通常不會思考該怎麼判斷個體和個體的分界。我們通常忽略我們始於身體開始的地方，終於身體結束的地方（至少在現代工業社會是這樣）。現代醫學的進展（例如器官移植）擾亂了這些區別；微生物學的發展則從基礎加以動搖。我們都是生態系，由微生物生態構成（或分解），其中的意義直到現在才逐漸明朗。住在我們體內和體表的四兆多微生物，讓我們消化食物，產生滋養我們的重要礦物質。這些微生物就像住在植物體內的真菌，會保護我們不受疾病侵襲。它們引導我們的身體和免疫系統發展，影響我們的行為。如果沒加以約束，它們會導致疾病，甚至害死我們。我們並不是特例。就連細菌體內也有病毒（稱為奈米生物群系〔nanobiome〕）。即使病毒中也有其他更小的病毒（稱為微微生物〔picobiome〕）。共生是一種普遍存在的生命特徵[20]。

我在巴拿馬參加了一場熱帶微生物的研討會，和許多研究者在三天中對我們研究的意義愈來愈迷惑。有人站起來談論一類植物的葉子含有某一類化學物質。在那之前，那些化學物質一向是那類植物的關鍵特徵。然而，結果證實那些化學物質，其實是住在那植物葉片裡的真菌製造的。我們對那植物的概念有待重新描繪。另一個研究者插嘴，他認為產生這些化學物質的或許不是長在葉子裡的真菌，而是真菌中的細菌。研討會就按著這樣的脈絡繼續進行。兩天後，個體的概念加強、拓展到超乎想像。討論個體已經不再有意義。生物學（研究生物的學問）轉換成了生態學——研究生物之間關係的學問。火上加油的是，我們所知甚少。投影在螢幕上的微生物群落圖，有一大部分標示著「未知」。我想起現代物理學家怎麼描繪宇宙——超過百分之九十五的宇宙是「暗物質」和「暗能量」。暗物質與能量之所以黑暗，是因為我們對此一無所知。而這則是生物的暗物質，或黑暗的生命[21]。

許多科學概念（從時間、化學鍵到基因和物種）都缺乏牢靠的定義，只是有助於思考的範疇。從一個角度來看，「個體」沒什麼差別——只是另一個引導人類思考和行為的範疇。儘管如此，日常生活和經驗（更不用提我們的哲學、政治、經濟系統）有很大部分取決於個體，因此很難無動於衷地看著個體的概念破滅。這樣的話，「我們」算什麼？那「他們」呢？還有「我」？「我的」？「所有人」？或是「任何人」？我對研討會上討論的反應，不止於知性的反應。就像在愛麗絲餐廳用餐過的顧客，我的感覺變了——熟悉的事物變得陌生。微生物群系領域研究的一位年長政治家觀察到，「失去自我認同感、自我認同的錯覺以及『受人控制』的經驗」，都是精神疾病的潛在症狀。想到有多少概念必須重新探討，尤其是我們文化珍視的身分認同、自主和獨立這些概念，我就覺得暈眩。微生物學的進展多少是因為這種令人不安的感覺，所以才那麼刺激。我們的微生物關係，能多親密就多親密。更加了解這些關聯，改變了我們對自己身體和居住地的經驗。「我們」是跨越界線、打破範疇的生態系。我們的自我是從複雜糾葛的關係中形成，這些關係現在才開始為人所知[22]。

科學想像的更深處

研究關係的學問可能令人困惑，幾乎一概含糊不明。是切葉蟻馴養了牠們所依賴的真菌，還是真菌馴養了切葉蟻？是植物栽培了共同生活的菌根菌，還是菌根菌栽培了植物？箭頭究竟指向哪一方？這種不確定性其實很合理。

我有位教授叫奧利佛・拉克姆（Oliver Rackham），是生態學家兼歷史學家，研究數千年來生態系如何受到人類文化塑造、如何塑造人類文化。他帶我們到附近的森林，解讀老櫟樹分枝的扭曲與裂縫、觀察蕁麻在哪裡特別茂密、注意樹籬裡有哪些植物、沒有哪些植物，由此告訴我們這些地方和人類居民的歷史。在拉克姆的影響下，我想像中區分「自然」與「文化」的明確界線開始模糊了。

之後，在巴拿馬做田野調查時，我見識了許多田野生物學家和他們研究對象之間的複雜關係。我跟蝙蝠學者開玩笑說，他們整夜醒著、白天睡覺，是在學蝙蝠的習性。他們問我，真菌怎麼把自己銘印在我身上。我至今還不知道。但我仍然納悶，我們這麼依賴真菌（真菌是我們的再生者、回收者、鏈接者，把這世界拼湊在一起），受真菌擺布的頻繁程度如何超出我們的想像。

即使有，也很容易忘記。我常常出神，把土壤看作抽象的地方，是概略化互動的模糊場域。我和同事會說這類的話：「某某某報告了一個乾季到下一個溼季之間，土壤碳大約增加了百分之二十五。」這也是情有可原吧？我們無從體驗土壤的荒野，以及其中生氣勃勃的無數生物。

我利用僅有的工具嘗試過了。我的數千個樣本通過昂貴的儀器，攪拌、用放射線照射、轟炸，把試管的內容物變成一串串數字。我花了整整好幾個月盯著一具顯微鏡，沉浸在充滿蜿蜒菌絲的根景；這些菌絲被凍結在它們和植物細胞交流的曖昧行為中。但我能看到的真菌仍然沒有生命，經過防腐處理，染上不真實的顏色。我覺得自己像笨手笨腳的偵探。在我蹲了幾星期，把泥巴刮進小試管的當兒，巨嘴鳥呱呱叫，吼猴咆哮，藤本植物糾纏，食蟻獸舔來舔去。微生物（尤其是埋在土裡的）不像活潑又迷人的地表大型世界那麼容易接近。要讓我的發現變得生動，讓這些發現加強、貢獻整體的了解，其實需要想像力。沒別的辦法。

在科學界，想像力通常稱作臆測，令人半信半疑；出版時，通常會強制附加健康警語。詳細記錄研究的一個要點，是徹底去除奔放的想像、過場劇情，以及上千遍促成一丁點發現的失敗嘗試。不是所有閱讀研究報告的人，都想辛苦嚼完這些小題大作的內容。何況科學家必須顯得可靠。溜到後臺，可能發現大家不大那麼像樣。即使在後臺，我和同事分享最深夜的沉思時，也很少深談我們如何想像（偶然或刻意的想像）我們研究的生物，不論是魚、鳳梨科植物、藤本植物、真菌或是細菌。承認我們一團混亂的想像、隱喻和沒根據的臆測，可能幫忙塑造了我們的研究，其實有點難為情。儘管如此，想像仍然是日常探究的一部分。科學並不是無情理性的活動。科學是（而且一向是）有情感、有創意、直覺式的，關乎全人類，而且對一個世界提出問題，這世界從來不是存在來給人編目、系統化的。每次我問這些真菌在做什麼，設計研究來試圖了解真菌的行為時，我不可避免要想像真菌。

有個實驗迫使我凝視科學想像的更深處。我報名參與一個臨床研究，調查ＬＳＤ對科學家、工程師、數學家解決問題的能力有什麼影響。迷幻藥的潛能尚未開發，科學和醫學對這些潛能的興趣正在廣泛地復甦，而這研究正是其中之一。研究者想知道ＬＳＤ能不能讓科學家進入專業的無意識中，幫助他們從不同的角度處理熟悉的問題。我們的想像力通常受到忽略，但應當成為臺上的主角、受到觀察的現象，甚至可能需要測量。全國各地科學系所的海報招募了一群兼容並蓄的年輕研究者（「你有個有意義的問題需要解決嗎？」）。這是很大膽的研究。有創意的突破不論在哪都很難促成，更不用說在醫院的臨床藥物實驗部門了。

進行實驗的研究者在牆上掛上迷幻的掛畫，設置音響系統播放音樂，讓房間亮著「月光」色的光。他們試圖去除場景的診所特質，卻讓那裡顯得更人工——承認了他們（科學家）可能對他們的主題內容造成的影響。這樣的布置凸顯了許多研究者天天要面對合理的不安全感。要是所有生物學實驗的受試者都能得到適合的情境光線和放鬆音樂，他們的行為會有多大的不同。

護士確保我早上九點準時喝下LSD。他們仔細看著我，直到我吞下所有液體；液體兌入了一個酒杯的水。我躺在醫院房間的床上，護士從我前臂的留置針抽了一管血液樣本。三小時後，我達到「巡航高度」時，我的實驗助理溫和地鼓勵我開始思考「和工作有關的問題」。開始前，有一系列的心理測量測驗和人格評估，要求我們盡可能詳盡地描述我們的問題——我們探索過程中可能辛苦拆解的打結難題。把那些結浸在LSD裡，或許能讓結鬆脫。我所有的研究問題都和真菌有關，想到LSD最初是從糧食作物中的真菌裡萃取出來，我就覺得欣慰；那是我真菌問題的一個真菌答案。會發生什麼事呢？

我想利用LSD試驗，更宏觀地思考藍花鬼草的生命，以及鬼草與真菌的關係。鬼草是怎麼不靠光合作用而生存？幾乎所有植物都藉著從土中菌根菌網絡吸取礦物質維生；真菌擠進鬼草根裡，長成亂糟糟的一團，由此看來鬼草也不例外。但少了光合作用，鬼草沒辦法製造富含能量的醣類與脂質；這是生長所需的材料。那麼鬼草的能量從哪裡來？這些花會不會是透過真菌網絡，吸取其他綠色植物的物質？那樣的話，鬼草有沒有可以回報真菌夥伴的東西，或者鬼草只是寄生生物——是全林資訊網的駭客？

我閉著眼睛躺在醫院床上，納悶著身為真菌是什麼情況。我發現自己在地面下，周圍的生長頂點竄過彼此。一群群球狀的動物在嚙食——植物根部，忙碌喧囂——土壤的蠻荒西部——這些土匪、強盜、獨行俠、賭徒。土壤是無邊無際的外部腸道（到處都在消化、回收），一群群細菌乘著一波波電荷（化學的天氣系統），像地下的高速公路，黏呼呼有感染力的擁抱，四面八方充斥著親密接觸。而我隨著一根真菌菌絲，進入一條深邃的根，根給予的庇護撼動了我。那裡很少有其他類的真菌；當然沒有蠕蟲或昆蟲。沒那麼忙亂煩擾。我能想像我為這樣的避風港付出代價。或許藍色小花就是給了真菌這樣的環境，換取真菌的養分支援？那是遮風避雨的地方。

我不會宣稱這些影像真實可信，頂多看似合理，最不濟恐怕是譫妄的胡言亂語。連錯誤都談不上。儘管如此，我還是學到很寶貴的一課。我習慣思考真菌的方式，是生物間抽象的「互動」，而這些互動實際上看起來像教師畫在黑板上的圖解——半自動的實體，依據九〇年代早期掌上遊戲機的邏輯來行動。然而，LSD迫使我承認我有某種想像；這下子我看待真菌的方式不同了。我想了解真菌，而且不是靠著我們平常那樣，把真菌貶為滴答作響、轉動、嗶嗶叫的裝置，而是想讓這些生物誘導我脫離陳腐的思維模式，想像它們面對的可能性，讓它們逼近我理解的極限，允許我自己對它們糾纏的生命感到驚奇（與困惑）。

真菌棲身於糾纏不清的世界；無數細絲穿越這些迷宮。我盡可能一一跟隨，但有些縫隙我不論怎麼嘗試，也無法鑽過。雖然近在身邊，真菌卻神祕莫測，它們的可能性實在很**他者**。我們該因此退縮嗎？人類稟承動物的頭腦、身體和語言，可能學會了解那麼不同的生物嗎？在這過程中，我們會發覺自己產生怎樣的改變？樂觀時，我曾想像這本書描繪了生命之樹這個受到忽略的分枝，但實際情形比較糾纏不清。這本書敘述了我理解真菌生命的旅程，以及真菌生命在我和旅程中遇到的其他許多生物（包括人類和其他）身上留下的銘印。詩人羅伯．布林赫斯特（Robert Bringhurst）寫道：「我該拿夜晚與白晝怎麼辦，該拿此生和死亡怎麼辦？每一步、每一次呼吸猶如一顆蛋，滾向這個疑問的邊際。」真菌把我們滾向許多疑問的邊際。這本書正是來自我在這些邊際向外窺探的經驗。探索真菌世界，讓我重新檢視我知道的許多事。演化、生態系、個體、智能、生命——這些都和我以前想的不大一樣。真菌鬆動了一些我確信的事，我希望這本書對你也有同樣的影響。

第一章

真菌的迷人誘惑

誰在給誰拉皮條？[1]

——美國流行歌手「王子」（Prince）

磅秤上墊著格紋布，布上擱著一堆皮耶蒙特（Piedmont）的白松露（white truffle, *Tuber magnatum*）。白松露髒兮兮的，好像沒洗過的石頭；外形像馬鈴薯一樣不規則，又像骷髏頭一樣帶有凹洞。兩公斤要價一萬二千歐元。白松露的甜臭味瀰漫秤重室，這氣味正是白松露的價值所在，且毫不掩飾，和任何東西都不大相同——是種誘惑，濃郁而令人困惑得足以迷失其中。

當時是十一月初，正值松露季的高峰，我前往義大利，加入兩名松露獵人，在波隆納那附近的山丘工作。我運氣很好，朋友的朋友認識一個買賣松露的人。松露商同意介紹我認識他兩個最厲害的獵人，而他們同意讓我和他們一起出去。白松露獵人是出了名的低調。這些真菌從來不曾被馴化，只能在野外找到。

松露屬於塊菌，是幾類菌根菌的地下子實體。一年大部分的時候，塊菌都是以菌絲體網絡的形態存在，除了靠著土壤中得到的養分，也靠它們從植物根部取得的糖分維生。然而，松露的地下棲地讓它們面臨一個基本問題。松露是產孢器官，等同於植物果實會產生種子。孢子經過演化，讓真菌能夠傳播出去，不過真菌的孢子在地下，氣流無法帶動，動物也看不到[2]。

解決辦法是散發氣味。但要壓過森林裡五花八門的氣味可不容易。森林裡的氣味縱橫錯綜，對動物的鼻子來說，每個氣味都可能令牠們著迷或分心。松露的氣味必須夠刺激，才能穿透層層土壤，透到空氣中；要夠獨特，動物才能在周圍的嗅覺風景中注意到；要夠美味，動物才會來尋找、挖出來吃掉。松露在視覺上有種種的不利——埋在土裡，即使裸露出來也很難被注意到，即使看到，也是其貌不揚；但它們用氣味來彌補。

松露把動物引誘來探索土壤，召募來攜帶真菌的孢子到一個新地點，隨著排泄物排出體外。被吃下去之後，松露的工作就完成了。松露的魅力，是和動物的口味經過數億年演化糾纏的結果。天擇會偏袒符合孢子傳播者喜好的松露。「化學」好一點的松露和差一點的比起來，更能吸引動物。蘭花會模仿發情雌蜂的外表，松露則反映了動物的口味——是動物吸引力的演化寫照。

我在義大利，因為我想被真菌帶入地下，進入真菌所住的化學世界。我們能力不足，無法參與真菌的化學生活，不過成熟松露的語言尖銳而簡單，即使是我們也能了解。這麼一來，這些真菌讓我們暫時參與了它們的化學生態。我們該如何思考發生在地下生物之間迸發的互動呢？我們該如何理解這些人類之外的溝通場域？或許跟在一隻激動追蹤松露蹤跡的狗兒後面、把我的臉埋在土裡，這樣我才能最接近松露用來處理它們生命中那麼多面向的化學吸引力和承諾。

用氣味參與真菌對話

人類的嗅覺非常敏銳。我們的眼睛可以區分數百萬種顏色，耳朵能分辨五十萬個音調，而我們的鼻子居然能分辨遠超過一兆種不同的氣味。曾經化驗過的所有揮發性化學物質，人類都能嗅出來。我們感應某些氣味的能力，超越了齧齒動物和狗，也能追蹤氣味蹤跡。氣味對於我們選擇性伴侶很重要，對我們察覺別人的恐懼、焦慮或敵意也很重要。而且氣味和我們的記憶交纏；罹患創傷後壓力症候群的人，普遍有瞬間嗅覺經歷重現的情形[3]。

鼻子是經過精心調校的樂器。你的嗅覺可以把複雜的混合物拆解出其中的化學物質組成，就像稜鏡把白光折射出組成白光的顏色。要辨到這樣，就必須偵測到原子在一個分子中的精確排列。芥末聞起來有芥末味，是因為氮、碳和硫之間的鍵結。魚很難聞，是因為氮氫之間的鍵結。碳和氮之間的鍵結有種金屬和油質的氣味[4]。

偵測化學物質、做出反應的能力，是一種原始的感覺能力。大部分的生物都藉著化學感覺來探索、理解周遭環境。植物、真菌和動物都用類似的受體來偵測化學物質。分子和這些受體結合時，會觸發傳訊級聯反應（signaling cascade）——一個分子觸發一個細胞變化，而這細胞變化又觸發更大的變化，就這樣接續下去。如此一來，小小的因子也能牽動很大的影響；人類的鼻子能偵測到一些化學物質，濃度低到一立方公分內只有三萬四千個分子，等於二萬個奧運規格標準游泳池裡的一滴水[5]。

如果動物要體驗到一種氣味，就要有一個分子落在動物的嗅覺上皮。人類的嗅覺上皮是一層黏膜，位在鼻腔上端與鼻腔後方。分子和受體結合，於是激發神經。辨別化學物質，或觸發思想或情緒反應，就是腦子參與的時候。真菌的身體不同，沒有腦或鼻子。相反的，真菌的整個表面都能發揮嗅覺上皮的功用。菌絲體網絡是一大個化學測感膜——一個分子可以和表面上任何位置的一個受體結合，觸發傳訊級聯反應，改變真菌的行為。

真菌的生命浸淫在豐富的化學訊息場中。塊菌（松露）利用化學物質，告訴動物它們可以吃了；松露也用化學物質和植物、動物、其他真菌和松露自己溝通。不去探討這些感覺世界，就不可能理解真菌，但我們很難解讀這些感覺世界。不過或許沒關係。我們和真菌一樣，一生大部分的時候都受到各種事物吸引。我們知道受吸引或排斥是什麼情況。我們透過氣味，能參與真菌的分子對話；真菌正是用分子的對話來組織自己大部分的生存方式。

香氣：真菌的迷人魅力

人類歷史上，松露和性的關聯由來已久。許多語言的松露都有「睪丸」之意，例如在古西班牙文稱為「*turmas de tierra*」，直譯是長在土裡的睪丸。塊菌經過演化，會讓動物飄飄然，因為它們的生命有賴這樣的特性。查爾斯．雷菲福爾（Charles Lefevre）是美國奧勒岡州的一位松露學者和栽培者，我和他談起他對法國佩里哥（Périgord）黑松露的研究，他突然脫口而出：「說來好笑

——我說這話的時候，根本就『沐浴』在黑孢塊菌（*Tuber melanosporum*，即黑松露）的香氣中。感覺好像一朵黑孢塊菌的雲充斥著我的辦公室，但目前辦公室裡沒有松露。依我的經驗，這些嗅覺經歷重現的情形，在松露很常見。甚至還包括視覺和情緒記憶。」[6]

法國把聖安東尼（失物的主保聖人）視為松露的主保聖人，會舉行松露彌撒，向聖安東尼致敬。然而要阻止詐欺，祈禱的效果不彰。便宜松露經過染色或加味，可以偽裝成更有價值的親戚。珍貴的松露森林成為松露盜獵者的目標。經過專業訓練的犬隻價值數千歐元，遭人偷竊。林子裡處處撒了下毒的肉，打算毒死競爭對手的狗。二〇一〇年，一名法國松露農羅倫·朗博（Laurent Rambaud）夜裡在他的松露園巡視時，衝動犯罪，殺死了一名松露賊。朗博被捕後，兩百五十名支持者參與遊行，支持朗博有權保衛自己的作物；對於松露竊賊和松露犬竊賊的憤怒高漲。特里卡斯坦（Tricastin）松露栽培者工會的副會長告訴《普羅旺斯報》（*La Provence*），他建議同行的生產者絕不要帶槍巡邏松露園，因為「誘惑太強了」。雷菲福爾說得好：「松露會挑起人類的黑暗面。就像地上的錢，但是松露不安定、會腐敗。」[7]

松露並不是唯一會吸引動物注意的真菌。北美西岸，熊會立起原木，挖出溝渠，尋找珍貴的松茸。奧勒岡州的蕈菇獵人報告，駝鹿在布滿尖銳浮石的土壤中尋找松茸，鼻子鮮血淋漓。有些種類的熱帶雨林蘭花演化得會模仿蕈菇的氣味、形狀和顏色，吸引喜愛蕈菇的蠅類。蕈菇和它們的子實體是真菌最引人注目的形態，不過菌絲體也能誘惑。我有個朋友在研究熱帶昆蟲，給我看了一段影片，影片中的蘭花蜂聚在一根腐木裡的一個坑洞周圍。雄蘭花蜂會從環境中收集氣味，聚積成混合物，用來追求雌蜂。牠們堪稱香水師。交配只有幾秒的時間，不過收集、調和牠們的香氣，要花上雄蘭花蜂成年後所有的時間。我朋友強烈覺得，蘭花蜂會採集真菌化合物，加入牠們的芳香中；不過他還不曾測試過這個假設。蘭花蜂以喜歡複雜的芳香族化合物聞名，其中許多化合物來自分解木頭的真菌[8]。

人類會噴上生物產生的芬芳，真菌香氣被納入我們性儀式的情況，其實並不罕見。沉香（agarwood，oudh）是印度和南亞的沉香屬（*Aquilaria*）樹木受到真菌感染的結果，也是世上最珍貴的原料之一。沉香用於製造香氣（潮溼堅果、深色蜂蜜味、濃郁的木質調），至少從古希臘醫生迪奧斯克里德斯（Dioscorides）的時代起，就成為人們競相追逐之物。上好的沉香以克為計，比黃金或鉑更昂貴——每公斤價值十萬美元，而沉香屬樹木的破壞性伐採，使得這些樹木在野外幾乎絕跡[9]。

十八世紀法國物理學家泰奧菲爾．波爾多（Théophile de Bordeu）主張，各種生物「一概都會把呼出的氣、某種氣味、散發的物質散布在自己周圍……這些散發的物質反映了那生物的風格和氣質；是那生物實實在在的一部分」。松露的香氣和蘭花蜂的香水可能流通到個體的軀殼之外，但這些氣味場形成它們一部分的化學物質體，像迪斯可舞廳裡的鬼影一樣彼此重疊[10]。

拜訪松露獵人

我在松露秤重室待了幾分鐘，迷失在香氣之中。我的東道主──松露商東尼和他的一個客戶匆忙進來，打斷了我的遐想。他帶上門，封住氣味。客戶檢視秤上的一堆堆松露，瞥一眼骯髒工作檯上散布的一盆盆沒分類、沒清理過的樣品。他向東尼點點頭，東尼綁起布的四角。他們走到外面的院子，握握手，客戶就開著拉風的黑頭車離開了。

那個夏天很乾燥，因此松露收成不好。物以稀為貴。直接跟東尼購買，一公斤要花上你兩千歐元。在市場或餐廳購買同樣重量的松露，要花費高達六千歐元。二〇〇七年，單單一公斤半的松露就在拍賣會上以十六萬五千英鎊賣出──松露的價格和鑽石一樣，愈大愈貴，價格呈非線性地增加[11]。

東尼的態度熱情，有商人的氣派。我想跟他的獵人一起出去，他似乎很意外，他不讓我抱著會找到松露的希望。「你可以跟我的人出去，不過你很可能什麼也找不到。這工作吃力不討好。要上上下下，穿過灌木，踩過泥巴，涉過小溪。你只有那雙鞋嗎？」我向他保證，我不介意。

松露獵人有他們自己的地盤，有些合法，有些不然。我到達的時候，丹尼爾與帕里德這兩位松露獵人都穿著迷彩服。我問他們，這樣是不是有助於偷偷採松露，他們回答得鄭重其事。這樣能讓他們尋找松露時，不被其他松露獵人尾隨。松露獵人這一行的重點是該往哪裡找。他們的知識很寶貴，和松露本身一樣，可能會被盜取。

兩人之中比較友善的是帕里德，他和他最愛的松露犬奇卡在外面和我會合。他有五隻狗，每隻都年紀不同、訓練階段相異，每隻都專門搜尋黑松露或白松露。奇卡很迷人，帕里德得意地介紹牠。「我的狗非常聰明，不過我更聰明。」奇卡屬於拉戈托羅馬挪露犬（Lagotto Romagnolo），是最常用來獵松露的品種。牠身高及膝，眼睛上的毛髮蓬亂捲曲，活像顆松露。花了整個早上聞松露、遇到一窩松露犬的幼犬、談論松露、見識松露買賣、吃松露之後，就連圓圓的石頭丘都開始看起來像松露了。帕里德談起他和奇卡彼此溝通的細微信號。他們學會解讀彼此行為的微妙改變，可以在幾乎完全沉默中協調彼此的行動。松露經過演化，會告訴動物它們可以吃了。人類和狗則發展出一些和彼此溝通的方式，交流松露的化學命題。

松露的香氣是複雜的特徵，似乎發自松露和其微生物群落、所處的土壤和氣候（風土）間的關係。松露的子實體中含有細菌和酵母菌的熱鬧群落——一克乾重大約有一百萬到十億個細菌。許多松露微生物群系的成員能產生獨特的揮發性物質，貢獻了松露的香氣，而飄散到你鼻子的化學物質大雜燴，可能不只是一種生物的傑作[12]。

松露魅力的化學基礎至今仍然不明。一九八一年，德國研究者發表的一則研究，發現皮耶蒙特白松露和佩里哥黑松露（黑孢塊菌）都會產生含量無法忽略的雄甾烯醇（androstenol）——這種類固醇帶有一種麝香。雄甾烯醇對豬的功效是性荷爾蒙。公豬會產生雄甾烯醇，誘使母豬擺出交配姿勢。這項發現令人猜測，雄甾烯醇可能解釋了為什麼母豬非常擅長尋找深埋地下的松露。九年後發表的一則研究，質疑了這個可能性。研究者把黑松露、人工合成的松露調味劑和雄甾烯醇埋在地下五公分的地方，挑戰一隻豬和五隻狗找出樣本（其中包括當地郡裡松露犬競賽的冠軍）。所有動物都找到真正的松露和人工合成的松露調味劑，但沒有任何動物嗅出雄甾烯醇[13]。

在一系列的進一步測試中，研究者把松露的誘惑縮減到單一分子——二甲基硫（dimethyl sulfide）。這個實驗很巧妙，但不大可能是完整的真相。松露的氣味是由一群大張旗鼓飄送的不同分子組成——白松露有超過一百種分子，其他最受歡迎的種類大約有五十種。這些精巧的芬芳很耗能量，除非能達成某種目的，否則不大可能演化出來。更重要的是，動物的味覺差異很大。當然不是所有松露對人都有吸引力，有些甚至有輕微的毒性。北美一千多種松露之中，只有幾種受老饕青睞。而且，即便是松露也不見得人見人愛。雷菲福爾解釋，即使珍貴的松露種類，氣味仍然受到許多人厭惡，有些種類聞了就討厭。他告訴我高腹菌屬（*Gautieria*）的事，這個屬的松露有種難聞的臭味——像「沼氣」或「寶寶拉肚子」。他的狗很愛那些松露，但他太太完全不讓他帶進屋子，即使是為了分類研究也不行[14]。

不論松露是怎麼辦到的，它們都在自己周圍產生了層層疊疊的吸引力——豬太喜歡松露，會把找到的松露吃掉，而不是交給飼養員，所以人類訓練犬隻尋找松露。從紐約到東京的餐廳老闆會遠道而來義大利，和松露商打關係。出口商發展出複雜的冷凍包裝系統，讓松露在清洗、包裝、專人遞送到機場、空運到世界各地、從機場收取、通過海關、重新包裝、分銷給顧客的過程中保持最佳狀態——這一切都得在四十八小時內完成。松露就像松茸，必須在採收的二、三天內趁新鮮送上桌。松露的香氣是由進行代謝活動的活細胞在主動過程中產生。松露的香氣隨著孢子發育而增強，當細胞死亡，香氣就會消失。有些蕈菇可以乾燥，等之後再吃，但松露不行。松露的化學十分健談，甚至喋喋不休。中止代謝作用，氣味就沒了。因此，許多餐廳是在你眼前把松露磨到你的食物上。很少有別的生物那麼擅長說服人類那麼急迫地散布它們[15]。

尋找松露：我們不是最先來的

我們擠進帕里德的車子裡，沿著一條狹窄的鄉間小路開到一座山谷，途中穿過山丘上遍布的潮溼黃、褐櫟樹林。帕里德談起天氣，說了訓練狗的笑話，以及和丹尼爾這種「土匪」一起工作的利弊。幾分鐘後，我們沿著一道車跡彎過去，靠邊停車。奇卡跳出車廂，我們沿著一片草地走進一座林子。丹尼爾已經到了，正在和他的狗偷偷摸摸徘徊。他解釋說，附近有其他松露獵人，我們得安靜。丹尼爾的狗又髒又亂，捲毛裡卡了細枝。牠沒名字，不過帕里德說他聽過丹尼爾那天早上叫牠迪亞沃羅（Diavolo，魔鬼之意）。奇卡親暱又友善，迪亞沃羅則容易亂咬、咆哮。帕里德解釋了原因。他訓練他的狗把松露當成獵物來追蹤，丹尼爾則靠著飢餓來訓練狗。「你看，」帕里德指著迪亞沃羅。「牠餓壞了，在吃櫟實。」他們戲謔了一下。丹尼爾爭論說，比起帕里德那些吃得好、備受疼愛的「寵物」，他的狗是更有效率的松露獵犬。帕里德支持松露犬訓練的行為矯正學校，巧妙地總結道：「丹尼爾在晚上獵松露，我則是在白天。他很緊張，我不會。他的狗會咬人，我的很友善。他的狗很瘦，我的不瘦。他是壞人，我是好人。」

突然間，迪亞沃羅衝了出去，我們也追了上去。我們慌忙追趕的時候，帕里德說了一句。「可能有松露，也可能是老鼠。總之，狗很開心。」我們發現迪亞沃羅在一道泥濘岸邊一半高的地方挖掘聞嗅。丹尼爾跟上牠，清除荊棘。帕里德解釋道，這時候松露獵人必須仔細解讀狗的肢體語言。搖尾巴表示松露，尾巴不動表示沒松露。兩掌挖土表示是白松露，一掌挖表示是黑松露。跡象看起來不錯，丹尼爾用一個平頂的鈍器（像巨大的螺絲起子）著手把土弄鬆，一邊挖深，一邊拿起一撮撮土來聞。他和狗輪流挖，不過迪亞沃羅挖得太用力時，他會小心阻止。帕里德朝我們微笑：「餓狗會吃掉松露。」

最後，往下挖了大約一呎半，丹尼爾發現松露嵌在潮溼的土壤裡。他手指和一小個金屬鉤併用，刮掉泥巴。松露的香氣從洞裡飄散出來，比在秤重室裡的更鮮明、更飽和。這是松露的天然棲地，那氣味飄送，與溼潤的土地、腐植土中逐漸瓦解的植物殘骸輕鬆和諧。

我想像我自己夠敏感，能在一段距離外注意到松露的香氣，而且又夠堅持，會拋下一切去追逐。我吸進松露散發的物質，記起阿道斯．赫胥黎（Aldous Huxley）之作《美麗新世界》（*Brave New World*）裡的段落，他描述了一種氣味管風琴的表演，這種器具很像樂器，能奏出嗅覺的宣敘調。這概念不難應用在松露身上——松露有如另一種意義的氣味管風琴，會以自己的方式演奏出揮發性化合物的組曲。

看看效果有多好。我們都在這裡，一身泥濘狼狽，站在一朵松露周圍。松露觸發了傳訊級聯反應，把一整隊的動物引來它身邊——先是一隻狗，然後是一名松露獵人，然後是他腳程緩慢的同事。丹尼爾撿起松露時，松露周圍的地面塌陷了。「你看！」帕里德把土清到一旁。「這是鼠輩的家。」我們不是最先來的。

歸家現象與接合

我們聞到松露的香氣時，其實是接收到松露給這世界的單向傳輸。相較之下，這過程缺乏細微的差異。為了吸引動物，這種香氣必須有點奇妙，而且美味——是啊。不過主要是必須強烈、有穿透性。散播孢子的是野豬還是飛鼠，其實不重要，所以何必挑三揀四？許多飢餓的動物會追逐可口的氣味。此外，松露不會因為你立即的注意而改變香氣。松露雖然能令動物興奮，本身卻無法激發。松露的訊息響亮清晰地發送，一旦開始就永遠啟動。成熟的松露會用化學的通用語、大眾訴求的流行氣味來廣播明確的召喚，讓我和丹尼爾、帕里德、兩隻狗、一隻鼠輩匯集在義大利一處泥濘河岸上一叢荊棘灌木下的一塊地方。

松露（就像許多其他受珍視的真菌子實體）是它們親本真菌最單純的溝通管道。真菌的生命（包括菌絲體生長）大都仰賴更隱微的誘惑。真菌菌絲成為菌絲體網絡，有兩個關鍵的步驟：首先是分枝，其次是融合。菌絲和彼此融合的過程稱為「接合」（anastomosis，這個字在希臘文的意思是提供一個開口）。如果菌絲不能分枝，一條菌絲就永遠無法變成很多條。如果菌絲不能和彼此融合，就無法長成複雜的網絡。不過菌絲在融合之前，得先找到其他菌絲；菌絲的方式是吸引彼此，這種現象稱為「歸家」（homing）。菌絲彼此融合，是菌絲體之所以成為菌絲體的縫針，是最基本的網絡連結行為。由此來看，任何真菌的菌絲體都源自於真菌自我吸引的能力[16]。

然而，一個菌絲體網絡雖然能遇見自己，卻也能遇見其他的菌絲體網絡。真菌是如何在持續受修改的情況下，維持對一個身體的意識？菌絲必須能分辨它們是碰上自己的分枝，還是完全不同的一株真菌。如果是另一株真菌，它們必須能分辨是否是不同（可能有敵意）的物種，或是和自己生殖親和的一員，或是其他狀況。有些真菌有上萬種配對型（大約等同於人類的性別），記錄保持者是裂褶菌（*Schizophyllum commune*），有超過二萬三千種配對型，各自和幾乎其他所有配對型都生殖親和。許多真菌的菌絲體可以和其他遺傳夠相似的菌絲體網絡融合，即使並非生殖親和。真菌的自我認同很重要，但這並非絕對是非黑即白的世界。自我可能逐漸演變成他者[17]。

真菌的性，有許多類都是以誘惑為基礎，包括塊菌。松露本身是性接觸的產物——像黑松露這樣的塊菌要產生子實，一個菌絲體網絡的菌絲就必須和另一個生殖親和的菌絲體網絡融合，匯聚遺傳物質。塊菌一生大部分的時候身為菌絲體網絡，是以不同配對型的形式而活（可能是「正」或「負」配對型），以真菌的標準來看，它們的性生活簡單明瞭。負配對型的菌絲吸引正配對型的菌絲，並與之融合，這就是真菌的性。一個夥伴扮演父性角色，只提供遺傳物質，另一個夥伴則扮演母性角色，不只提供遺傳物質，也培育之後會成熟變成松露和孢子的菌體。松露和人類不同的地方是，不論是正或負配對型，都能扮演母性或父性角色——就像所有人類都亦雌亦雄，都能扮演母親或父親的角色，只要能和另一個配對型的伴侶發生性行為就好。塊菌之間的性吸引如何展現，仍然未知。關係相近的真菌會用費洛蒙來吸引對象，研究者強烈懷疑松露也用一種性費洛蒙達成這種目的[18]。

少了歸家現象，就不會有菌絲體存在。少了菌絲體，正和負接合型就不會互相吸引。少了性吸引，就不會有性。沒了性，就不會有松露。然而，塊菌和它們樹木夥伴之間的問題也一樣重要，而它們之間的化學互動必須細心處理。年輕塊菌如果沒找到植物來建立夥伴關係，菌絲很快就會死亡。植物放行進入根部的真菌種類，必須能和植物建立互利關係，而不是許多會造成疾病的種類。真菌菌絲和植物的根都會面臨在土壤化學泡泡中找到彼此的挑戰，而其中還有無數其他根、真菌、微生物在裡面追逐、交手[19]。

這是另一種吸引與誘惑，另一種化學的對唱。植物和真菌都用揮發性化學物質，讓自己能吸引彼此，就像松露讓自己能吸引森林裡的動物。接納性高的植物根部產生一陣陣揮發性化合物，飄過土壤中，讓孢子萌發，菌絲分枝，加速生長。真菌產生植物生長荷爾蒙來操控植物的根，使根部增生成大量的羽狀分枝——表面積增加，根尖和真菌菌絲相遇的機率就會提高（許多真菌會產生植物、動物荷爾蒙，改變它們同伴的生理）[20]。

真菌要和植物結合，必須改變的就不只有根的結構。傳訊級聯反應會回應彼此獨特的化學組成，像漣漪一樣傳過植物和真菌細胞，活化一組組基因。植物和真菌都會調整自己的代謝作用和發展計畫。真菌釋放化學物質來緩阻植物夥伴的免疫反應，若不是這樣，真菌就無法夠靠近植物，建立共生構造。這步驟完成之後，菌根合作關係會繼續發展。菌絲和根之間的連結是動態連結，隨著根尖和真菌菌絲老化、死亡而建立、重建。這些關係會不斷自我重塑。如果你能把你的嗅覺上皮放進土裡，會感覺像一個爵士樂團在表演，樂手即時傾聽彼此，和彼此互動、回應[21]。

皮耶蒙特白松露和其他珍貴的菌根菌（例如牛肝菌、雞油菌和松茸）未曾被馴化，多少是因為這些菌根菌和植物是流動性的關係，也多少是因為它們的性生活極為複雜。對於基本的真菌溝通是怎麼發生，我們的了解還有太多漏洞。有些種類的松露可以栽培，例如佩里哥黑松露，但是和大部分人類農業施業相關的古老技術比起來，松露栽培並不成熟，甚至栽培老手之間的成功機會也大相逕庭。雷菲福爾成立新世界松露家（New World Truffieres），種出和佩里哥黑松露菌絲體一同生長的種苗，成功率在百分之三十上下。有一年，雷菲福爾沒特別改變做法，卻得到百分之百的成功率。他告訴我：「我一直無法重現那次的結果。我不知道我做對了什麼。」

要有效率地栽培松露，不只必須了解真菌的怪癖和需求（主要是它們特異的生殖系統），也必須了解和真菌共存的樹木、細菌的怪癖與需求。此外，也要了解周圍土壤、季節、氣候微妙變動的重要性。沃夫．班根（Ulf Büntgen）是劍橋大學的地理教授，也是最早提出不列顛群島佩里哥黑松露結實的人，他告訴我：「這太跨學門了，是刺激智識的領域。是微生物學、生理學、土地管理、農業、林學、生態學、經濟學與氣候變遷。真的必須採取全面的視角。」松露的私事迅速拓展到全生態系。然而科學的理解還未跟上[22]。

捕捉生物的掠食性真菌

對於一些受到真菌化學誘惑的對象，結果很簡單——就是死亡。有些感知專長令人印象深刻，例如會捕捉、吞食線蟲的掠食性真菌。世界各地會獵食線蟲的真菌種類數以百計。大部分一生都在分解植物物質，只有那些物質不夠吃的時候，才開始獵捕。但那些真菌是巧妙的掠食者——松露的氣味一旦開始散發，就會持續發送；相反的，吃線蟲的真菌只有在察覺附近有線蟲的時候，才會產生捕蟲器官，散發化學的召喚。如果有充足的物質可以分解，即使附近線蟲豐富，這些真菌也懶得動手。要有這種表現，吃線蟲的真菌必須極為敏感地偵測到線蟲存在。線蟲全都依賴同一類分子進行一些功能——從調節發展，到吸引配偶。而真菌則用這些化學物質來竊聽它們的獵物[23]。

真菌獵捕線蟲的方式既恐怖又五花八門。這是經過多次演化的習慣——許多真菌支系都以不同的方式達到類似的結果。有些真菌長出有黏性的網或分枝，黏住線蟲。有些以力學的方式產生菌絲套索，在接觸到的十分之一秒之內膨大，用來誘捕獵物。有些（包括常栽培的鮑魚菇〔*Pleurotus ostreatus*〕）會產生菌絲柄，頂上有一小滴有毒物質，能麻痺線蟲，讓菌絲有充足的時間穿透線蟲的嘴，從內部開始消化線蟲。其他真菌產生的孢子受到線蟲的化學吸引，會游過土壤，和線蟲結合。結合之後，孢子萌發，於是真菌用特化的菌絲（稱為槍細胞）叉進線蟲體內[24]。

真菌獵捕線蟲的行為很多變——同一種真菌的不同個體可能有特異的反應，產生不同類的陷阱，或用獨特的方式擺放陷阱。有一種真菌——寡孢子節叢孢菌（*Arthrobotrys oligospora*）在有機物質豐富的時候，表現得像「正常」的分解者，但需要的時候，菌絲體就能產生線蟲陷阱。寡孢子節叢孢菌的陷阱也能套住其他真菌的菌絲體，餓死它們，或是發展出特化的構造，穿透植物根部，由根部提供食物。至於寡孢子節叢孢菌如何在眾多選項之中做出選擇，仍然未知[25]。

我們如何理解真菌

我們該如何探討真菌溝通？我們在義大利園在泥濘河岸的那個洞周圍，窺看洞裡的時候，我試著從松露的角度想像這個場景。興奮的氣氛中，帕里德提出了一個感性的解讀。「松露和它的樹就像愛人，或是夫妻。」他低吟道。「如果脈絡受到破壞，就無法回頭。連結從此就消失了。松露從樹根長出，受到野玫瑰守護。」他指著荊棘。「松露窩在裡面，像睡美人一樣受到尖刺保護，等待狗的一吻。」

主流的科學觀點是，不應該想像非人的生物互動有任何刻意的成分。塊菌並不擅長表達。它們不會說話。塊菌就像它們依賴的許多動、植物，有一個機械化的例行程序能讓它們生存機率最大化，而塊菌會依據這樣的例行程序，自動反應它們的環境。這和人類生活的生動經驗形成鮮明的對比；刺激物的「量」流暢地轉換成知覺的「質」，而感覺到刺激物之後，產生情緒，影響我們。

我在泥濘的坡面上保持平衡，鼻子懸在那塊刺鼻的真菌上方。即使我再努力把松露貶為自動機，松露在我腦中還是不斷活過來。

當我們設法理解非人生物的互動，很容易在這兩種觀點之間搖擺——一邊是預編程自動化裝置的無生命行為，另一邊是豐富、親身體驗的人類經驗。真菌被表述為無腦的生物，就連擁有簡單「經驗」所需的基本構造都闕如，因此真菌的互動不過是對一系列生化刺激物的自動化反應。然而塊菌的菌絲體（就像大部分真菌的菌絲體）會用料想不到的方式，主動感覺、回應周遭環境。它們的菌絲對化學有反應，會受化學刺激、激發。真菌有能力解讀其他生物釋放的化學物質，因此可以和樹木協商出各種複雜的交易關係、榨取土壤中儲存的養分、進行生殖行為、獵食，或是抵禦攻擊。

擬人化通常被視為錯覺，像水泡一樣在軟弱的人類腦海中形成；未經訓練，毫無紀律，而且不曾磨練。這是情有可原——我們把這世界人性化的時候，可能阻礙自己以其他生物的角度去了解它們的生命。不過，這種立場可能使我們忽略（或忘記注意）一些事嗎？[26]

生物學家羅賓．沃爾．基默爾（Robin Wall Kimmerer）是波塔瓦托米公民部落（Citizen Potawatomi Nation）的成員，她觀察到波塔瓦托米族原住民的語言擁有豐富的動詞形態，其中的活力應該是來自人類之外的世界。比方說，「山丘」是動詞，意思是：身為山丘。山丘總是在身為山丘的過程中，是主動地身為**山丘**。擁有這種「有生性的文法」，就可能討論其他生物的生命，而不會將那些生物貶為「它」，或是借用傳統上專屬人類的概念。基默爾寫道，相較之下，英文無從認可「另一生物的單純存在」。如果你不是人類**主體**，就預設你是無生命的**客體**——是「它」，

「只是個東西」。如果為了理解非人生物，而調整人類的概念，會落入擬人化的陷阱。用「它」來當代名詞，等於把生物變得客體化，落入另一種陷阱中[27]。

生物學的現實從來不是非黑即白。為什麼我們用來理解世界的故事和隱喻（我們的調查工具）得是那樣？我們能不能拓展一些概念，例如說話未必需要嘴巴，聆聽未必需要耳朵，而解讀未必需要神經系統？我們能不能做到這樣，而不用偏見和影射來扼殺其他生命形態。

丹尼爾把那顆松露包起來，小心地填滿那個洞，把那叢荊棘拉來蓋回翻過的地面。帕里德解釋道，那是為了避免干擾真菌和樹根的關係。丹尼爾說，那是為了預防其他松露獵人跟隨我們的足跡。我們穿過山野，散步回去。走到車子那裡，松露的氣味變得沒那麼活潑，等我們回到秤重室，又更弱了。等松露磨到洛杉磯的一只盤子上，不知氣味會變得多微弱。

＊＊＊

幾個月後，奧勒岡州尤金市（Eugene）外樹林覆蓋的山丘上，我和雷菲福爾與他的拉戈托羅馬挪露犬「但丁」一起去獵松露。但丁是雷菲福爾口中的多樣性犬。產量犬（像奇卡和迪亞沃羅）受的訓練是尋找大量的特定種類；多樣性犬受的訓練則是去找氣味有趣的東西。這麼一來，牠們就能找到從沒聞過的松露。因此但丁有時會去追不是松露的東西（像是氣味強烈的馬陸），但牠也曾挖出四種未描述過的松露。這並不是特例。麥克・卡斯提亞諾（Mike Castellano）是知名的松露專家，有種松露以他為名。他曾描述過兩個新的目、超過二十個新屬、大約兩百個新種的松露——卡斯提亞諾在加州採集的時候，經常報告發現新種，這提醒了我們還有多少松露仍然未知。

我和雷菲福爾信步穿過花旗松和刺羽耳蕨之間，雷菲福爾解釋道，人類無意間栽培松露已經幾個世紀了。松露在人類製造的受干擾環境中欣欣向榮。二十世紀，歐洲生長松露的心臟地帶——施業林不是砍伐後改作農業，就是放棄管理，任由生長為成熟林，而松露產量也直直落。這兩種情況對松露生產都不好。雷菲福爾認為，松露栽培復興很令人興奮，因為這是從森林地景產生經濟作物、讓私人資本投入環境復育的一個方式。要栽培松露，就必須種樹。必須體認到，土壤中充滿生命。不在生態系統的層次思考，就無法栽培松露。

但丁之字形地前進，聞聞嗅嗅。雷菲福爾告訴我，以色列人穿越沙漠時賴以維生的食物——嗎哪，其實是沙漠裡的松露，這種珍饈會在中東大部分地方的乾燥地區突然冒出。他告訴我，他試圖栽培難以捉摸的白松露，結果並不成功，而我們對白松露和寄主樹木關係的了解是多麼淺薄。我想到真菌對於改變中環境的各種反應，以及真菌想辦法和它們依賴的植物與動物共存的種種方式[28]。

回到一片森林裡獵松露，我發覺自己再次尋找詞彙來描述這些神奇生物的生命。香水師和品酒師會用比喻來闡述香氣之間的佳異。化學物質變成「割過的草」、「布滿水珠的芒果」、「葡萄柚和熱呼呼的馬匹」。少了這些參照，我們會無法想像。順－3－己烯醇（Cis-3-hexenol，又稱葉醇）聞起來有割過的草味。氧烷（oxane）聞起來像布滿水珠的芒果。吡德酰胺（gardamide）

聞起來有葡萄柚和熱呼呼的馬味。這不是說氧烷就是布滿水珠的芒果，但如果我遞一個打開的小藥瓶給你，你幾乎一定能認出那個氣味。把人類語言和氣味連結，需要判斷力和成見。我們加以描述，就會使得我們描述的現象扭曲、變形，但有時候唯有這樣，才能討論世上的各種特質——說出相似但不是的樣貌。在我們討論其他生物時，也是這樣嗎[29]？

歸納之後，沒多少其他選擇。真菌或許沒腦，但它們的許多選擇都需要做決定。真菌變幻莫測的環境需要臨機應變。它們的嘗試難免有錯。不論是菌絲體網絡中菌絲的歸家反應，不同菌絲體網絡中兩根菌絲之間的性吸引，菌絲體菌絲和一株植物根部的關鍵吸引力，或是真菌的一滴有毒物質對線蟲的致命吸引，真菌都主動感覺、解讀它們的世界，即使我們無從知道它們感覺、解讀是什麼情況。把真菌想成用化學詞彙來表達自己，那些詞彙經過排列和重新排列，讓其他生物也能解讀（不論是線蟲、樹根、松露犬或紐約的餐廳老闆），或許沒那麼奇怪。有時候（像松露那樣）這些分子可以解讀成某種化學語言，而我們能以自己的方式理解。不過絕大多數都會永遠從我們頭上或腳下飄過。

但丁開始瘋狂挖地。雷菲福爾看著狗的肢體語言說：「看起來是松露。不過很深。」我問他有沒有擔心過但丁挖得太拚命，傷了鼻子或腳。雷菲福爾承認：「牠的肉墊確實一直受傷。我一直想給牠找個靴子什麼的。」但丁噴著鼻子，挖了又挖，卻徒勞無功。「牠沒成功的時候我不能獎勵牠，感覺很糟。」雷菲福爾蹲下來搔搔但丁的捲毛。「不過我一直沒找到對牠來說比松露更寶貴的美食。松露把什麼都比下去了。」他仰頭朝我微笑。「對但丁來說，上帝就在土表下。」

第二章

活生生的迷宮：菌絲體網絡

我在迷宮的絲綢般潮溼黑暗中快樂無比，毫無頭緒[1]。

——法國作家愛蓮・西蘇（Hélène Cixous）

想像你可以同時穿過兩扇門的畫面。雖然不可思議，不過真菌老是在做這種事。遇到岔路時，真菌菌絲不用選擇其中一條路，而是分枝之後，兩條路都走。

我們用顯微尺度的迷宮來考驗菌絲，看菌絲如何到處探索。如果受到阻礙，菌絲就會分枝，繞過障礙物之後，菌絲尖會恢復原來生長的方向。菌絲可以迅速找到通往出口最近的路，就像我會解迷宮的黏菌朋友，可以找出最快離開宜家家居迷宮的路。如果跟著生長頂點探索，對人的看法會有意想不到的影響。一個菌絲尖一分為二，二分為四，四分為八，但全都和一個菌絲體網絡相連。我發覺自己在納悶這個生物是單數還是複數，最後不得不承認，不知怎麼居然既是單數也是複數[2]。

看著一根菌絲探索一個令人眼花撩亂的簡樸迷宮，不過擴大來看——想像數百萬個菌絲尖在一茶匙土壤裡，各自通過不同的迷宮。再擴大一點——想像數十億菌絲尖探索足球場那麼大的一片森林。

菌絲體是生態學上的結締組織，是把這世界大部分事物串起關係的活生生接縫。兒童在學校教室裡看到的解剖圖，每張圖都描繪人體的不同層面。一張圖是骷髏身體，另一張的身體由血管網絡構成，另一張是神經，又另一張是肌肉。如果我們製作同樣的一組圖來描繪生態系，會有一層顯示著穿越各層之間的真菌菌絲體。我們會看到蔓延、交織的網絡穿過土壤，穿過海面下數百公尺的含硫沉積物中，沿著珊瑚礁，穿過活的或死的動植物體，出現在垃圾堆、地毯上、地板上、圖書館的舊書裡、屋裡斑斑灰塵中，以及博物館昔日大師的畫布上。依據一些估計，如果把一克（大約一茶匙）土壤裡的菌絲體解開，首尾相連，可能長達一百公尺到十公里。實際上不可能測量菌絲體遍布地球結構、系統、居民的程度——菌絲體纏得太緊了。它們這種生活方式，挑戰了我們的動物想像力[3]。

遊蕩的菌絲體網絡

琳恩・巴迪（Lynne Boddy）是英國卡迪夫大學（Cardiff University）的微生物生態學教授，花了數十年研究菌絲體的覓食行為。她精鍊的研究闡明了菌絲體網絡能解決的問題。一個實驗中，巴迪讓一株木材腐朽菌長在一塊木頭裡，然後把木塊放進一只培養皿。菌絲體放射狀地從木塊往四面八放擴散，形成一個模糊的白色圓形。擴張的網絡最後遇到另一塊木頭。只有一部分的真菌碰到木塊，但整個網絡的行為都變了。菌絲體不再往四面八方探索，而是收回網絡中探索的部分，強化和新發現的木塊之間的連結。幾天之後，這網絡已經難以分辨，完全重塑了自己了[4]。

接著巴迪重複實驗，只是做了一個改變。她還是讓真菌從原本的木塊長出來，發現新的木塊。不過這一次，在木塊有時間重塑自己之前，她就移除培養皿裡的原始木塊，除去從原始木塊長出來的菌絲，把原始木塊放到一只新的培養皿裡。結果真菌從原始木塊長出來，往新發現的木塊而去。菌絲體似乎擁有一種指向性記憶，不過還不清楚這種記憶的基礎[5]。

巴迪有種一本正經的態度，談論這些真菌有什麼能耐的時候，帶有一種沉靜的驚歎。它們的行為有點像黏菌，而巴迪用類似的方式測試它們。不過巴迪沒做出東京的地下網絡，而是鼓勵菌絲體找出大不列顛島上城市之間最有效率的路徑。巴迪把土壤堆成大不列顛島的形狀，在木塊長上接種真菌（簇生垂幕菇〔*Hypholoma fasciculare*〕），用來標注城市。木塊的大小和代表的城市人口成比例。巴迪講解道：「真菌從『城市』長出來，形成高速公路的網絡。可以看到M5、M4、M1、M6號高速公路。我覺得很有趣。」

可以把菌絲體網絡想成一群群菌絲尖。昆蟲會形成群集。一群嘈雜不堪的燕八哥是個群集，一群沙丁魚也是。群集是集體行為的模式。一群螞蟻沒有領導者或指揮中心，也能找出通往一個食物來源的最短路徑。一群白蟻能建造出巨大的蟻巢，而且架構特徵複雜。然而，一個網絡中的菌絲尖都彼此相連，所以菌絲體一下就超越了群集的類比。一個白蟻丘是由許多單元的白蟻組成。定義上最接近菌絲體群集單元的，就是一個菌絲尖。不過雖然可以挑出一群白蟻，但菌絲體網絡開始生長以後，其實無法拆解成一條條菌絲。菌絲體在概念上很難纏。從網絡的角度來看，菌絲體是互相連結的單一個體。從菌絲尖的角度來看，菌絲體是複數[6]。

巴迪思考道：「我想我們身為人類，有很多可以跟菌絲體學習的地方。雖然沒辦法封閉一條道路，看交通流量怎麼改變，但可以切斷一個菌絲體網絡的一個連結。」研究者開始用黏菌和真菌之類的網絡生物，解決人類的問題。用黏菌來仿製東京地鐵網的研究者，正在把黏菌行為運用於設計都市運輸網。西英格蘭大學（University of the West of England）非常規計算實驗室（Unconventional Computing Laboratory）的研究者用黏菌來計算逃出建築的高效火災逃生路徑。有些研究者運用真菌和黏菌用來走迷宮的策略，解決數學問題或為自動化裝置編程[7]。

解迷宮和複雜的路徑問題，都是不可小覷的運用。所以迷宮一向被用來評估許多生物（從章魚、蜂到人類）解決問題的能力。不過絲狀真菌（mycelial fungus）本來就住在迷宮裡，解決空間和幾何問題是它們演化出來要做的事。菌體要怎樣分布，是真菌時時刻刻都在面對的問題。菌絲體長出密集的網絡，能增加運輸的能力，不過密集的網絡不利於長距離探索。稀疏的網絡比較適合大範圍覓食，但互連比較少，所以比較容易受損。真菌如何一邊取捨，一邊探索一個擁擠的腐爛之境，尋找食物[8]？

巴迪用兩個木塊做的實驗，展現了事情發展的典型順序。一開始菌絲體處於探索模式，向四面八方擴增。我們在沙漠裡出發尋找水源的時候，必須選個方向去探索。真菌卻可以同時選擇所有可能的路徑。如果真菌找到東西吃，就會強化和食物的連結，剔除不會通往任何食物的連結。

可以用天擇的方式去理解。菌絲體會過度產生連結，結果有些競爭力比較強，這些連結就會加粗；競爭力比較差的連結會收回，只留下幾條主線的公路。菌絲體網絡往一個方向生長，從其他方向撤回，因此甚至可以在一片地景上遷移。Extravagant（恣意、過度、揮霍）這個詞的拉丁文字根是指「遊蕩到外面或更遠的地方」。這個詞很適合形容菌絲體；菌絲體不斷遊蕩到超出自己的極限，甚至更遠的地方，不過這在大部分動物體內的時候，都沒有這種情形。菌絲體是沒有身體藍圖的身體[9]。

菌絲體網絡的一部分怎麼「知道」網絡遙遠的另一部分發生了什麼事？菌絲體會蔓延擴張，但必須設法（和自己）保持聯繫。

瑞典真菌學家史提芬·奧森（Stefan Olsson）花了數十年時間，設法了解菌絲體網絡如何與自己協調，表現得像統合的整體。好幾年前，奧森開始對某幾種會生物發光（bioluminescence）的真菌產生興趣；這些真菌的菇體和菌絲體會在黑暗中發亮，有助於吸引昆蟲傳播孢子。十九世紀英格蘭的煤礦礦工說過，長在木頭支柱上的生物發光真菌，亮度足以「照亮他們的手」，而班傑明·富蘭克林（Benjamin Franklin）提出利用稱為「狐火」的生物發光真菌，照亮第一艘潛水艇的羅盤和深度計（這艘潛水艇名為海龜號〔Turtle〕，開發於一七七五年，美國獨立戰爭期間）。奧森研究的物種是鱗皮扇菇（*Panellus stipticus*）。他對我說：「如果我在瓶子裡培養它（鱗皮扇菇），你就能用它的光來閱讀。感覺就像一小盞燈擱在家裡的書架上。我的孩子愛死了。[10]」

奧森為了監控扇菇菌絲體的行為，所以在實驗室的培養皿裡培養，把其中兩個生長中的樣本放進條件恆定的全黑箱子裡。他把兩個樣本在箱子裡放了一星期，用靈敏度足以偵測生物發光的攝影機，每隔幾秒拍攝一張照片。在縮時影片中，兩個不相連的菌絲體在各自的培養皿裡向外生長，形成不規則的圓形，中央比邊緣明亮。幾天後（在影片裡大約兩分鐘），有個突然的改變。一個樣本的一側邊緣有一波生物發光傳向另一側的邊緣。一天後，另一個樣本也有一波類似的發光傳過來。以菌絲體的時間尺度來看，這是精采好戲。然而，不過才那麼一下下（這也是菌絲體的尺度），各個網絡又倏然變回不同的生理狀態[11]。

「那究竟是怎麼回事？」奧森向我驚呼。他開玩笑說，真菌被丟著可能無聊了，開始玩，或是變得憂鬱了。雖然他又把樣本丟回黑暗裡放了幾個星期，但再也沒出現脈動。幾年後，奧森對這種現象的原因，仍然沒有理想的解釋，也不知道菌絲體如何能夠在那麼短的時間內協調自己的行為[12]。

真菌的協調很難理解，因為真菌沒有控制中心。如果我們砍掉自己的頭，或讓心臟停止跳動，我們就完了。但菌絲體網絡沒有頭也沒有腦，真菌和植物一樣，是去中心化的生物，沒有作業中心，沒有首都，沒有中央政府所在。這是分散控制的系統——菌絲體的協調同時發生在所有地方，又不發生在任何特定部分。菌絲體的片段可以再生出整個網絡，所以單一的菌絲體個體（前提是你敢用這個詞）可能永生不死。

奧森對於生物發光的自發波十分著迷，因此在一個後續實驗中準備、記錄了另一組培養皿。他試著用吸量管的尖端刺向一個扇菇菌絲體的一側，受傷的區域立刻亮起來。他不懂的是，十分鐘之內，光亮擴散了九公分，傳遍整個網絡。這速度遠超過化學信號在菌絲體內從一側傳到另一側。

奧森想到，受傷的菌絲可能釋放出一種揮發性化學信號到空氣中，形成一團氣體雲，傳過網絡，這麼一來，就不需要在網絡中傳遞。他測試這個可能性，並排種了兩個遺傳相同的菌絲體。兩個菌絲體之間沒有直接連結，但是距離近到飄過空中的化學物質可以越過之間的空隙。奧森刺了其中一個菌絲體。光和之前一樣傳過受傷的網絡，但信號沒有傳給它的鄰居。所以網絡之內想必有某種迅速的通訊系統。奧森愈來愈專注於思考這是什麼。

覓食與進食機制

真菌藉著菌絲體覓食。有些生物會製造自己的食物（例如植物會行光合作用），有些生物（例如大部分的動物）會在這世界上尋找食物，放進體內，然後消化、吸收。真菌的策略不同，真菌是在原地消化這世界，然後吸收到自己體內。真菌的菌絲長而分枝，只有一個細胞粗——直徑二到二十微米，比人類毛髮的平均直徑細了超過五倍。菌絲愈能接觸周遭，能吃的就愈多。動物和真菌之間的差異很簡單——動物把食物吃進體內，真菌則把身體放進食物中[13]。

然而，這世界難以預料，大部分的動物都靠移動來處理不確定性，如果別的地方比較好找食物，就搬去別的地方。但要像菌絲體一樣，身在食物供應不規則、無法預期的情況下，就必須能變形。菌絲體是活生生、持續生長、掌握機會的調查——是具象化的猜測。這種趨勢稱為發展的「非決定論」（indeterminism）——世上沒有相同的菌絲體網絡。菌絲體是什麼形狀？這就像在問水是什麼形狀。唯有知道菌絲體恰好長在哪裡，才能回答這個問題。把這和人類比較，所有人類都共享一個身體藍圖，參與類似的發展旅程。只要沒受干預，我們生下來有兩隻手臂，最後就會有兩隻手臂。

菌絲體讓自己傾注於周遭環境，但菌絲體的生長模式並非無限地可變。不同的真菌菌種會形成不同類的菌絲體網絡。有些真菌的菌絲細，有的菌絲粗；有些對食物挑剔，有些沒那麼挑剔；有些會長成暫時的膨起，但大小不會超出食物來源，可以長在家中的一小塊灰塵上；有的真菌會形成壽命驚人的網絡，遍布數公里；有些熱帶真菌完全不覓食，而是表現得像濾食性動物，粗粗的菌絲體束形成網狀，捕捉落葉[14]。

不論真菌長在哪裡，都必須巧妙地獲取食物來源。而真菌是利用壓力來達成這個目標，菌絲體必須穿透特別堅韌的屏障時（例如致病真菌感染植物），會發展出特化的穿透菌絲，壓力可達五十到八十大氣壓，產生足以穿透堅韌的麥拉聚酯薄膜（Mylar）、克維拉纖維（Kevlar）這些塑料的力道。一則研究估計，如果一根菌絲和人手一樣寬，應該能舉起重達八噸的校車[15]。

菌絲體的生長

大部分多細胞生物生長時，會產生新的一層細胞。細胞分裂產生更多細胞，而產生的細胞會再度分裂。肝是一層層肝細胞堆疊而成。肌肉或胡蘿蔔也一樣。但菌絲不同；菌絲的生長方式是延長。在恰當的環境下，菌絲可以無限延長。

從分子的層次來看，所有細胞活動（不論是真菌或其他生物）都是一陣模糊的高速活動。即使以這樣的標準來看，菌絲尖也是一陣騷亂，比一座球場中一萬顆自己跳動的籃球還要忙碌。一些菌種的菌絲生長速度之快，甚至肉眼就能看見菌絲在延長。菌絲尖持續延長時，必須製造新材料。小囊中充滿建造細胞的材料，從內部到達菌絲尖，和菌絲尖融合，速度高達每秒六百個[16]。

一九九五年，藝術家法蘭西斯·埃利斯（Francis Alÿs）帶著一罐藍色油漆，罐底打了一個洞，在巴西的聖保羅漫步。一連許多天，他在城中移動的同時，持續有一道油漆滴落地上，在他身後留下一道足跡。那道藍色油漆形成他旅程的地圖，是時間的速寫。埃利斯的表演說明了菌絲是怎麼生長的，埃利斯本人就是生長頂點，他留下的蜿蜒路徑是菌絲的本體。生長發生在尖端；埃利斯帶著那罐油漆走來走去，如果有人讓他停下腳步，那條線就會停止生長。也可以把你的人生想成這樣。生長頂點是當下（你在當下的生命體驗），隨著當下拓展，會侵蝕到未來。你人生的歷史是其餘的菌絲，也是你在身後留下的糾結藍線條。菌絲網絡是真菌近期歷史的地圖，提醒我們所有生命形態其實都是過程，而不是東西。五年前的「你」和現在的「你」是由不同的要素構成。

自然是永不止息的事件。威廉・貝特森（William Bateson）提出遺傳學（genetics）這個詞，他觀察道：「我們通常把動、植物想成物質，但動、植物其實是系統，而物質不斷通過其中。」我們看到一個生物（不論是真菌或松樹）時，等於捕捉了生物持續發展的一刻[17]。

菌絲體通常從是從菌絲尖長出，但也有例外。菌絲纏在一起形成菇體的時候，會迅速充滿水分膨脹，而水分必須從周圍吸收——所以菇體通常在雨後出現。菇體生長，能產生爆炸性的力量。鬼筆劈啪穿透柏油路的時候，產生的力量能舉起一百三十公斤重的物體。莫迪凱・庫克（Mordecai Cooke）在一八六〇年代出版的一本熱門真菌指南中指出，「幾年前，（英國）貝辛斯托克鎮（Basingstoke）鋪上了石板；沒幾個月就發現鋪面凹凸不平，而且找不到明顯原因。不久之後，謎底揭曉——有些最重的石板下面長了大毒菇，石板就從路基上被撐了起來。其中有塊石板邊長是二十二乘二十一吋，重達八十三磅[18]。」

每當我思考菌絲體生長，只要想超過一分鐘，我的頭腦就開始累了。

網絡中的傳輸與流動

一九八〇年代中期，美國音樂學家路易斯・薩爾諾（Louis Sarno）錄下了中非共和國森林中阿卡人（Aka）的音樂。一段錄音被稱為〈女人採菇〉。她們到處遊蕩採集蕈類，腳步循著地下菌絲體網絡的形式移動時，會一邊在林中動物的聲響中歌唱。每個女人唱的都是不同的旋律；每個聲音都訴說著不同的音樂故事。許多旋律交織，但仍然獨立存在。歌聲在其他歌聲周圍飄蕩，時而相伴，時而交纏[19]。

〈女人採菇〉屬於複音音樂。複音是同時有超過一個聲部的歌唱，或是同時講述不只一個故事。女人的聲音不像理髮店四重唱（Barbershop Quartet）的和聲，從來不會融合成統一的陣線。沒有哪個聲音會放棄自己的個體認同，也沒有哪個聲音會搶鋒頭。沒有主唱，沒有獨奏，也沒有領唱者。如果把錄音播放給十個人聽，要他們唱出同樣的曲調，每人唱的都會不同[20]。

菌絲體是具現化的複音。每個女人的歌聲就像菌絲尖，各自探索一片音景。雖然都能自由遊蕩，但不能認為各個活動獨立於其他。沒有主音色，也沒有主調。沒有中央計畫。然而還是形成了一個形式。

每次我聆聽〈女人採菇〉，我的耳朵就會選擇其中一個歌聲而融入音樂，隨著那個歌聲徜徉，彷彿我就在那座森林裡，可以走向其中一個女人，站在她身邊。很難同時跟隨超過一條線。就像試圖同時傾聽許多對話，而不是切換著聽。腦中必須有幾股意識混合在一起。我的注意力必須變得沒那麼集中，比較分散。我每次都不成功，但是當我放鬆聽覺，就會發生別的事。那些歌聲合併形成一首歌，而這首歌不存在於任何獨立的歌聲中。這是首新歌，如果把音樂拆解成獨立的部分，絕對找不到。

菌絲體是真菌菌絲（是具體化之流，而不是意識之流）混合在一起的結果。然而，專長菌絲體發展的真菌學家艾倫・雷納（Alan Rayner）提醒過我：「菌絲體不只是不定型的脫脂棉。」菌絲可以聚在一起，形成精緻的結構。

你看到蕈類時，看到的其實是果實。可以想像成葡萄從地上長出來。然後想像產生葡萄的葡萄藤在土表下扭曲、分枝。葡萄和木質的葡萄藤是由不同類的細胞構成。切開一朵蕈類，會看到蕈類和菌絲體是由同一類的細胞構成——也就是菌絲。

菌絲會長成菇體之外的結構。許多種真菌的菌絲會形成空心管線，稱為「菌索」或「根狀菌絲束」。這些管線小至細纖維，大至幾公釐粗的菌絲束，可以延伸數百公尺。由於個別的菌絲是管狀，不是線狀（很容易忘記菌絲之中充滿液體的空間），所以菌索和根狀菌絲束是許多小管組成的大管子，傳導液體的速度比個別菌絲快了幾千倍（一份報告中的數據是將近每小時一點五公尺），讓菌絲體網絡把養分和水分送過遙遠的距離。奧森跟我說了瑞典的森林，他在那裡觀察到一大個蜜環菌網絡，在兩個足球場面積的區域裡結實。一條溪流橫越那一區，有一小座人行橋跨過溪流。他回憶道：「我開始更仔細觀察那座橋，發現真菌開始將菌索纏到橋下。其實是靠那座橋來渡河。」真菌如何調控這些構造的生長，仍然是個謎[21]。

菌索和根狀菌絲束提醒了我們，菌絲體網絡是運輸網絡。巴迪的菌絲體地圖是另一個好例子。而菇體生長也是——菇體要能穿透柏油，就必須充滿水。菇體要充滿水，水分就必須迅速從網絡中的一處傳送到另一處，以精確掌控的脈動，流進發展中的菇體內。

短距離裡，物質可以藉著微管網絡，在菌絲體網絡裡傳送——微管是動態的蛋白纖維，表現得像鷹架和電扶梯的混合物。不過用微管「馬達」來運輸很耗能量，長距離時，菌絲的內容物是隨著一道細胞流之河而移動。這兩種方式都能在菌絲體網絡之中迅速運輸。高效率的運輸讓一個菌絲體網絡的不同部分參與不同的活動。英國的哈頓莊園（Haddon Hall）翻新的時候，一只廢棄的石窯裡發現了乾腐菌（*Serpula*）的一個子實體。那株乾腐菌的菌絲體連結蜿蜒穿過八公尺的石造物，來到莊園另一處的一塊腐朽地板。它在地板進食，在窯裡結實[22]。

要體會菌絲體之中的流動，最好的方式是看著菌絲體的內容物在網絡各處往返運送。二〇一三年，加州大學洛杉磯分校的一群研究者處理了菌絲體，以便把菌絲之中的細胞構造移動具象化。他們的影片顯示了一群群細胞核沿著菌絲流湧。細胞核在一些菌絲裡移動的速度比其他菌絲快，在一些菌絲裡會往不同的方向流動。有時候會塞車，這時菌絲滑道中的細胞核運輸就會改道。一波波細胞核彼此融合。細胞核的規律脈動——細胞核彗星（nuclear comet）高速移動，在接點（junction）分枝，衝向側管道。依據一名研究者揶揄的觀察，這是種「細胞核的無政府狀態」[23]。

感測、處理訊息

流動有助於解釋菌絲體網絡中的交通如何流通，但無法解釋為什麼真菌會往某個方向生長，而不是其他方向。菌絲對刺激敏感，任何時候都面臨充滿各種可能性的世界。菌絲不是用不變的速度直線延伸，而是轉向有吸引力的機會，遠離沒吸引力的。這是怎麼辦到的？

一九五〇年代，諾貝爾獎得主麥克斯・德爾布呂克（Max Delbrück）對感覺行為產生了興趣。他選擇當作模式生物的是布拉克鬚黴（*Phycomyces blakesleeanus*）這種真菌。鬚黴驚人的感知能力令德爾布呂克著迷。鬚黴的子實構造（基本上是巨大的直立菌絲）對光敏感的情況類似人眼，和我們的眼睛一樣，會適應強光或弱光。鬚黴可以偵測到一顆星的星光那麼弱的光，暴露在晴天直射的陽光下才會無法消受。為了刺激植物反應，必須讓植物暴露在比這強幾百倍的照度下[24]。

德爾布呂克在他生涯尾聲時寫道，他仍然深信鬚黴是類似的簡單多細胞生物之中「最聰明的」。鬚黴對觸碰極為敏感，偏好往風吹來的方向生長，即使風速低到一秒一公分，也就是時速零點零三六公里。此外，鬚黴還能偵測到附近有物體存在，這種現象稱為「迴避反應」（avoidance response）。雖然經過幾十年的艱辛研究，迴避反應仍然是個謎。幾公釐內的物體會使鬚黴的子實體彎向另一邊，而且完全不需要有接觸。不論是哪種物體（透明或不透明，表面光滑或粗糙），鬚黴都會在大約兩分鐘後，開始彎向另一邊。目前已經排除了靜電場、溼度、力學線索和溫度。有假說是鬚黴用揮發性化學物質的訊號，這訊號會因為微小的氣流而偏離阻礙，不過這個假說要證明還早[25]。

雖然鬚黴是特別敏感的菌種，不過大部分的真菌都能感應光（光的方向、強度或顏色）、溫度、溼度、養分、毒物和電場，做出反應。真菌和植物一樣，擁有對藍光和紅光敏感的受體，可以「看到」光譜各段的光——但不像植物的地方是，真菌也有視紫蛋白（opsin），也就是動物眼睛的視桿和視錐裡對光敏感的色素。菌絲也能感應到表面的材質；一項研究指出，豆鏽菌的年輕菌絲可以偵測到人工材質表面上半微米深的溝，比CD雷射軌道間的溝槽淺了三倍。菌絲纏在一起形成菇體的時候，會變得對重力十分敏銳。我們已經看過，真菌和彼此、和其他生物都保有無數的化學溝通管道——菌絲融合或有性生殖的時候，會區分「自己」和「他者」，以及不同種的「他者」[26]。

真菌的生活中充斥著感官資訊。不知怎麼，菌絲（由菌絲尖引導）能整合眾多的資訊流，決定適合的生長軌跡。人類和大部分的動物一樣，用頭腦整合感官資訊，決定最佳的行動方案。因此，我們通常會尋找可能發生整合的特定位置。我們喜歡知道在哪裡，不過對植物和真菌來說，問起「在哪裡」的進展有限。菌絲體網絡或植物有不同的部位，但那些部位並不獨特。所有東西都有許多個。那麼感官資訊流是如何在一個菌絲體網絡中匯集的呢？無腦的生物怎麼連結感知與行動？

植物學家努力思索這些問題，已經超過一世紀。一八八〇年，查爾斯．達爾文（Charles Darwin）和他兒子法蘭西斯（Francis）發表了一本書《植物運動的力量》（*The Power of Movement in Plants*）。他們在最後的段落中提出，既然根尖決定了生長的軌跡，那麼植物不同部位的信號一定是在根尖整合。達爾文父子寫道，根尖的作用「就像低等動物的腦……從感覺器官得到印象，指揮幾種動作」。達爾文父子的臆測被稱為「根腦」假說；委婉來說，很有爭議。不是因為有人反駁他們觀察到的現象——根尖確實會引導根部移動，就像地上的莖，是由生長頂點引導而移動。

讓植物學家分歧的是，這假說用了腦這個字。對一些植物學家而言，這個主張會讓我們更了解植物的生命；對其他植物學家而言，即使只是主張植物有任何類似腦子的東西，都是無稽之談[27]。

某方面來說，腦這個字令人分心。達爾文父子的重點是，資訊匯聚，連結感知和行動、決定適合生長路線的地方，必定是生長頂點（引導著根和莖）。這也適用於真菌的菌絲。菌絲尖是菌絲體生長、改變方向、分枝、融合的部分。菌絲尖是菌絲體之中做最多事的部分。而且菌絲尖數量龐大。一個菌絲體網絡可能有數百到數十億個菌絲尖，全都大規模並行地融合、處理訊息[28]。

真菌電子通訊系統

菌絲尖可能是資訊流匯聚而決定生長速度、方向的地方，但網絡一處的菌絲尖是怎麼「知道」網絡遙遠另一處的菌絲尖在做什麼？我們又落回奧森的窘境。奧森的生物發光扇菇菌種可以協調彼此的行為，速度快到不可能是藉由化學物質在網絡中的甲處移動到乙處。一些真菌菌種的菌絲體會長成「仙女環」，遍布數百公尺，年紀高達數百歲，然後不知怎麼同步冒出頭，產生一圈蕈類。巴迪的菌絲體覓食實驗裡，只有一部分的網絡發現新的木塊，但整個菌絲體的行為都改變了，而且改變迅速。菌絲體網絡是如何和自己通訊？訊息如何那麼迅速地在菌絲體網絡中傳遞[29]？

有許多可能。有些研究者認為，菌絲體網絡可能用壓力或流速來傳遞發展信號——因為菌絲體是連續性的液壓網絡，就像汽車的煞車系統，當一部分的壓力突然改變，照理講其他地方都能迅速感應。有些研究者觀察到代謝活動（例如化學物質在菌絲間隔之間累積、釋放）可以規律地發生，可能有助於同步網絡各處的行為。至於奧森，他把他的注意力轉向所剩不多的選擇之一——電學[30]。

長久以來，我們知道動物身上的不同部位會用電脈衝——動作電位（action potential）來傳遞訊息。神經元是會受到電流刺激的長形神經細胞，負責協調動物行為。而神經元有自己的研究領域——神經科學。雖然電訊號傳遞通常被視為動物的天賦，不過會產生動作電位的不只動物。植物和藻類也會；一九七〇年代起，也知道有些真菌有這種能力。細菌也能受電流刺激。「電纜細菌」（cable bacteria）會形成長條的導電纖維，也就是奈米線。二〇一五年，已經知道細菌菌落可以用類似動作電位的電流活動波，來協調彼此的行為。儘管如此，很少真菌學家想得到，這在真菌身上扮演了重要角色[31]。

一九九〇年代中期，奧森在瑞典隆德大學（Lund University）的系所有個研究團隊在研究昆蟲的神經生物學。他們在實驗中，把玻璃的微電極插入蛾的腦中，測量了神經元活動。奧森找上他們，問他能不能用他們的設備來探討一個簡單的問題：如果他把蛾的腦子換成真菌菌絲體，會發生什麼事？那些神經科學家被勾起了好奇心。真菌菌絲理論上應該很適應傳導電脈衝。菌絲包覆著蛋白質，可以絕緣，因此一波波電流活動可以傳送很長的距離，不會衰減——動物的神經細胞有同樣的絕緣鞘。更重要的是，菌絲體之中的細胞彼此連貫，可能會讓網絡某個部分發出的脈衝不受干擾地傳到另一部分。

奧森細心選擇真菌的種類。他推測，如果真菌體內真的有電子通訊系統，比較需要長距離通訊的菌種就更容易感測到。保險起見，他選擇了蜜環菌（*Armillaria*），這種真菌形成的菌絲體網絡是記錄保持者，綿延幾公里，年紀高達數千歲。

奧森把微電極插入蜜環菌的菌絲束時，偵測到規律的動作電位（就像脈搏），發生的頻率非常接近動物的感覺神經元——大約每秒四次脈動，沿著菌絲傳遞，速度至少每秒半公釐，大約比真菌菌絲量到最快的液體流動快了十倍。這引起了奧森的注意，但這結果本身並未表示脈衝是個迅速通訊系統的基礎。電流活動如果對刺激敏感，絕對在真菌通訊中扮演了某種角色。奧森決定量測蜜環菌對於木塊的反應（木頭是蜜環菌的食物）[32]。

奧森設置好裝備，把一塊木頭放到菌絲體上，擱在距離電極幾公分的地方。他發現的事情非常神奇。木頭和菌絲體接觸時，衝動的頻率加倍了。奧森把那塊木頭拿開，頻率就恢復正常。為了確保真菌反應的不是木塊的重量，奧森把一塊體積、重量相同但不能吃的塑膠塊放到菌絲體上。真菌沒反應。

奧森接著測試了一些其他種的真菌，包括生長在一種植物根系上的菌根菌、鮑魚菇（*Pleurotus*）和乾腐菌（*Serpula*，就是在哈頓莊園石窯裡結實的那種真菌）。這些真菌都會產生動作電位——就像脈衝，而且對各種不同的刺激敏感。奧森的假設是，電訊號傳遞是讓各式各樣的真菌在自己的不同部分之間傳遞訊息的實際方式，這些訊息傳遞的資訊關乎「食物來源、受傷、真菌內的局部狀況，或周圍是否有其他個體存在」[33]。

奧森合作的許多神經生物學家得知菌絲體網絡有類似腦部的表現，都很興奮。奧森回憶道：「那是那些蟲人的第一個反應。他們想到的是森林裡的這些大型菌絲體網絡在它們自己周圍傳遞電子信號。他們想像或許那些菌絲體網絡只是遍布森林的大腦。」我承認我也無法忽略二者表面上的相似之處。奧森的發現顯示，菌絲體可能形成極為複雜的電興奮性（electrically excitable）細胞網絡。而腦子也是極為複雜的電興奮性細胞網絡。

奧森向我解釋：「我不覺得那是腦子。我必須壓抑腦子的概念。一旦有人說出來，大家就會想到和我們一樣的頭腦，而我們有語言，會處理思考而做出決策。」他的警告很有道理。腦是個觸發字，背負著大多數時候都限於動物界的概念。奧森繼續說：「我們說『腦』的時候，所有聯想都限於動物的腦子。」此外，奧森指出，腦子表現得像腦子，是因為腦子建構的方式。動物腦的構造和真菌網絡非常不同。動物腦中的神經元和其他神經元連接的接點，稱為突觸。信號在突觸可以和其他信號結合。神經傳導分子透過突觸傳遞，讓不同的神經元用不動的方式表現——有些激發其他神經元，有些抑制其他神經元。菌絲體網絡沒有上述任何特徵。

但如果真菌確實利用電流活動波，在網絡之中傳遞信號，我們難道不會至少把菌絲體想成像腦子的現象嗎？奧森認為，菌絲體網絡中有別的方法可以調節電脈衝，產生「類似腦子的迴路、閘門和振盪器」。一些真菌的菌絲會用隔膜孔來隔成隔間，這些隔膜孔可能受到靈敏的調節。開關一個隔膜孔，會改變從隔間傳到另一個隔間的信號強弱，不論這信號是化學、壓力或電子信號。奧森思考，如果一個菌絲隔間中的電荷突然改變，能開啟或關閉一個隔膜孔，那麼一波脈衝就可能改變後續信號在菌絲中傳遞的方式，構成簡單的學習迴路。此外，菌絲還會分枝。如果兩個脈衝在一處交會，二者都會影響隔膜孔的傳導度，整合不同分枝傳來的信號。「你不需要多清楚知道電腦是怎麼運作的，就能了解那樣的系統能產生決策閘。」奧森告訴我。「如果把這些系統結合在一個彈性、適應的網絡中，我們就擁有了『可以學習記憶的腦子』的可能性。」他對腦這個字敬而遠之，夾在引號裡來強調有個隱喻在運作[34]。

安德魯．阿達馬茲基（Andrew Adamatzky）是非常規計算實驗室的主任，他並沒有忽略真菌能把電訊號傳遞當作迅速通訊的基礎。二〇一八年，阿達馬茲基把電極插進一塊塊菌絲體萌發的整棵鮑魚菇之中，測量到電流活動的自發波。他把火焰拿近蕈菇時，菇叢之中不同的蕈菇反應是個強烈的電流尖波。不久之後，阿達馬茲基發表了一篇論文，叫作〈真菌計算機的展望〉（Towards fungal computer）。他在論文中提出，菌絲體網絡會「計算」轉譯成電流活動尖波的資訊。阿達馬茲基主張，如果我們知道一個菌絲體網絡會如何回應特定的刺激，我們就會把菌絲體網絡當作活的電路板來看待。我們透過刺激菌絲體（例如用火焰或化學物質），就能把資料輸入真菌電腦中[35]。

真菌電腦聽起來或許不可思議，不過生物計算機倒是一個迅速成長的領域。阿達馬茲基花了幾年時間，設法利用黏菌來感測、計算。這些生物計算機的原型，是用黏菌解決各種幾何問題。

黏菌網絡可以修改（例如切斷一個連結），改變網絡執行的那組「邏輯功能」。阿達馬茲基想像的「真菌電腦」只是把黏菌的運算能力應用在另一類網絡生物身上[36]。

阿達馬茲基觀察到，有些真菌菌種的菌絲體網絡比黏菌更方便計算。這些真菌會形成更長命的網絡，不會那麼快就轉變成新的形態。而且它們比較大，菌絲之間有更多接點。從網絡不同分枝傳來的信號，會在這些接點（奧森稱之為「決策閘」）以及阿達馬茲基稱為「基礎處理器」的地方交互運作、結合。阿達馬茲基估計，一個蔓延十五公頃的蜜環菌網絡，應該有將近一兆個這樣的處理單元。

對阿達馬茲基來說，真菌計算機的意義不是取代矽晶片。真菌反應太慢，取代不了。相反的，他認為人類可以利用生長在一個生態系的菌絲體，當作「大規模的環境感應器」。他推斷，真菌網絡其實監控著大量的資訊流，這是真菌網絡的日常。如果我們能探究菌絲體網絡，解讀它們用來處理資訊的信號，就能更了解一個生態系裡發生了什麼事。真菌可以回報土質、水質、汙染或它們易受影響的其他任何環境條件的變化[37]。

我們離這還頗遠。用活的網絡生物來計算的技術仍在萌芽階段，許多問題尚待解答。奧森和阿達馬茲基證實了菌絲體對電敏感，但還沒證實電脈衝可以連結刺激物和反應。就像你腳趾扎到一根大頭針，偵測到通過你體內的神經衝動，卻無法測量你對痛覺的反應。

這個挑戰還有待處理。奧森對菌絲體的研究和阿達馬茲基對鮑魚菇的研究相隔二十三年，在這些年間，真菌電訊號傳遞沒有進一步研究。奧森告訴我，如果他有資源可以朝這個方向探索，他會設法證實電流活動造成的明確生理反應，並解讀電脈衝的模式。奧森的夢想是「把一個真菌接到一臺電腦上，和真菌溝通」，用電子訊號讓真菌改變行為。「如果真是這樣，那就能進行各種古怪、奇妙的實驗。」[38]

真菌是否擁有智能？

這些研究掀起猛烈的疑問。像真菌或黏菌這樣的網絡生命形態，擁有某種形式的認知嗎？我們能把它們的行為視作有智能嗎？如果其他生物的智能和我們的看起來不同，那可能是什麼樣貌？我們會注意到嗎？

生物學家的看法分歧。傳統上，智能和認知都是以人類的角度定義——至少需要有腦，通常還要有心智。認知科學是出自於研究人類，自然把人類心智視為探究的中心。少了心智，認知過程的經典範例（語言、邏輯、推理、在鏡中認出自己）似乎不可能。一切都需要高層次的心智功能。但我們定義智能和認知的方式，其實是品味問題。對許多人而言，腦中心的觀點太侷限了。有人認為可以畫一條俐落的線，用「真正的心智」和「真正的理解」來區分非人和人類，但這種概念已經被被哲學家丹尼爾．丹尼特（Daniel Dennett）斥為「原始迷思」。腦子的絕技不是無中生有，有許多特徵反映了更古老的過程，在明確的腦子形成很久之前，那些過程就已存在[39]。

查爾斯．達爾文在一八七一年的文字採取了務實的路線。「智能根據的是一個物種對於需要生存而做的事，可以做得多有效率。」這種觀點有許多當代生物學家和哲學家附和。intelligence這個英文的拉丁文字根意思是「做出選擇」。許多類無腦的生物（包括植物、真菌和黏菌）都以彈性的方式反應環境、解決問題，在不同的行動方案之間做出決定。複雜的資訊處理顯然不限於腦子的內部作業。有些人用「群體智能」這個詞來描述無腦系統解決問題的行為。也有些人認為，可以把這些網絡生命形態想成出自於「最低限度」或「基本」的認知，而我們該問的不是一個生物有沒有認知，而是應該評估一個生物認知的程度。上述這些觀點中，智能行為都可以在沒有腦的狀況下產生。需要的只是動態、會反應的網絡[40]。

腦子長久以來一直被視為動態的網絡。一九四〇年，諾貝爾獎得主、神經生物學家查爾斯·薛林頓（Charles Sherrington）把人腦描述為「魔法織布機，數百萬飛快的梭子織出動人的圖案」。今日，被稱為「網絡神經科學」的領域，是在試圖了解數百萬神經元環環相扣的活動如何產生腦部活動。人腦中單一的神經細胞迴路無法產生智能行為，就像一隻白蟻的行為無法造出白蟻丘的複雜結構。單一的神經細胞迴路所「知道」的狀況，和一隻白蟻「知道」的蟻丘結構不相上下，不過大量的神經元可以構成一個網絡，進而產生驚人的現象。由此看來，複雜行為（包括心智和親身意識經驗的細緻特徵）發自於複雜的神經元網絡，而這些神經元網絡可以靈活地重塑自己[41]。

頭腦只是一個那樣的網絡，是處理資訊的一種方式。即使是在動物身上，也有許多不靠腦子而發生的事。塔夫茨大學（Tufts University）的研究者用扁蟲做了驚人的實驗，闡明了這一點。

扁蟲可以再生，因此是受到大量研究的模式生物。如果扁蟲的頭被切下來，就會長出另一個頭，腦子什麼的一應俱全。扁蟲也可以被訓練。研究者納悶，如果訓練一隻扁蟲記住環境的特徵，然後切掉扁蟲的頭，等扁蟲的頭長回來，還會不會保有那些記憶。說來神奇，答案是會的。扁蟲的記憶似乎存在於腦子之外的身上某個地方。這些實驗顯示，即使在依賴腦子的生物體內，作為複雜行為基礎的彈性網絡也未必侷限於頭裡的一小個區域。還有其他例子。比方說，章魚大部分的神經都不在腦子裡，而是分散在全身。大量的神經位在觸腳上，而章魚的觸腳可以探索、品嘗周圍環境，不需要牽涉到腦子。即使被切下來，觸手還是能探抓[42]。

所以許多種生物演化出彈性網絡，幫助解決生活中的問題。菌絲體生物似乎屬於最早那麼做的生物之一。二〇一七年，瑞典皇家自然史博物館（Swedish Royal Museum of Natural History）的研究者發表了一篇報告，描述古代岩漿的裂縫中保存的化石化菌絲體。化石顯示了分枝的菌絲，「觸碰、纏繞彼此」。它們形成的「交纏網絡」、菌絲的面積、類似孢子的構造大小，以及生長的模式，都十分接近現代的真菌菌絲體。這是很不尋常的發現，因為這化石可以追溯到二十四億年前，比以前認為真菌從生命之樹分枝出去的時間要早了十億年。無法確定辨別化石物種，不過無論是否是真的真菌，顯然都具有菌絲體的習性。這發現使得菌絲體成為已知最早發展成複雜多細胞生物的一個嘗試，是最原始的交纏，也是最早的有生命網絡之一。地球四十億年的生命史中，菌絲體持續存在了超過一半的歲月，經歷過無數的劇變和災難性的全球劇變，驚人地維持原樣[43]。

芭芭拉．麥克林托克（Barbara McClintock）因為在玉米遺傳的成就而贏得諾貝爾獎，她描述植物之神奇，「超乎我們最狂野的期待」。不是因為植物找到辦法做人類能做的事，而是動物遇到一些挑戰可以逃離，而植物的生命根植於一處，迫使它們演化出無數的「天才機制」，處理那些挑戰。真菌也是這樣。菌絲體是類似的天才辦法，聰明地回應一些生命最基本的挑戰。絲狀真菌的做法跟我們不一樣，它們有著彈性網絡，會不斷自我重塑[44]。它們確實是不斷自我重塑的彈性網絡。

麥克林托克強調，抱持「對植物的感情」，培養耐性「傾聽材料要跟你說的事」，有多重要。說到真菌，我們真的有希望嗎？菌絲體生物非常他者，它們的可能性多麼古怪。但或許它們不像乍看之下那麼遙遠。許多傳統文化理解的生命是一個交纏的整體。今日，一切都彼此相連的概念用得太頻繁，已經淪為老生常談。「生命之網」的概念是現代科學自然概念的基礎；二十世紀發展出的「系統理論」學派，把所有系統（從車流、政府到生態系）視為動態的互動系統；「人工智能」的領域用人工神經系統來解決問題；人類生命的許多面向都因為網際網路的數位網路而延續；網絡神經科學讓我們將自己視為動態網絡。就像熟稔的音樂，「網絡」也膨脹成放諸四海的概念。很難想到一個無法用網絡理解的主題[45]。

＊＊＊

然而，我們仍然在努力理解菌絲體。我問巴迪，菌絲體生物目前最神祕的是哪些方面。「呃……這是個好問題。」她猶豫了。「我真的不知道。其實太多了。絲狀真菌如何以網絡運作？怎麼感應環境？怎麼把訊息傳回其他部分？那些訊息要怎麼解讀？這些都是龐大的問題，好像根本沒什麼人在思考。可是唯有了解這些事，才能了解真菌是怎麼辦到它們做的幾乎所有事情。我們有技術可以達成，但是有誰在鑽研基礎真菌生物學？沒多少人。我想這情況很令人憂心。我們一直沒把許多我們發現的事拼湊成整體的理解。」她哈哈笑了。「這個領域已經成熟，可以收成了！可是我不覺得有很多人在採收。」

一八四五年，亞歷山大．馮．洪堡德（Alexander von Humboldt）觀察到，「我們在自然的深入知識中的所有進展，都會帶領著我們來到另一座迷宮的入口」。就像〈女人採菇〉那樣的複音歌曲，來自於交纏的歌聲；菌絲體則來自於交纏的菌絲。菌絲體還有待細緻的理解。我們目前處於生命最古老的一個迷宮入口[46]。

第三章

地衣：最親密的兩個陌生人

問題是，我們不知道我們說「我們』」的時候，指的是誰[1]。

——二十世紀美國詩人亞卓安・芮曲（Adrienne Rich）

二〇一六年六月十八日，俄羅斯聯合號（Soyuz）太空船的回收艙降落在哈薩克一片荒涼的大草原上。依據國際太空站（International Space Station, ISS）的規定，安全地把三人從焦黑的膠囊裡拖了出來。太空人墜落在地球上時並不孤單。在他們座位下，有數以百計的生物緊緊塞在一只箱子裡。

在這些樣本中，有幾種地衣隸屬於「生物學與火星實驗」（Biology and Mars Experiment, BIOMEX），被送上太空一年半。「生物學與火星實驗」是太空生物學家的國際聯盟，利用國際太空站外裝設的托盤裝置（稱為 EXPOSE 暴露設備）在星際環境下培養生物樣本。預定降落日的前幾天，BIOMEX 地衣團隊的內圖希加・李（Natuschka Lee）對我說：「希望他們平安歸來。」我不確定她說的「他們」是指誰，但不久之後，李就和我聯絡，說一切安好。她從柏林的德國航太中心（German Aerospace Center）研究計畫主持人那裡收到一封電子郵件，她念出信件主旨，鬆了口氣：「EXPOSE的托盤回到地球……」「快了。」李微笑地說，「我們的樣本快回來了。[2]」

一些耐受性極高的生物被送到軌道上，從細菌的孢子、非共生的藻類、岩生的真菌到緩步動物（tardigrade）——這號微生動物又稱為「水熊」。有些如果能防護太陽輻射的有害影響，就能生存。不過除了幾種地衣，很少有生物能存活在完全的太空環境，浸淫在未受過濾的宇宙射線中。這些地衣的能力太過驚人，成為太空生物學研究的模式生命形態，一位研究者寫得好，地衣非常適合讓我們「分辨陸生生物的極限與限制」[3]。

這不是地衣第一次幫助人類推測我們所知的生命極限了。地衣是活生生的謎。十九世紀以來，地衣掀起熱烈的爭論——獨立存在的個體有哪些要素。我們愈熟悉地衣，地衣就顯得愈陌生。時至今日，地衣混淆了我們對認同的概念，迫使我們質疑一生物和另一生物的界線在哪。

地衣：真菌與藻類的共生

生物學家恩斯特．海克爾（Ernst Haeckel）在他華麗的插畫書《自然界的藝術形態》（*Art Forms in Nature*）中，栩栩如生地描繪了各式各樣的地衣形態。他的地衣大肆萌芽、層層疊疊。葉脈的隆起化為光滑的泡泡；莖柄精心描繪成尖岔與碟狀。崎嶇的海岸遇上奇異的亭子，外形中布滿凹處和縫隙。一八六六年，海克爾創了**生態學**（ecology）這個詞。生態學描述的是研究生物與環境之間關係的學問；不只是它們住的地方，還有支持它們的茂盛關係。生態學研究受到亞歷山大・馮・洪堡德的啟發，萌芽於「自然是互連整體」的概念，是「作用力的系統」。不該把生物孤立出來了解[4]。

三年後，一八六九年，瑞士生物學家西蒙・施文德納（Simon Schwendener）發表了一篇論文，提出「地衣的雙重假說」（dual hypothesis of lichens）。這篇論文中，施文德納提出激進的想法——地衣和長久以來假定的不同，並不是單一生物。他認為地衣是由兩種很不一樣的實體組成——也就是真菌和藻類。施文德納主張，地衣真菌（現在稱為共生真菌）提供了物理保護，為自己和藻類細胞吸收養分。藻類夥伴（稱為共生光合生物，這角色有時由光合作用菌來扮演）會吸收光和二氧化碳，製造醣，提供能量。施文德納認為，真菌夥伴是「寄生生物，但有著政治家的智慧」。藻類夥伴是「它的奴隸……真菌找到藻類……迫使藻類替它服務」。而真菌和藻類一同長成地衣的可見形體。雙方在這樣的關係中，都能在原本無法獨自生存的地方活下來[5]。

施文德納的說法受到地衣學家同仁強烈反對。兩種不同的物種聚在一起，構成新的生物，這生物擁有自己獨立的認同，這概念對許多人而言太震驚了。一位當代人士不屑地表示：「有益而滋養的寄生現象？誰聽過這種事？」其他人把這斥為「聳動的浪漫」，是「被囚的**藻類**姑娘和暴虐的**真菌**主人之間不自然的結合」。有些寫得比較含蓄。英國真菌學家碧雅翠絲・波特（Beatrix Potter，以她的系列童書《彼得兔》聞名）寫道：「其實呢，我們並不相信施文德納的理論。[6]」

分類學家辛勤地把生物分門別類成整整齊齊的家譜，他們最擔憂的是，想到單一生物可以含有兩個不同的支系。在查爾斯．達爾文於一八五九年發表天擇理論之後，物種被視為彼此分歧的產物。他們的演化支系分岔，有如樹木的分枝。樹幹分岔成枝條，枝條又分岔成小枝條，小枝條分岔成細枝。而物種是生命之樹細枝上的葉子。然而，雙重假說認為，地衣中含有起源差異甚遠的物種。在地衣之中，已經分歧數億年的生命之樹分枝，發生了完全出乎意料的事——收斂[7]。

接下來的數十年間，愈來愈多生物學家採納了雙重假說，不過許多人不同意施文德納描繪的關係。這並不是感情用事；施文德納選擇的隱喻，阻礙了雙重假說提出更重大的問題。一八七七年，德國植物學家亞伯特．法蘭克（Albert Frank）創造了共生（symbiosis）這個詞，來描述真菌和藻類夥伴生活在一起的狀態。法蘭克研究地衣的過程中，發現顯然需要一個新詞，而這個新詞不能使人對它描述的關係有成見。不久之後，生物學家海恩瑞希．安東．狄伯瑞（Heinrich Anton de Bary）採用法蘭克的詞，採取廣義的用法，指涉任何生物之間各種不同的互動；從寄生的一個極端到互利關係的另一個極端[8]。

接下來的幾年間，科學家發表了許多共生的新主張，包括法蘭克提出的驚人聲明——真菌可能幫助植物從土壤裡得到養分（一八八五）。這些主張全都引用地衣雙重假說來支持他們的想法。發現藻類長在珊瑚、海綿、綠海天牛體內的時候，一名研究者形容那些生物是「地衣動物」。幾年後，最初在細菌中觀察到病毒的時候，發現者把這些病毒描述成「微型地衣」（microlichen）[9]。

換句話說，地衣迅速成長為一個生物學的領域。地衣是共生概念的入門生物，共生這種概念有違十九世紀末和二十世紀初演化思想的盛行潮流，英國生物學家湯瑪斯．赫胥黎（Thomas

Henry Huxley）對生命的描寫是很好的總結，他筆下的生命是「一場競技表演……最強壯、最敏捷、最狡猾的就能存活，來日再戰」。雙重假說之後，無法再完全以競爭與衝突的角度來思考演化。地衣成為跨界合作的一個典型案例[10]。

改變地球面貌的地衣

地球有高達百分之八的地表為地衣所覆蓋，這面積比原帶雨林覆蓋的面積還要大。地衣會披覆在岩石、樹木、屋頂、柵欄、懸崖和沙漠的地表。有些有著單調的保護色。有些是萊姆綠或螢光黃。有些看起來像汙漬，有些像小型灌木，有些像鹿角。有些是蠟質，像蝙蝠翅膀一樣下垂；有些像詩人布蘭達．希爾曼（Brenda Hillman）寫的，「像標籤符號一樣掛著」。有些長在甲蟲身上，那些甲蟲依賴地衣提供的偽裝而活。無拴地衣（untethered lichen，又稱遊蕩地衣或漂泊地衣）隨風飄流，不特別生長在任何東西上。凱利．克努森（Kerry Knudsen）是加州大學河濱分校植物標本館的地衣館長，他觀察到地衣有違它們周圍的「單純故事」，「看起來彷彿童話」[11]。

加拿大西岸西屬哥倫比亞海岸外島嶼上的地衣最令我著迷。從上空看，海岸線沒入海中。完全沒有銳利的邊緣。陸地逐漸消失於水灣與海峽，然後是水渠和水道。數以百計的島嶼散布在海岸外。有些不比鯨魚大；最大的溫哥華島長度則是不列顛島的一半。大部分的島嶼是結實的花崗岩，山丘有如潛水艇的頂端，山谷被冰川磨得平滑。

每年有幾天的時間，我和幾個朋友會擠進一艘二十八呎的帆船，繞島航行。那艘船——雀躍號（Caper）有著深綠的船殼，沒有龍骨，揚著紅帆。從雀躍號登上陸地很麻煩。我們划著一艘搖搖晃晃的橡皮小艇，每划兩下，槳就滑出槳架。把小艇拖上海岸又是一門藝術。海浪把小艇打上岩石，在我們爬出小艇時又把小艇拖走。不過一旦上岸，就來到地衣的天下了。我花了無數小時沉浸於地衣創造的世界——一片岩石之海中的生命之島。用來形容地衣的名字聽起來很折磨，那些字念起來拗口——像是殼狀（crustose）、葉狀（foliose）、鱗狀（squamulose）、粉狀（leprose）、枝狀（fruticose）。枝狀地衣披覆，殼狀和鱗狀地衣蔓生滲透，粉狀地衣層疊剝落。有些喜歡長在向東的表面上，有些喜歡向西。有些選擇住在暴露的岩架上，有些選擇溼潤的溝槽。有些掀起緩慢的戰爭，驅逐或擾亂鄰居。有些住在其他地衣死去剝落而暴露的表面上。那裡逐漸變得像陌生地域的群島和大陸，而地圖衣（*Rhizocarpon geographicum*）就是這麼得名。地衣數個世紀的生與死，在最古老的表面上留下斑痕。

地衣喜歡岩石，並改變了地球的面貌，而且目前仍在持續，有時候真的是改變面貌。二〇〇六年，刻在拉什莫爾山（Mount Rushmore）的總統群像必須用高壓水注清洗臉部，好清除超過六十年的地衣，希望延長紀念像的壽命。總統們並不孤單。詩人德魯．米恩（Drew Milne）寫道：「所有界石都長了一層地衣。」二〇一九年，復活節群島的居民發起一場活動，要刷去數百座巨大石像頭——摩艾（moai）上的地衣。地衣被當地人形容為「麻瘋病」，會讓雕像的特徵變形，軟化石頭，使石頭有種「像黏土」的黏稠度[12]。

地衣從岩石中抽取礦物質是兩階段的過程，稱為「風化」。首先，地衣會藉著生長的力量，以物理方式破壞表面。再來，地衣會運用一系列強大的酸性物質，以及與礦物質結合的化合物，來溶解、消化岩石。地衣擁有風化的能力，因此是一種地質作用力，不過地衣做的不只是破壞這世界的物理特徵。地衣死去、分解時，產生了新生態系裡最早的土壤。岩石中無生命的礦物質靠著地衣，進入生物的代謝循環中。你體內的礦物質，很可能有一部分曾經經過地衣體內。不論在墳場的墓碑上，或包在南極花崗岩石板中，地衣都是處於生物與非生物界線上的中介。從雀躍號裡望向加拿大多岩的海岸，這些想法逐漸變得清晰。在高潮線之上又長了幾公尺的地衣和苔類，才開始出現比較高大的樹木，遠離海水的裂縫裡開始有新生的土壤形成，樹木就在那些裂縫間生根[13]。

水平基因轉移

什麼算島嶼，什麼不算，這是研究生態學和演化的基本問題。對太空生物學家（包括BIOMEX團隊成員）而言，這也很重要，他們許多人在努力解決「胚種論」（panspermia）的問題。panspermia 這個詞來自希臘文，pan 的意思是「全」，sperma 的意思是「種子」。胚種論處理的問題是，地衣是否也是島嶼，而生命是否能在天體之間的太空移動。這概念從古時候就在流傳，不過直到二十世紀初，才化身為科學假說。有些支持者主張，生命本是來自別的星球。有些則認為生命在地球和其他地方演化，而地球一段段的劇烈演化創新，是來自太空的生命碎片觸發的結果。也有人主張「軟性胚種論」——生命本身是在地球演化，不過生命所需的化學結構單元來自太空。至於行星際運輸怎麼發生，有許多假說。大都是一個主題的變化版——行星遭到隕石撞擊，噴出小行星或其他碎屑，而生物被困在其中，拋過太空，最後和另一個星體相撞，這些生物可能在新的星體上產生生命，也可能不會[14]。

一九五〇年代末，美國準備送火箭上太空的時候，生物學家約書亞．賴德堡（Joshua Lederberg）開始擔心天體汙染的問題（正是賴德堡在二〇〇一年發明了**微生物群系**這個詞）。人類這下子可以把地球生物散布到太陽系的其他地方了。更令人擔憂的是，人類可能把外星生物帶回地球，擾亂生態系——甚至引發疾病之類的大災難。賴德堡寫了一些急迫的信件給國家科學院，警告他們可能有「宇宙大災難」。國家科學院聽進他的話，發布了官方的關切聲明。當時還沒有詞彙形容行星際生命的科學，所以賴德堡創了一個詞：外星生物學（exobiology）。這是太空生物學這個領域的最初版本[15]。

賴德堡是個神童，他年僅十五歲就進入哥倫比亞大學就讀。他二十出頭的發現，幫忙改寫了我們對生命歷史的理解。他發現細菌可以彼此交換基因。一個細菌可以「水平」從另一個細菌得到一個性狀。水平得到的特徵，是指不屬於「垂直」從父母遺傳而得的特徵。這些特徵是逐漸得到的。我們其實很習慣這個原理。當我們學習或教導別人事情的時候，我們也算是在水平交換資訊。大部分的人類文化和行為都是這樣傳播的。然而，人類要像細菌一樣水平轉移基因，還是太過天馬行空（即使在我們演化歷史的深處偶爾會發生）。水平基因轉移表示基因（以及基因中編碼的性狀）有感染力。這就像說，我們注意到路邊有個沒人注意的特徵，拿來試了試，然後發現我們得到了一對酒窩。或是我們在路上遇到某個人，用我們的直髮交換了對方的鬈髮。或只是換成對方的眼睛顏色。或是幾乎是偶然地輕拂過一隻獵狼犬，就有股衝動一天狂奔幾個小時[16]。

賴德堡的發現讓他在三十三歲贏得了一座諾貝爾獎。發現水平基因轉移之前，細菌就和其他生物一樣，被視為生物學的孤島，基因組是封閉的系統。一生中，無法半路取得新的ＤＮＡ，取得「外部」演化的基因。水平基因轉移改變了這個情況，顯示細菌的基因組旁徵博引，由分別演化數百萬年的基因組成。水平基因轉移就像之前的地衣，暗示了早以分歧的演化之樹分枝，可以在一個生物體中收斂。

對細菌來說，水平基因轉移是常態——任何細菌體內的大部分基因都沒有共同的演化史，而是零碎地取得，就像家裡累積的各種東西。就這樣，一個細菌可以得到「現成」的特徵，把演化的速度加快好幾倍。藉著交換ＤＮＡ，無害的細菌也能一舉得到抗生素的抗藥性，搖身變成會致病的超級細菌。過去數十年間，科學家逐漸發現這種能力不是細菌獨有，不過最擅長這種能力的還是細菌——遺傳物質一直都在生物的所有域（domain）之間水平交換[17]。

賴德堡的想法帶了點冷戰妄想症的色彩。胚種論在他手中開始顯得像宇宙尺度的水平基因轉移。有史以來，人類第一次可以（理論上）用不是就地演化的生物，感染地球和其他行星。地球上的生命不再能被視為封閉的系統、在無法跨越的海洋上的一座行星之島。細菌會水平取得

DNA來加速演化，同樣的，外來DNA出現在地球，可能使得原本「拐彎抹角」的演化過程「抄捷徑」，進而導致災難性的後果[18]。

地衣的終極生存極限

BIOMEX的一個主要目標，是查明各種生命形態能不能在跨越太空的旅程中存活下來。在地球大氣那層保護性的皮膚以外，環境十分嚴酷，危機四伏，包括來自太陽和其他恆星的高劑量輻射；會讓生物材料（包括地衣）幾乎立刻乾燥的真空；冰凍、解凍、加熱的快速循環，二十四小時中，溫度從攝氏零下一百二十度升到一百二十度，又降回去[19]。

第一次試圖把地衣送上太空的過程不大順利。二〇〇二年，無人駕駛的聯合號火箭載著樣本，結果從俄國太空港起飛後幾秒就爆炸墜毀。意外發生後幾個月，雪融之後，取回了貨物的殘骸。研究計畫主持人報告：「說來奇妙，地衣實驗是少數可以辨識的殘骸，我們發現，雖然發生這樣的事，地衣……仍然表現出某種程度的生物活性。[20]」

之後一些研究證明了地衣能在太空存活，結果大致相同。最堅韌的地衣種類於再度吸水的二十四小時之內，代謝活動就能完全恢復正常，可以修復大部分的「太空」傷害。其實，最強悍的地衣——迴旋環繞衣（*Circinaria gyrosa*）的存活力非常高，近期的三個研究決定把迴旋環繞衣的樣本暴露在比太空更高的輻射劑量下，測試它們的「生存終極極限」。一劑輻射當然能殺死地衣，但要能夠破壞地衣細胞的劑量極高。地衣樣本暴露在六千戈雷（kilogray）的伽馬射線中，卻無動於衷——這是美國食物滅菌標準劑量的六倍，人類致死劑量的一萬二千倍。倍增到一萬兩一千戈雷的時候（這是水熊蟲致死劑量的二點五倍），地衣的生殖能力受損，但還是活了下來，繼續進行光合作用，沒有明顯的問題[21]。

崔弗・戈瓦德（Trevor Goward）是英屬哥倫比亞大學（University of British Columbia）地衣收藏的管理者，對他來說，地衣的超級耐受性是他口中「地衣避雷針效應」的一例。地衣激起洞察，或者套句戈瓦德的話，是「增壓的理解」。地衣避雷針效應形容的是地衣讓人想起熟悉的概念，並且讓這些概念分裂為新的形式。共生的概念正是一例。在太空生存是另一例，此外還有地衣對生物分類系統造成的威脅。「地衣告訴我們和**生命**有關的事。」戈瓦德對我驚歎道，「**它們教導我們甚多**。[22]」

戈瓦德對地衣非常癡迷（他為大學的收藏貢獻了大約三萬份地衣樣本），更是地衣分類學者（命名了三個屬，描述了三十六個地衣新種）。但他有種神祕主義者的感覺。「我喜歡說，地衣多年前占據了我的意識表面。」他住在英屬哥倫比亞的一大片荒野邊緣，經營一個網站：地衣的啟蒙（Ways of Enlichenment）。對戈瓦德來說，深思地衣的事，改變了我們對生命的理解；地衣這種生物會誘使我們產生新的疑問、新的解答。「我們和世界的關係怎樣？我們究竟是怎麼回事？」太空生物學把這些問題訂為宇宙的尺度。難怪地衣森然逼近胚種論爭論的前線和中心（即使沒占據重要地位，也確實很強烈）。

然而，接近家鄉時，地衣和地衣體現的共生概念才引發了最強烈的存在問題。二十世紀中，跨界合作的概念改變了科學對複雜生命形態如何演化的理解。戈瓦德的問題看似戲劇化，不過地衣和地衣的共生生活方式帶我們重新檢視的，正是我們和這世界的關係。

生命被劃分成三個域。其中一個域是細菌。古細菌（Archaea）是另一個域，這些單細胞的微生物和細菌相似，但細胞膜的構造不同。真核生物則是第三個域。我們是真核生物（eukaryotes），其他所有多細胞生物，不論是動、植物、藻類或真菌，也屬於真核生物。真核生物的細胞比細菌和古細菌的細胞大，依據一些特化的構造來組織自己。其中一個構造是細胞核，細胞中大部分的DNA都在細胞核。另一個構造是粒線體，這是產生能量的地方。植物和藻類還有一種構造——葉綠體，也就是光合作用進行的地方[23]。

一九六七年，有遠見的美國生物學家琳・馬古利斯（Lynn Margulis）熱烈倡導一個有爭議的理論，這理論讓共生在早期生命的演化扮演了一個核心角色。馬古利斯主張，演化上一些最重大的時刻，是不同生物聚在一起（而且繼續待在一起）的結果。單細胞生物吞噬細菌，而細菌繼續共生在單細胞生物體內，因此有了真核生物。粒線體正是這些細菌的後代。葉綠體則是被早期真核細胞吞噬的光合細菌後代。之後所有複雜的生命（包括人類），都是「親密的陌生人」歷久不衰的故事[24]。

真核生物產生於「融合與合併」的概念，自從二十世紀初就斷斷續續出現在生物學思想中，但仍然打不進「生物學上流社會」。一九六七年，情況沒什麼改變，馬古利斯的原稿歷經十五次退稿之後，終於被接受了。發表之後，馬古利斯的概念和以前那些類似的主張一樣，受到大力反對（一九七〇年，微生物學家羅傑・史坦尼爾〔Roger Stanier〕尖刻地表示，馬古利斯的「演化臆測……像吃花生一樣，可以被視為相對之下無害的嗜好，除非變成一種執著，那可就有害了」）。不過，一九七〇年代證明馬古利斯說對了。新的遺傳學工具證實，粒線體和葉綠體確實原本是非共生的細菌。在那之後，又發現了其他內共生的例子。舉例來說，有些昆蟲的細胞中含有細菌，這些細菌之中又有其他細菌[25]。

馬古利斯的主張相當於早期真核生物的雙重假說。所以馬古利斯援引地衣來為她的主張而戰也不意外——在二十世紀之交的時候，她觀點的早期支持者也曾經這麼做。她主張最早的真核細胞可以視為和地衣「十分類似」。接下來數十年間，地衣繼續在馬古利斯的研究中大出鋒頭。她後來寫道：「地衣是合作關係產生創新的絕佳例子，這種合作遠超過個別的總合。[26]」

這後來稱為內共生學說，改寫了生命的歷史。這是二十世紀變動最劇烈的生物學共識之一。演化生物學家理查・道金斯（Richard Dawkins）始終為馬古利斯「從非正統到正統」的過程中，一直「堅持」這個學說感到慶幸。道金斯又說：「這是二十世紀演化生物學的一大成就，我對琳・馬古利斯純粹的勇氣與毅力佩服得五體投地。」哲學家丹尼爾・丹尼特寫道，馬古利斯的理論是「（他）遇過最美妙的概念」，而馬古利斯是「二十世紀生物學的英雄人物」[27]。

內共生學說最重要的一個意義是，從演化的角度來看，整套的能力都是現成演化好的，瞬間從非親代的生物，甚至非同種、同界、同一域的生物身上取得。賴德堡證實，細菌可以水平取得基因。內共生學說提出單細胞生物曾經水平得到整個細菌。水平基因轉移把細菌的基因組轉移到廣泛的地方；內共生學說則把細胞轉移到廣泛的地方。所有現代真核生物的祖先水平取得了一個細菌，這細菌已經擁有用氧製造能量的能力。同樣的，今日植物的祖先水平取得了現成演化好、能夠光合作用的細菌。

其實這種講法不大對。今日植物的祖先並沒有得到可以進行光合作用的細菌；它們是可以光合作用和不能光合作用的生物結合的產物。它們共同生活的二十億年間，雙方都愈來愈依賴彼此，演變成今日我們發現自己的處境——少了對方，雙方都無法存活。在真核細胞裡，生命之樹的遙遠分枝彼此纏繞融合，形成一個密不可分的新支系，就像真菌菌絲一樣融合（anastomose）[28]。

地衣並非重現核細胞的起源，不過就像戈瓦德說的，地衣確實有異典同工之妙。地衣是廣泛的個體，是生命相遇的地方。真菌自己不會行光合作用，不過和藻類或光合細菌建立關係，就能水平得到這種能力。類似的情況，藻類或光合細菌無法長出一層層堅硬的保護組織，也不能分解岩石，不過和真菌合作，就能得到這些能力，而且是突然間的事。這些分類上關係很遠的生物一同建立了複合的生命形態，擁有全新的可能性。和無法與葉綠體分開的植物細胞比起來，地衣的關係很開放，因此有了彈性。在某些狀況下，地衣不拆散雙方的關係就能生殖——地衣的碎片中含有所有共生夥伴，可以一同移動到新地點，長成一株新的地衣。也有時候，地衣真菌會產生孢子，獨自移動。真菌來到一個新地方，必須遇到親和的共生光合生物，重新建立關係[29]。攜手之後，真菌夥伴成了部分的共生光合生物，而共生光合生物則成了部分的真菌。然而地衣哪個都不像。氫和氧的化學元素結合而形成水，水這個化合物和組成元素雙方都截然不同；同樣的，地衣也是衍生現象，完全超出了個別的總合。戈瓦德也強調，這重點太簡單了，反而很難體會。「我常說只有地衣學家**看不到**地衣。因為科學家受到的訓練是見樹不見林，他們也不例外。問題是，如果你只看地衣的組成，**就看不到地衣本身**。」[30]

地衣的生存策略

從太空生物學的角度來看，有趣的正是地衣這個衍生的形態。引用一則研究的話：「很難想像有什麼生物系統更能總結地球生物的特徵。」地衣是小小的生物圈，包含光合生物和非光合生物，因此結合了地球最主要的代謝過程。某方面來說，地衣是微星球——被小覷的世界[31]。

不過地衣在地球的軌道上，究竟在做什麼？為了解決監控太空中生物樣本的問題，BIOMEX團隊的成員從西班牙中部乾燥高原採收了堅韌的地衣——迴旋環繞衣的樣本，帶到一個火星模擬設施。他們把地衣暴露在類似太空的環境，希望能即時測量地衣的活動。結果發現沒什麼好測量的。「啟動」火星一個小時內，地衣的光合作用活性就幾乎降到零。地衣在模擬器中其餘的時間都在休眠，三十天後再度吸水，才恢復正常活動[32]。

大家都知道，地衣在極端環境下生存的能力，靠的是進入一個暫停生命的狀態——有些研究發現，地衣脫水十年後，可以成功復甦。如果地衣的組織先脫水再冰凍、解凍，那麼加熱並不會造成多少傷害。脫水也會防止地衣承受宇宙射線最危險的後果——活性極高的自由基損害DNA的結構；輻射把水分子一切為二，就會產生自由基。

休眠似乎是地衣最重要的生存策略，不過地衣還有其他策略。最頑強的地衣種類，有厚厚的組織可以阻擋有害的射線。地衣也會產生超過一千種其他生命形態沒有的化學物質，有些有防曬作用。這些化學物質是地衣創新代謝作用的產物，在多年間讓地衣和人類建立了各式各樣的關係——從藥物（抗生素）、香水（橡苔）、染料（粗花呢、蘇格蘭格紋毛呢、可以顯示酸鹼度的石蕊）到食物——有一種地衣是印度綜合香料的一個主要成分。產生人類重要化合物的真菌（包括產生盤尼西林的青黴菌），許多在演化史上曾經以地衣存在，但之後不再形成地衣。有些研究者認為，這些物質之中有些（包括盤尼西林）原來可能演化自地衣祖先的防禦策略，以共生關係的代謝遺跡存在至今[33]。

地衣是「嗜極端生物」（extremophile），這樣的生物（從我們的角度來看）能活在其他世界。嗜極端生物的耐受性超乎想像。在南極冰層下一公里處的火山溫泉（極高溫的海底熱泉）採集樣本，會發現嗜極端的微生物在那裡生長，顯得若無其事。深碳觀測計畫（Deep Carbon Observatory）最近的發現指出，地球的細菌和古細菌有超過一半（稱為內陸地生物〔infra-terrestrial〕）存在於地球表面之下幾公里處，活在強大的壓力和極高的溫度中。這些地下世界和亞馬遜雨林一樣多樣化，含有數十億噸的微生物，是地球上人類總重的數百倍。有些樣本已存在數千年之久[34]。

地衣也一樣令人驚歎。地衣能在許多不同種類的極端狀況下生存，因此稱得上「多重嗜極端生物」。在地球沙漠裡最熱、最乾燥的地方，可以找到地衣以皮殼的形態，在焦枯的地面上欣欣向榮。地衣在這些環境裡扮演了關鍵的生態角色，穩定沙漠的沙質表面，減少沙塵暴，防止進一步沙漠化。有些地衣長在堅硬石頭的裂縫或孔洞裡。一則研究的作者寫道，花崗岩塊中有地衣存在，他們承認自己完全不知道這些地衣是怎麼跑進那裡面。有幾種地衣在南極旱谷（Antarctic Dry Valleys）達成生命的巨大成功——南極旱谷的生態系極為嚴酷，因此用於模擬火星上的環境。即使浸在長時期酷寒，光線中含有大量紫外線，幾乎沒有任何水分，但那些地衣似乎不以為意。即使浸在攝氏零下一百九十五度的液態氮裡，地衣仍然可以迅速活過來，而且壽命遠比大部分的生物還要長。紀錄保持者是瑞典拉普蘭地區（Lapland）的地衣，活了超過九千年[35]。

嗜極端生物的世界已經很神奇，但其中的地衣更不尋常，原因有二：第一，地衣是複雜的多細胞動物。第二，地衣是共生的產物。大部分的嗜極端生物不會發展出那麼複雜的形態、那麼長久的關係。這是地衣在太空生物學家眼中那麼有趣的一部分原因。在太空中穿梭的地衣是乾乾淨淨的一組生命——整個生態系一同移動。還有什麼生物更適合行星際旅行[36]？

雖然一些研究顯示地衣可以在外太空存活，在行星之間運送，但地衣還須克服另外兩個挑戰才能存活。首先，隕石使地衣噴出行星造成的衝擊。第二，重返行星的大氣層。這兩種狀況都很危險。儘管如此，噴出的衝擊對地衣不大可能過強。二〇〇七年，研究者證實地衣能忍受一百到五百億帕斯卡的壓力波，這比馬里亞納海溝底的壓力大了一百到五百倍，而馬里亞納海溝是地球上最深的地方。以岩石被隕石拋擲到火星表面的脫離速度來看，地衣能忍受的壓力完全在岩石受到的衝擊壓力範圍內。重返行星大氣層可能是比較大的問題。二〇〇七年，細菌和生長在岩石上的地衣樣本被裝到一個回收艙的防熱板上。隨著回收艙飛馳過地球的大氣，樣本也在超過攝氏兩千度的溫度下暴露了三十分鐘。過程中，一部分的岩石融化，結晶成新形態。檢驗殘留物，發現沒有任何活細胞的跡象[37]。

結果並未讓太空生物學家氣餒。有些人主張，被包在大型隕石深處的生命形態會受到保護，不會遇到這些極端狀況。有些人指出，大部分來到地球的物質，是以微隕石的形態到達；微隕石是一種宇宙塵。這些小粒子進入大氣的時候，經歷的摩擦比較少、溫度比較低，也許比火箭艙更能載著生命形態安全來到地球。就像一些研究者歡欣鼓舞地宣布的，這問題仍然沒有定論[38]。

建立共生關係的條件

誰也不知道地衣最早是何時演化出來的。最早的地衣化石可以追溯到四億多年前，但類地衣生物可能在那之前就存在了。那之後，地衣獨立演化了九到十二次。今日，有五分之一的真菌菌種會形成地衣，也就是地衣化（lichenize）。有些真菌（例如青黴菌）以前會地衣化，但現在不會；它們已經去地衣化（de-lichenize）了。有些真菌在演化史上，換過不同類的光合作用夥伴（或是再地衣化〔re-lichenize〕）。對一些真菌來說，地衣化仍然是一種生活方式的選擇；它們可以依環境來決定要不要以地衣的形式存活[39]。

原來，真菌和藻類一受刺激就會聚在一起。把許多類非共生的真菌和藻類放在一起培養，幾天內就會發展出互利共生。不同種的真菌，不同種的藻類——似乎沒什麼關係。產生全新共生關係的速度，比結痂復原還要快。這些令人注目的發現、新共生關係「誕生」的驚鴻一瞥，是由哈佛大學的研究者在二〇一四年發表。真菌和藻類一起培養的時候，會凝聚成可見的形態，看起來像柔軟的綠球。那不是恩斯特．海克爾和碧雅翠絲．波特形容的精緻地衣形態。話說回來，它們不曾和彼此共處百萬年的時間[40]。

不過並非任何真菌都能和任何藻類形成夥伴。共生關係要建立，必須滿足一個關鍵條件——雙方都必須替對方做某件事，而且是對方自己無法達成的事。只要雙方的生態相符，夥伴的身分並不重要。引用演化理論家W．福特．杜立德（W. Ford Doolittle）的話，重要的似乎是「歌曲，而不是歌手」。這項發現讓我們更了解地衣在極端狀況下生存的能力。戈瓦德指出，地衣的天性有點像「奉子成婚」，在狀況太嚴酷，夥伴雙方都無法獨自生存的情況才會發生。不論地衣最早是在何時出現，有地衣存在，表示地衣以外的生物的忍受度沒那麼好，而雙方可以一同唱出一首無法獨唱的代謝之「歌」。從這種角度來看，地衣的嗜極端性、生存在危險邊緣的能力，就像地衣本身一樣古老，也是它們共生的生活方式的直接結果[41]。

用不著去遠赴南極旱谷或火星的模擬設施去看地衣的嗜極端性發揮作用，看看大部分的海岸線就行了。我在英屬哥倫比亞的多岩海岸上，發現地衣頑強得惹人注目。藤壺以上一呎左右的地方，就在水的高潮線之上，有一抹黑色的條帶披蓋在岩石上，大約兩呎高。靠近一看，像是碼頭上龜裂的柏油。那東西形成一條帶狀物，沿著海岸線蔓延，我們繞著島嶼航行時，發現了其中的重要性。我們下錨的時候，會利用這東西幫我們推測潮水的高度；這東西能明確顯示水能漲到多高。那是旱地的標幟。

黑色的條帶其實是一類地衣，但有可能怎麼都猜不到那是生物。這地衣確實沒長成精緻的結構。儘管如此，在北美西岸大部分的海岸上層，黑夜水點衣（*Hydropunctaria maura*）卻是第一個生長在海浪可及處以上的生物。看看世界各地的高潮線，會注意到類似的東西。大部分的岩岸都鑲著地衣。海草停止生長的地方，地衣就開始了，有些甚至延伸到水裡。火山在太平洋中央形成新島嶼的時候，最早長在赤裸岩石上的就是地衣，這些地衣是以孢子或碎片的形態，由風或鳥類帶來。冰河退後的情況也一樣。地衣在剛裸露的岩石上生長，是胚種論的這個主題的變化版。這些光禿的表面是不適合生存的島嶼，對於大部分的生物來說，可能性都太遙遠。寸草不生，遭到強烈輻射灼燒，暴露在野外的暴風和溫度變動，簡直就像另一個星球[42]。

其他的共生夥伴

地衣處於生物散布成一個生態系、而生態系凝聚成一個生物的地方。它們在「整體」和「部分的集合」之間切換。在兩種角度之間切換的經驗令人困惑。**個體**這個詞的英文 individual 來自拉丁文，意思是不可分割。整個地衣是一個個體嗎？或者組成地衣的成員（個別部分）才是個體？根本不該問這個問題？地衣這個產物的重點不只是個別部分，而是這些部分之間的交流。地衣是穩定化的關係網絡；地衣持續在地衣化；地衣不只是名詞，也是動詞[43]。

擔心這些範疇的其中一人，是蒙大拿的一位真菌學家，托比．斯普利比爾（Toby Spribille）。二〇一六年，斯普利比爾和他的同事在《科學》期刊發表了一篇論文，動搖了雙重假說。斯普利比爾描述了地衣一個主要演化支系裡一個新的真菌參與者；一個半世紀的嚴密觀察，完全忽略了這個夥伴[44]。

斯普利比爾的發現是個意外。一個朋友挑戰他把地衣打碎，將地衣所有成員生物的DNA排序。他預期結果應該簡單明瞭。他跟我說：「教科書上寫得很清楚，只可能有兩個夥伴。」然而，斯普利比爾愈研究，似乎愈不是這種情形。每次他分析這類的一個地衣，就發現預期中的真菌和藻類之外的其他生物。「我花了好一段時間處理這些『汙染』生物，」他回憶道，「最後才說服自己，沒有不受『汙染』的地衣，而我們發現『汙染物』十分一致。我們愈探究，這愈像一個規則，而不是例外。」

研究者很早就假設，地衣可能有其他共生夥伴。畢竟地衣之中沒有微生物群系。地衣就是微生物群系，除了兩大主要角色之外，也充滿真菌和細菌。然而，在二〇一六年之前，都不曾描述過新的穩定合作關係。斯普利比爾發現的一個「汙染物」是一種單細胞酵母菌——結果這種酵母菌不只是臨時住戶。六大洲的地衣都有這種酵母，而且對地衣生理的貢獻很可觀，甚至讓地衣擁有完全不同物種的外貌。這種酵母是共生的關鍵第三方夥伴。斯普利比爾的驚人發現只是一個開端。兩年後，斯普利比爾和他的團隊發現雜髓衣（wolf lichen，是研究最透徹的一種地衣）之中還有另一種真菌，第四個真菌夥伴。地衣的認同碎裂成更細小的碎片。然而斯普利比爾告訴我，這還是過度簡化了。「情況遠比我們發表過的任何內容都來得複雜。每個地衣群的夥伴『基本組合』都不同。有些細菌比較多，有些比較少；有些有一種酵母菌，有些有兩種，有些沒有。有趣的是，我們還沒發現任何地衣符合一種真菌加一種藻類的傳統定義。」[45]

我問他，新的真菌夥伴在地衣中究竟做什麼。斯普利比爾回答道：「我們還不確定。每次我們切入，試圖找出誰在做什麼，就一頭霧水。我們沒找出這些參與者扮演的角色，反而發現更多參與者。我們挖得愈深，發現得愈多。」

斯普利比爾的發現令一些研究者困擾，因為由此可見，地衣共生並不像從前以為的那麼「封閉」。斯普利比爾解釋道：「有些人把共生想成宜家家居的一個套件，有清楚識別的零件、功能，還有組合順序。」他的發現卻顯示，多種不同的參與者也許能形成一個地衣，而他們只需要「用正確的方式刺激一下彼此」。在地衣裡，重要的不是「歌手」的身分，而是它們做的事——它們各自唱的代謝「歌曲」。從這角度看，地衣是**動態的系統**，而不是一個互動單元的型錄。

這和雙重假說的情形大相逕庭。自從施文德納把真菌和藻類描繪成主奴，生物學家就在爭論這兩個夥伴是誰控制誰。但現在，二重唱變成了三重唱，三重唱變成了四重唱，最後四重唱聽起來比較像個大合唱。至於地衣究竟是什麼，其實無法有單一而牢靠的定義，不過斯普利比爾似乎不以為意。戈瓦德時常講到這點，他很享受其中的荒謬：「有一整個領域無法定義他們研究的東西？」希爾曼是這麼描寫地衣的：「怎麼稱呼不重要。任何那麼基進又普通的東西，一定有某種意義。」超過一百年來，地衣代表了許多意義，很可能繼續挑戰我們對於生物是什麼的理解[46]。

在此同時，斯普利比爾正在追尋一些他很看好的新線索。他跟我說：「地衣裡塞滿了細菌。」其實，地衣中的細菌多到有些研究者假設（這是胚種論主題的另一個轉折），地衣是微生物的儲藏庫，在不毛的棲地種下重要的細菌品系。地衣之中的一些細菌提供防禦；一些製造維生素和荷爾蒙。斯普利比爾懷疑細菌做的不只這樣。「我認為，要讓地衣系統連結在一起，形成不只是培養皿上一個團狀物的東西，這些細菌中可能有少數是不可或缺[47]。」

斯普利比爾跟我提起一篇論文——〈地衣的酷兒理論〉（Queer theory for lichens）（你在谷歌搜尋引擎輸入「queer」和「lichen」，出來的第一條就是了）。作者主張，地衣是酷兒般的生物，讓人類用不同的方式跳脫刻板的二元框架來思考——地衣的認同是個問題，而不是早已知道的答案。此外，斯普利比爾發現酷兒理論的架構應用在地衣很有用。他解釋道：「人類的二元觀點很難提出不是二元的問題。「我們對於性的觀點狹隘，所以很難提出和性等等有關的問題。我們用我們文化脈絡的觀點來問問題，所以極不容易提出像地衣這種複雜共生的問題，因為我們認為自己是獨立存在的個體，所以很難感同身受[48]。」

斯普利比爾把地衣描述成所有共生生物中最「外向」的。然而現在再也不可能把任何生物（包括人類）想成獨立於它們共用身體的微生物群落。大部分生物的生物認同無法脫離他們共生微生物的生命。**生態系**這個詞的英文 ecology，字根來自希臘文 oikos，意思是屋子、家或住所。我們的身體（就像其他所有生物的身體）是一個住所。生命是從大到小互相套疊的生物群系。

無法用解剖學定義我們，因為我們和微生物共用身體，而且體內的微生物細胞比我們「自己」的細胞還要多——比方說，牛不能消化草料，但牠們的微生物群落可以，而牛的身體經過演化，可以容納那些維繫牠們生命的微生物。我們也無法從發展的角度，定義為動物卵子授精而形成的生物，因為我們和所有哺乳類一樣，依賴我們的共生夥伴來引導一部分的發展計畫。也無法用遺傳學，把我們定義為相同基因組的細胞組成的身體——除了我們「自己」的ＤＮＡ，我們許多的共生微生物夥伴也傳自我們母親；在我們的演化史上的一些時間點，微生物同伴永遠地潛入了它們寄主的細胞——我們的粒線體和植物的葉綠體一樣有自己的基因組，而人類的基因組至少有百分之八源於病毒（我們甚至可以和其他人類交換細胞，變成「嵌合體」；這是母親和胚胎在子宮裡交換細胞或基因物質而成的）。我們的免疫系統也無法當作個體的衡量標準，不過我們的免疫細胞會區分「自己」和「非自己」，時常被認為可以替我們回答這個問題。免疫系統既和管理我們與體內微生物住戶的關係有關，也和擊退外來攻擊者有關，似乎經過演化，能讓微生物移生（colonization），而沒有加以阻止。這麼一來，你該何去何從？你們大家呢[49]？

有些研究者用「合生體」（holobiont）這個詞來指涉不同的生物聚集起來，表現得像一個單元的情形。holobiont 這個字來自希臘文 holos，意思是「整體」。合生體是這個世界的地衣，超過個別的總合。合生體就像共生與生態學，是個有意義的詞。如果我們只有詞彙形容可以輕易切割的獨立個體，就很容易認為這樣的個體確實存在[50]。

合生體並不是烏托邦的概念。合作總是混合了競爭和配合。有許多例子是所有共生生物的利益湊不攏的情形。我們腸道的細菌菌種可能是我們消化系統的一個關鍵部分，但如果跑進我們血液裡，就可能造成致命的感染。這概念我們很熟悉。一個家庭可以發揮一個家庭的功能，一個巡迴爵士樂團可以舉辦一場扣人心弦的表演，但仍然氣氛緊張[51]。

或許我們要認同地衣終究沒那麼難。這類的關係建立重演了最古老的一個演化格言。如果機械化生物（cyborg，是神經機械生物〔cybernetic organism〕的簡稱）描述的是生物和一項科技融合，那麼我們就像其他所有生命形態一樣，都是共生化生物（symborg，symbiotic organism）。一篇以共生觀點來看生命的專題論文作者對這一點採取了明確的立場。他們宣稱：「世上從來沒有個體，我們都是地衣。[52]」

＊＊＊

我們在雀躍號上漂流，花了不少時間研究海圖。這些海圖上，海洋與陸地的熟悉角色顛倒過來。陸塊是一片空洞、米色的廣大區域。水中很熱鬧，充滿輪廓和指示，在岩石周圍呈現皺褶。無名的一片片陸地插入分枝、會合的航路。海洋無法預料地通過水道的網絡。有些水道只能在一天的某些時段通過。潮水湧過一條狹窄危險的水渠時，水流匯聚，形成一道五呎高的波浪靜止不動，是一道自我支撐的水牆。在兩座島嶼之間特別變幻莫測的一條廊道裡，會出現五十呎的潮汐漩渦，把漂浮的原木吸進水底。許多航路邊布滿岩石。花崗岩峭壁陡切向海中。

樹木斜倚，慢動作倒下。沿岸的樹木、苔類和地衣受到海潮沖洗，巨石和岩架裸露，許多布滿了冰川的刮痕。很難忘記這片陸地大部分是堅硬的岩石，正在緩慢地崩解。崎嶇的冰架傾斜而下，最後筆直墜落。我和弟弟時常睡在這些岩架上過夜。處處都是地衣，我醒來時也一臉地衣。之後幾天，我長褲的口袋裡都能找到地衣的碎屑。我把碎屑翻出來，覺得自己像個人類隕石，納悶著有多少碎屑會在它們墜落的地方生根。

第四章

神奇蘑菇：菌絲體的心智

我們的世界之外還有另一個世界……而那世界會說話，擁有自己的語言。我記錄那世界說的事。神聖蘑菇牽起我的手，帶我去一切都明明白白的世界……祂們有問必答[1]。

——瑪莉亞．莎賓娜（María Sabina）

從一到五，一是「完全不」，五是「非常」——你覺得你失去平常認同感的程度是幾分？你覺得你對純粹存在的經驗是幾分？你覺得你融入一個更大的整體的感覺是幾分？

我躺在臨床藥物試驗室的床上苦思這些問題，我的ＬＳＤ旅程就快結束了。牆好像在微微呼吸，我發現很難專注在螢幕上的字。我的肚子周圍有柔柔的低語聲，窗外的柳樹搖曳，青翠鮮活。

ＬＳＤ就像裸蓋菇鹼（psilocybin，又譯賽洛西賓，是許多種「神奇」蘑菇的活性成分），同時歸類為迷幻藥（或「展現心靈」之藥），和宗教致幻劑（entheogen，這種物質能引發「高我」體驗）。這些化學物質的影響從聽覺和視覺幻覺、像做夢的入神狀態，到認知與情緒觀點強烈改變、喪失時間與空間感，鬆脫我們對日常感知的掌握，深入我們的意識，在意識深處觸及我們。許多使用者表示他們體驗了神祕經驗，或和神聖的存在或神聖實體產生連結，感覺和大自然合而為一，失去有明確界線的自我意識[2]。

我在努力填寫的心理測量問卷就是設計來評估這類的體驗。不過我愈想把我的感覺填進一張紙上的五分評量表，就愈是困惑。要怎麼衡量無時間感的經驗？要怎麼衡量與終極實相合而為一的經驗？這些屬於質，而不是量。然而科學處理的是量。

我侷促不安，深吸幾口氣，然後設法從不同的角度理解問題。**你驚奇的經驗是幾分**。床好像微微搖晃，一群念頭像受驚的鰷魚，散布在我腦海。**你覺得你對無限的經驗是幾分？**這好像不可能的任務，我可以感覺到科學程序在那樣的壓力下呻吟。**你喪失你平常時間感的程度是幾分？**我順從欲望，不受控制地想大笑——這是ＬＳＤ的常見效力；一份事前風險評估警告過我。**你覺得失去平常意識到自己在哪裡的感覺程度是幾分？**

我笑完恢復鎮定，仰望天花板。這麼說來，我當初是怎麼跑來這裡的。一個真菌演化出一種化學物質，從前被用來製造藥物。結果意外發現，這種藥物能改變人類的經驗。七十年來，ＬＳＤ對我們心智的特殊效應引發了驚奇、困惑、傳福音的熱誠、道德恐慌，以及其他各式各樣的反應。ＬＳＤ慢慢傳過二十世紀，留下一種無法磨滅的文化殘留物，我們至今仍然努力理解。我躺在這間醫院病房裡，是個臨床試驗的一分子，只因為ＬＳＤ的影響仍然和一直以來一樣令人迷惑。

難怪我困惑不已。LSD和裸蓋菇鹼是真菌分子，結果和人類生活複雜地糾纏在一起，只因為這些物質混淆我們的概念和條理，包括最根本的概念：自我概念。LSD和裸蓋菇鹼能把我們的心智帶到預料之外的地方，因此產生裸蓋菇鹼的神奇蘑菇自古就被納入人類社會的儀式與精神教義之中。這些化學物質能軟化我們心智的死板習慣，所以是強大的藥物，能減緩嚴重的成癮行為、其他方式都無法治療的憂鬱，以及診斷出絕症之後可能感到的存在性痛苦。這些物質能改變我們心智的內在經驗，因此有助於改變在現代科學架構中對於心智本質的理解。然而為什麼某些真菌會演化出這些能力，仍然充滿疑問與臆測。

我揉揉眼睛，翻過身，鼓起勇氣再次看向螢幕上的字。**你覺得無法用文字貼切描述這段經驗的感覺有幾分？**

綁架昆蟲心智的真菌

最多產、最能有創意地操控動物行為的，是一群住在昆蟲體內的真菌。這些「殭屍真菌」透過改變寄主行為的方式，得到明確的好處——真菌綁架一隻昆蟲，就能散播孢子，完成自己的生命週期。

研究最透徹的殭屍真菌是偏側蛇蟲草菌（*Ophiocordyceps unilateralis*），這種真菌的一生都繞著巨山蟻（carpenter ant）打轉。巨山蟻受真菌感染之後，會失去自己怕高的本能，拋下相對安全的巢，爬上最近的植物——這症狀稱為「登頂症」（summit disease）。在適當的時候，真菌會迫使巨山蟻用大顎鉗住那株植物、「死命一咬」，菌絲體從巨山蟻腳上長出來，把巨山蟻固定在植物表面。真菌接著消化巨山蟻的身體，從巨山蟻頭上發出菇柄，孢子撒向經過下方的巨山蟻身上。如果孢子錯失了目標，就會產生次生的黏性孢子，在作為引線的細絲上向外延伸[3]。

殭屍真菌能夠極為精準地控制它們寄主昆蟲的行為。蛇形蟲草（*Ophiocordyceps*）會強迫螞蟻前往溫度、溼度剛好的區域死命一咬，讓真菌結實——就在森林離地二十五公分高的地方。真菌利用太陽的方向來引導螞蟻，在中午時分同步感染螞蟻。螞蟻不會咬進葉背的任何老位置。百分之九十八的情況下，螞蟻會咬住主脈[4]。

殭屍真菌如何控制寄主昆蟲的心智，一直令研究者大惑不解。二〇一七年，真菌操控行為的一位頂尖專家大衛．休斯（David Hughes）帶領的一支團隊，在實驗室裡用蛇形蟲草感染了螞蟻。研究者在螞蟻死命一咬的那一刻，把螞蟻的身體保存起來，切成薄片，重建真菌住在螞蟻組織中的三維圖像。他們發現真菌變成螞蟻體內的一個假體器官，占據螞蟻身體的程度令人不安。受感染的螞蟻生物量之中，高達百分之四十是真菌。菌絲從頭到腳蜿蜒鑽過螞蟻的體腔，纏住螞蟻的肌纖維，透過互連的菌絲體網絡來協調螞蟻活動。然而，螞蟻的腦中居然沒有菌絲。休斯和他的團隊完全沒料到這情況。他們預期螞蟻的腦部會有真菌，才能那麼精細地控制螞蟻的行為[5]。

結果真菌似乎是採用藥理學的方式。研究者懷疑，真菌雖然沒有實際存在於螞蟻腦部，但還是靠分泌化學物質，影響螞蟻的肌肉和中央神經系統，進而操控螞蟻的行動。但究竟是哪些化學物質，還不清楚。也不知道真菌能不能切斷螞蟻腦部和身體的連結，直接協調螞蟻的肌肉收縮。不過，蛇形蟲草和麥角菌是近親，瑞士化學家艾伯特・赫夫曼（Albert Hofmann）最初正是從麥角菌分離出用於製造ＬＳＤ的化學物質，繼而做出一類化學物質，ＬＳＤ正是衍生物——這類化學物質稱為「麥角鹼」。在感染的螞蟻體內，負責產生這些生物鹼的蛇形蟲草基因組啟動了，表示這些基因組在操控螞蟻行為的過程中，可能扮演了某種角色[6]。

不論這些真菌是怎麼辦到的，它們的干預以人類的任何標準來看，都十分驚人。經過幾十年的研究，投入數十億美元的經費，用藥物調控人類行為的能力還完全無法微調。比方說，抗精神疾病藥物無法針對特定的行為，其實只有鎮定效果。相較之下，蛇形蟲草百分之九十八的成功率，不只是讓螞蟻向上爬或是死命一咬（這百分之百會發生），而是咬到葉片特定的部位，並且是對真菌最理想的環境。不過公平起見，蛇形蟲草和許多殭屍真菌一樣，其實有很長的時間可以微調它們的做法。受感染的螞蟻行為有跡可循。螞蟻的死命一咬在葉脈上留下明顯的疤痕，依據化石化的疤痕，這種行為的起源可以追溯到距今四千八百萬年前的始新世（Eocene）。真菌很大部分的時間都在操控動物心智，可能自己也有心智[7]。

迷幻心靈的裸蓋菇

我在七歲的時候，發現人類可以靠著進食其他生物來影響心智。我父母帶我和弟弟到夏威夷和他們的一個朋友同住；他是古怪的作家、哲學家兼民族植物學家，泰倫斯．麥肯納（Terence McKenna）。麥肯納熱衷於會影響精神狀態的植物和真菌。他曾經在孟買走私印度大麻，在印尼採集蝴蝶，在北加州種植裸蓋菇。那時他住在一個另類的藏身處——植物維度（Botanical Dimensions），位於茂納羅亞火山（Mauna Loa）斜坡上，得沿著一條坑坑疤疤的路開上好幾公里的地方。他把夏威夷的那塊地整理成一塊森林花園，是罕見與沒那麼罕見的精神作用物質與藥用植物的活圖書館；這些植物都是從熱帶世界的許多角落收集而來。要到外圍建築，必須沿著一條蜿蜒的小徑穿過森林，鑽過滴著水的葉片和藤本植物。沿著路走上幾公里，可見岩漿流入海中，海水冒泡沸騰。

麥肯納最鍾情的是裸蓋菇。最初是在一九七〇年代初，他和兄弟丹尼斯（Dennis）在哥倫比亞的亞馬遜旅行時吃到的。接下來的歲月中，麥肯納靠著經常服用份量「誇張」的蘑菇刺激，發現自己擁有能言善道的天賦和演說的氣質。他回憶道：「我發現我天生的愛爾蘭人胡謅能力，因為多年服用裸蓋菇而有推波助瀾的效果。我可以跟一小群人說話，談起……特別超然的事物，造成似乎令人激動的效果。」麥肯納吟遊詩人般的思索雖然很有說服力，而且廣為散播，卻仍然有褒有貶[8]。

我在植物維度待了幾天之後，發燒病倒了。我記得我躺在蚊帳下，看著麥肯納用大杵臼磨碎藥劑。我以為那是要給我治病用的，我問他在做什麼。他用古怪的重金屬腔調解釋，這並不是那樣的東西。這種植物（就像某些類的菇）會讓我們做夢。運氣好的話，這些生物甚至會對我們說話。

這些是強大的藥物，人類已經使用很久了，不過也很恐怖。他露出懶洋洋的微笑說道，等我長大一點，可以試試一些製劑——後來發現那是鼠尾草一種會影響精神狀態的親戚，叫作迷幻鼠尾草（*Salvia divinorum*，又譯墨西哥鼠尾草）。不過當時不行。我愣住了。

動物世界有許多迷醉的例子（鳥類吃了醉人的漿果，狐猴舔了馬陸，蛾喝下有振奮精神作用的花蜜），我們可能在成為人類的很久之前，就開始使用影響精神狀態的藥物了。這些物質的效應「時常無法解釋，而且確實奇異」。這些文字出自於理查·伊凡斯·舒爾茲（Richard Evans Schultes），他是哈佛的生物學教授，也是研究精神作用植物與真菌的頂尖權威。「毫無疑問，自從人類最早用身邊的植物做實驗開始，就知道、運用（這些化合物）了。」許多有著「古怪、神祕而令人困惑」的影響，像裸蓋菇一樣，和人類的文化與靈修儀式密不可分[9]。

一些真菌有影響精神狀態的性質。西伯利亞部分地區的薩滿會吃典型紅底白點的毒蠅傘（*Amanita muscaria*），引起欣快感和幻覺夢境。麥角菌會導致恐怖效應大集合，從幻覺、抽搐，到無法忍受的灼熱感。肌肉不自主抽搐是麥角中毒的一個主要症狀，而麥角鹼引發人類肌肉收縮的能力，可能反映了麥角鹼在蛇形蟲草感染的螞蟻身上的角色。文藝復興時代畫家耶羅尼穆斯·波希（Hieronymus Bosch）描繪的一些恐怖景象，可能是受到麥角中毒的症狀啟發。十四到十七世紀多次爆發「舞蹈狂病」，數以百計的鎮民一連跳了好幾天的舞，毫不停歇，有人假定那是痙攣性的麥角中毒[10]。

最早詳細記載的裸蓋菇應用，發生於墨西哥。道明會修士迪亞哥·杜蘭（Diego Durán）在一四八六年記載，阿茲特克皇帝加冕時，呈上了影響精神狀態的蕈類（稱為諸神血肉）。西班牙國王的一位醫生法蘭西斯卡．耶南德茲（Francisco Hernández）描述了蕈類「吃下去不會致死，而是讓人瘋狂，效果有時會持續，症狀是有點無法控制地大笑……也有其他雖然沒讓人發笑，卻讓人看到各種影像，例如戰爭和類似魔鬼的東西」。方濟會修士貝納迪諾．德．薩阿岡（Bernardino de Sahagún，一四九九至一五九〇）極為鮮活地描述了蕈類的用途[11]：

他們用這種小蕈類蘸蜂蜜吃，吃了開始興奮的時候，就跳起舞，有些人唱歌，有些人哭泣……有些人不想唱歌，而是坐在自己的一角，待在那裡，像在靜坐。有些人在一段幻覺裡看到自己死了，於是哭泣；有些人看到自己被野獸吃掉……小蕈類造成的醉意過去之後，他們彼此交流他們看到的影像。

中美洲食用蕈類的明確記錄可以追溯到十五世紀，不過在宗教中使用裸蓋菇的歷史幾乎絕對比那更早。至今發現過數以百計的菇狀雕像，年代可以追蹤到西元前兩千年，還有西班牙征服美洲之前的抄本，描述食用蕈類、被長羽毛的神祇捧起的情景[12]。

依據麥肯納的看法，人類服用裸蓋菇的歷史甚至更久遠，是人類生物演化與文化、心靈演進的根基。宗教、複雜的社會組織、商業以及最早的藝術，都在大約五萬到七萬年前，在人類歷史上相對短的時間裡發展出來。是什麼引發這些發展，目前還不清楚。有些學者認為這和發展出複雜語言有關。也有些人提出假說，認為遺傳突變導致腦部結構變化。對麥肯納來說，是裸蓋菇點燃了人類自省、語言、靈性的第一道靈光，大約在舊石器時代的原始文化蒙昧時期。蕈類是最早的智慧之樹。

南阿爾及利亞撒哈拉沙漠乾熱中保存的壁畫，讓麥肯納得到古代食用蕈類最驚人的證據。西元前九千到七千年的塔西里（Tassili，高原之意）洞穴壁畫中，有一個神祇的身影，有著動物頭顱，肩膀和手臂冒出像蕈類的形狀。麥肯納猜想，在我們祖先遊蕩在「蕈類散布的熱帶與亞熱帶非洲草源時，遇到含有裸蓋菇鹼的蕈類，吃下之後就神化了。人類心智的黑暗中萌發了語言、詩、儀式和思考」[13]。

「醉猿」假說有許多變化版，不過就像最初始的故事，不論哪種狀況都很難證實。不論哪裡有人吃了裸蓋菇，都會衍生出大量的臆測。現存的文字和古物並不連貫，幾乎一概模稜兩可。塔西里壁畫代表的是蕈類的神祇嗎？有可能。話說回來，也可能不是。從尼安德塔人的牙垢、冰人和其他保存良好的屍體得到的證據，證明人類將蕈類當作食物和藥物的知識可以追溯到數千年之前。不過，這些屍體都沒發現裸蓋菇的痕跡。現在已經知道一些靈長類會尋找、食用蕈類，也有靈長類吃下裸蓋菇的傳聞，不過並沒有記載詳實的例子。有些人懷疑，古代歐亞族群會在宗教儀式中使用裸蓋菇，最著名的是伊留西斯密儀（Eleusinian Mysteries），這是古希臘人舉行的祕密儀式，一般認為有許多傑出人士參與，包括柏拉圖，這也沒有明確的記載。然而缺乏證據不表示沒有證據。因此難免產生臆測。而麥肯納受到裸蓋菇鹼推波助瀾，正是箇中高手[14]。

操控心智的真菌

蛇形蟲草是至少兩種虛構怪物的靈感來源——電玩《最後生還者》（*The Last of Us*）裡的食人魔，和電影《帶來末日的女孩》（*The Girl with All the Gifts*）書裡的殭屍。聽起來像古怪又真實的特例——演化的一個失誤結果。然而，蛇形蟲草只是受到充分研究的一個例子。這類操控行為並不是特例。操控行為在真菌界一些無關的支系中經過多次演化，有許多非真菌的寄生生物也能夠操控寄主的心智[15]。

真菌用各種方式來微調生化控制器，調控寄主的行為。有些用免疫抑制物，複寫昆蟲的防禦反應。兩種這類的化合物正是因此而成為主流藥物。環孢素這種免疫抑制藥，讓人類能進行器官移植。多球殼菌素（myriocine）製成大受歡迎的多發性硬化症藥物芬戈莫德（fingolimod），最初是從感染真菌的胡蜂體內萃取出來；這在中國一些地方，是青春永駐的祕方[16]。

二〇一八年，加州大學柏克萊分校的研究者發表了一則報告，記錄了蟲黴（*Entomophthora*）使用的驚人技巧。蟲黴會導致蠅類感染，和蛇形蟲草有異典同工之處。受感染的蠅類會爬到高處。蠅類伸出口器進食的時候，真菌產生的一種黏膠，把蠅類黏在牠們碰到的任何表面上。真菌從蠅類身體富含脂肪的部分開始吃，最後是重要器官，等真菌吃完蠅類的身體，就會從蠅類背上伸出一根柄，把孢子噴向空中。

研究者很意外地發現，蟲黴屬的真菌帶著一類病毒，這些病毒感染的是昆蟲而不是真菌。研究的主要作者指出，這是他在科學界生涯中「最古怪的發現之一」。古怪的是其中的含義：真菌會利用病毒控制昆蟲的心智。這目前只是假說，但確實有可能。一些相關的病毒擅長改變昆蟲的行為。有一種類似的病毒是由寄生蜂注射到瓢蟲身上，而瓢蟲顫抖，原地不動，最後成為寄生蜂卵的守護者。另一種類似的病毒會讓蜜蜂變得更有敵意。真菌利用會操控心智的病毒，就不需要演化出改變寄主昆蟲心智的能力[17]。

麥特．卡森（Matt Kasson）和他在西維吉尼亞大學（West Virginia University）團隊做的研究，為殭屍真菌的故事增添了一個更意外的轉折。卡森研究團孢黴屬（*Massospora*）的真菌，這些真菌會感染蟬，使得蟬的下半身三分之一分解，讓蟬從破碎的尾端排出團孢黴的孢子。受感染的雄蟬（卡森稱之為「會飛的死亡鹽瓶」）雖然生殖器早已分解，卻仍變得過動、性致勃勃，證明真菌可以熟練地調整蟬的退化。牠們雖然身軀正在腐爛，中央神經系統卻完好無缺[18]。

二〇一八年，卡森和他的團隊分析了殘破蟬身上萌發出的「菌栓」的化學組成。他們驚奇地發現，真菌會產生卡西酮（cathinone），這種安非他命和娛樂性藥物甲氧麻黃酮（mephedrone）屬於同一類。卡西酮自然存在於阿拉伯茶（*Catha edulis*，又稱恰特草）的葉子中，這種植物在東非的非洲之角與中東地區栽培，人類為了刺激效果而嚼食阿拉伯茶，已有數百年的歷史。卡西酮從來不曾在植物之外的地方發現過。更驚人的是其中有裸蓋菇鹼，這是菌栓最豐富的化學物質之一——不過要吃下幾百隻受感染的蟬，才會開始感受到任何效果。之所以驚人，是因為團孢黴和已知會產生裸蓋菇鹼的真菌，屬於真菌界完全不同的「門」，其間有數億年的鴻溝。很少人想過，裸蓋菇鹼會在真菌演化樹上那麼遙遠的地方現身，在非常不同的故事中扮演改變行為的角色[19]。

團孢黴用迷幻藥和安非他命迷惑寄主，究竟能做到怎樣的事？研究者推測，這些藥物在真菌控制昆蟲的過程中扮演了某種角色。不過究竟是怎麼辦到的，目前還不清楚[20]。

＊＊＊

迷幻藥經驗的描述時常包括四不像的生物，和物種間的轉換。神話和童話故事也充滿複合動物，從狼人、人馬、人面獅身到奇美拉。羅馬詩人奧維德（Ovid）的《變形記》（*Metamorphoses*）記錄了一種生物變形成另一種生物的情形，甚至記載了一片土地上，「男人是從雨水沾溼的真菌中長出來」。許多傳統文化相信複合生物存在，而生物之間的界線是流動的。人類學家艾德瓦多・維維羅斯・卡斯楚（Eduardo Viveiros de Castro）指出，亞馬遜原住民社會的薩滿巫師相信他們能暫時存在於其他動、植物的心智和身體中。人類學家蘭恩・威勒斯列夫（Rane Willerslev）寫道，北西伯利亞的尤卡吉爾人（Yukaghir）獵駝鹿的時候，打扮和行為會變得像駝鹿[21]。

這些敘述似乎拓展了生物學可能性的極限，在現代科學圈裡卻很少受到認真看待。然而，共生的研究顯示，生物中充滿混合型的生命形態（例如地衣），由幾種不同的生物構成。所有植物、真菌、動物，甚至我們自己，確實在某種程度上都是複合生物——真核生物的細胞是混合體，我們所在的身體都由我們和大量微生物共享，少了那些微生物，我們無法像現在一樣成長、行動、傳宗接代。這些有益的微生物，確實可能和蛇形蟲草那樣的寄生生物有些共同的操控能力。愈來愈多的研究把動物行為和動物腸道內數兆的細菌和真菌做連結，其中許多會產生影響動物神經系統的化學物質。腸道微生物和腦部的交互作用（微生物群系－腸腦軸〔microbiome-gutbrain axis〕）影響深遠，甚至產生一個新的領域——神經微生物學。然而，影響心智的真菌仍然是複合生物最戲劇化的一些例子。引用休斯的話，受感染的螞蟻是「穿著螞蟻皮的真菌」[22]。

在科學架構內，或許能理解這類的變身。理查・道金斯在《延伸的表現型》（*The Extended Phenotype*）中指出，基因不只提供建造生物身體的指示，也提供建構某些行為的指示。鳥巢是鳥類基因組的一部分外顯表現；河狸的水壩是河狸基因組的外顯表現；而螞蟻的死命一咬則是蛇形蟲草菌基因組的外顯表現。道金斯主張，生物基因的外顯表現（稱為表現型〔phenotype〕）透過遺傳的行為，延伸到這個世界。

道金斯很小心地為延伸表現型的概念定下「嚴格的條件」。雖然這是推測的概念，但道金斯盡責地提醒我們，這是「極為受限的推測」。必須符合三個關鍵準則，才能防止表現型**過度**延伸（如果一座河狸的水壩是河狸基因組表現的結果，那麼水壩上游的池塘呢？池塘裡的魚呢？還有……）[23]。

首先，延伸的性狀必須要能遺傳——比方說，蛇形蟲草遺傳了藥理學的天賦，可以感染、操控螞蟻；其次，延伸的性狀在每一代都不同——有些蛇形蟲草比其他蛇形蟲草更能精準地操控螞蟻行為；第三，最重要的是，差異必須影響動物生存、生殖的能力，這種特質稱為「適應度」

（fitness）——愈能精準控制昆蟲活動的蛇形蟲草，愈能散播孢子。只要這三個條件都達成（必須有遺傳的性狀，必須有多樣性，而差異必須影響一個生物的適應度），那麼延伸的特徵就會受到天擇，和它們的身體特徵一樣演化。水壩蓋得好的河狸，比較可能存活，把建造好水壩的能力傳下去。但人類的水壩（或是任何人類建築）不算是我們延伸的表現型，因為我們並沒有哪種天生的直覺可以建造特定建築，而直接影響我們的適應度。

另一方面，登頂症和死命一咬完全有資格歸類為真菌的行為，而不是螞蟻的行為。蛇形蟲草沒有會收縮、肌肉發達的動物身體，不具備集中化的神經系統，也無法步行、咬或飛。所以蛇形蟲草就徵用其他生物。這策略非常有效，蛇形蟲草甚至不靠這種策略就無法存活，一生中有一部分的時間必須套上螞蟻的身體。十九世紀的靈性圈子裡，認為人類靈媒會受死者的靈魂附身。靈魂沒有自己的身體或聲音，據說要借用人類身體才能說話、行動。同樣的，操控心智的真菌也附在它們感染的昆蟲身上。受感染的螞蟻不再表現得像螞蟻，成了真菌的靈媒。休斯正是因此才把受到蛇形蟲草感染的螞蟻稱為「穿著螞蟻衣的真菌」。螞蟻被真菌長穿了，偏離自己的演化故事軌跡（這軌跡引導螞蟻的行為、螞蟻和世界與其他螞蟻的關係），踏上蛇形蟲草演化故事的軌跡。從生理、行為、演化來看，螞蟻都**變成了真菌**。

迷幻藥：人類精神症狀的神奇解方

蛇形蟲草和其他操縱昆蟲的真菌演化出非凡的能力，傷害它們影響的動物。愈來愈多研究指出，裸蓋菇演化出神奇的能力，能解決各種人類問題。某方面來說，這是新鮮事——二〇〇〇年代以來，嚴格控制下的試驗和最新的腦部掃描技術，幫助研究者用現代科學的語彙來解讀迷幻藥經驗——正是新的這一波迷幻藥研究帶我來到醫院，進行LSD的研究。最近的這些發現整體而言證實了許多一九五〇、六〇年代研究者的看法；他們認為LSD和裸蓋菇鹼是許多各式精神狀況的神奇解藥。不過從另一個角度看，一些傳統文化利用精神作用植物和真菌當作藥物和神經心靈工具，已經不知道多久了，大部分在現代科學脈絡下進行的研究，都大致證實了這些文化熟知的事。從這角度來看，現代科學只是在急起直追[24]。

許多近期的發現，以傳統藥物干預的標準來看，十分驚人。二〇一六年，紐約大學和約翰霍普金斯大學的兩個姊妹研究，讓診斷出癌症末期之後受到焦慮、憂鬱和「存在的苦惱」所苦的患者，接受裸蓋菇鹼和一段心理治療療程。一劑裸蓋菇鹼之後，百分之八十患者的精神症狀都顯著減少，在用藥之後維持了至少六個月。裸蓋菇鹼能減少「失志和絕望感，改善心靈健康，提高生活品質」。參與者描述「快樂、欣喜、愛的感覺增強」，「從分離的感覺變成互相連結的感覺」。超過百分之七十的受試者，把他們的經驗評為人生中前五大最有意義的經驗。「你可能會問，那是什麼意思？」這項研究的資深研究者羅蘭·格里菲斯（Roland Griffiths）在一次訪談中說道。「起先，我納悶他們的人生是不是很乏味。但我錯了。」受試者把這些經驗和第一個孩子出世或父母過世的經驗相提並論。這些研究被視為現代醫藥史上最有效的一些精神病學干預[25]。人的心智和個性很少有深遠的改變；這樣的事居然發生在那麼短的經驗中，真是不可思議。然而，這些發現並不反常。最近的幾則研究指出，裸蓋菇鹼對人的心智、展望和觀點有劇烈的影響。許多研究運用我辛苦應付的一些心理測量問卷，發現裸蓋菇鹼能準確地引發被歸類為「神祕」的經驗。神祕經驗包括敬畏感、覺得一切都互相連結、超越時間與空間、對現實的本質有種深刻的直覺理解、深刻地感到愛、和平與喜悅。這通常包括失去明確界定的自我意識[26]。

裸蓋菇鹼可能在人腦中留下長久印象，就像《愛麗絲夢遊仙境》裡的柴郡貓，「其餘部分消失之後，還留下一會兒」。在一則研究中，研究者發現，一劑高劑量的裸蓋菇鹼會增加健康志願者願意接受新經驗的程度、心理健康、生活滿意度，這樣的改變幾乎會維持超過一年。有些研究發現，裸蓋菇鹼的經驗幫助吸菸或酗酒的人打破成癮。其他研究指出，效果的持久程度會隨受試者與自然界的連結感而上升[27]。

近期一窩蜂對裸蓋菇鹼的研究中，開始浮現某些主題。其中最有趣的主題之一，是裸蓋菇鹼試驗受試者理解他們經驗的方式。麥可·波倫（Michael Pollan）在《改變你的心智》（*How to Change Your Mind*）裡寫道，大部分服用裸蓋菇鹼的人不會從現代生物學的機械論角度（分子在他們腦中跑來跑去）來解讀他們的經驗。其實恰恰相反。波倫發現，他訪談過的許多人「原本是徹頭徹尾的唯物主義者或無神論者……然而有幾人曾經有過『神祕經驗』後，因此深信有我們不知道的一些事情存在——有某種超越物質宇宙的『超越之境』」。這些效應是個謎。化學物質能引發深刻的神祕經驗，似乎支持了盛行的科學看法——我們主觀世界的基礎是我們腦部的化學活動；靈性信仰和神聖經驗的世界可能源自物質、生化的現象。不過，波倫指出，這些經驗太過強烈，甚至會讓人相信有非物質的現實存在（這是宗教信仰的基本素材）[28]。

＊＊＊

蛇形蟲草和住在腸道的微生物，藉由住在動物體內、即時微調動物的化合物分泌，而影響牠們的心智。裸蓋菇的情況卻不同。我們可以在一個人身上注射一劑人工合成的裸蓋菇鹼，引發完整的心理靈性效應。這是怎麼辦到的？

裸蓋菇鹼進入人體之後，就會轉換成脫磷酸裸蓋菇素這種化學物質。脫磷酸裸蓋菇素刺激受體（這些受體通常是受到血清素這種神經傳導物質刺激），影響腦部運作。裸蓋菇鹼模仿我們最普遍使用的化學傳導物質，和ＬＳＤ一樣滲透我們的神經系統，直接干預我們身體各處的電子訊號通行，甚至能改變神經元的生長和結構[29]。

二〇〇〇年代晚期之前，一直不知道裸蓋菇鹼究竟是怎麼改變神經活動的模式。當時貝克利／帝國學院迷幻藥研究計畫（Beckley/Imperial Psychedelic Research Programme）的研究者給予受試者裸蓋菇鹼，監測他們腦部的活動。他們的發現很驚人。裸蓋菇鹼能對人的心智和認知造成劇烈的影響，原本預期應該會增加腦部活動，掃描結果卻恰恰相反，是減少某些關鍵區域的活動。

裸蓋菇鹼減少的那類腦部活動，形成所謂的預設模式網絡（default mode network, DMN）。我們沒那麼專注、在胡思亂想、在回憶或替未來做計畫時，活躍的是我們的預設模式網絡。研究者形容預設模式網絡是頭腦的「首都」或「企業經理」。任何時候騷亂的腦部處理持續進行的時候，預設模式網絡會維持某種秩序——就像混亂教室裡的教師。

研究顯示，受試者回報使用裸蓋菇鹼之後「喪失自我」的感覺（失去自我意識）最強烈的，預設模式網絡的活動減少最劇烈。關掉預設模式網絡，就放開了對腦部的限制。腦部連結爆發，產生一團混亂的新神經元路徑。原本彼此距離遙遠的活動網絡連接了起來。套用阿道斯·赫胥黎在他開創性地探索迷幻藥經驗之作——《眾妙之門》（*The Doors of Perception*）裡的說法，裸蓋菇鹼似乎會關閉我們意識中的一個「減壓閥」。結果呢？是「不受拘束的認知方式」。作者的結論是，裸蓋菇鹼改變人類心智的能力，和腦流量的狀態有關[30]。

腦部造影研究為迷幻藥對我們身體的作用方式提供了重要描述，卻不大能解釋受試者的感覺。畢竟體驗經驗的是人，不是腦。裸蓋菇鹼治療效果的基礎似乎正是人的經驗。一些研究是測量裸蓋菇鹼對癌症末期患者的影響，其中神祕經驗最強烈的人，憂鬱和焦慮的症狀減輕得最顯著。同樣的，一則裸蓋菇鹼和菸草上癮的研究中，結果最好的患者，是有過最強烈神祕經驗的患者。裸蓋菇鹼產生作用的方式，似乎不是按下一組生化按鈕，而是放開患者的心智，讓他們接受以新方式思考他們的人生和行為。

二十世紀中葉「第一波」現代迷幻藥研究中，對ＬＳＤ和裸蓋菇鹼的研究，大都在這發現中得到呼應。亞伯罕・賀弗（Abram Hoffer）是加拿大的精神科醫師，在一九五〇年代投入ＬＳＤ效應的研究，他表示：「我們一開始就認為治療的關鍵不是化學物質，而是那段經驗。」聽起來像常識，不過以當時機械論醫學的立場，這是很激進的概念。傳統做法是用**東西**（不論是藥物或手術用具）治療構成身體的**東西**，就像我們用工具來修理機器那樣；這種情形現在仍然很常見。一般認為藥物透過一個藥理學的迴路來運作，這迴路會完全避開意識心智——這種藥物會影響受體，導致症狀改變[31]。相較之下，裸蓋菇鹼就像ＬＳＤ和其他迷幻藥，似乎是**透過心智**，對精神疾病的症狀產生作用。標準迴路被擴大了——藥物影響一個受體，受體引發心智改變，進而觸發症狀改變。患者的迷幻藥經驗本身似乎就是療法。

馬修・約翰遜（Matthew Johnson）是約翰霍普金斯大學的精神病學家兼研究者，套句約翰遜的話，裸蓋菇鹼這樣的迷幻藥「把人們揪出他們的敘事。根本就是重啟系統……迷幻藥開啟了心理彈性的一扇窗，人們可以放開我們用來組織現實的心智模型」。頑強的習慣（例如導致物質成癮的習慣）或演變成憂鬱的「僵化悲觀」，變得比較鬆動。裸蓋菇鹼和其他迷幻藥能軟化那些組織人類經驗的領域，因此開啟認知的全新可能性[32]。

我們最強韌的心智模型，是自我的心智模型。而裸蓋菇鹼和其他迷幻藥似乎正是擾亂這種自我意識。有人稱之為自我消散。有人只說他們不再確定自己的邊界到哪裡為止，而周遭從哪裡開始。人類極度依賴的那個定義明確的「我」，可能完全消失，或只是縮小，逐漸模糊為他者。結果呢？和更宏大的事物融合的感覺，經過再想像的人與世界關係感[33]。許多例子中（從地衣到菌絲體那種延伸邊界的行為），真菌挑戰了我們對於認同和個體的陳腐概念。產生裸蓋菇鹼的菇類就像LSD，也有這個作用，不過是在最親密的場景中——在我們自己的腦裡。

真菌的延伸行為

至於蛇形蟲草，受感染的螞蟻行為可以視為真菌的行為。死命一咬、登頂症——這些都是真菌的延伸特徵，是真菌一部分的延伸表現型。裸蓋菇導致人類意識和行為的變化，可以視為裸蓋菇一部分的延伸表現型嗎？蛇形蟲草的延伸行為以葉背化石疤痕的形式，在世上留下印記。裸蓋菇的延伸行為，可以想成以慶典、儀式、吟唱，和其他我們意識改變狀態衍生的文化與技術發展的形式，在世上留下印記嗎？蛇形蟲草和團孢黴套上昆蟲的身體，所以裸蓋菇菌是套上了我們的心智嗎？

泰倫斯・麥肯納大力擁護這種觀點。他主張，給予夠大的劑量，蘑菇應該能開口，清楚明瞭地在「涼爽夜晚般的心智中，能言善辯」地談論「它自己」。真菌沒有手可以操弄世界，不過靠著裸蓋菇鹼當化學傳導物質，就能借用人類身體，用人腦和人類的感官來思考、發言。麥肯納認為真菌能套上我們的心智，占據我們的感官，最重要的是，可以傳授這世界的知識。先不提別的，真菌可以利用裸蓋菇鹼來影響人類，設法轉移我們這個物種的破壞習慣。對於麥肯納來說，這是一種共生的合作關係，呈現的可能性比人類或真菌二者「更豐富，甚至更綺麗」[34]。

道金斯提醒我們，我們願意做到什麼程度取決於我們願意推測的程度。而我們如何推測，則取決於我們如何處理自己的誤偏。哲學家阿爾弗雷德．諾斯．懷德海（Alfred North Whitehead）曾經對他從前的學生伯特蘭．羅素（Bertrand Russell）說：「你覺得世界是好天氣正午的模樣。我覺得是清晨從熟睡中醒來時的模樣。」以懷德海的說法，道金斯是在好天氣的正午推測。他想方設法，確保他對於延伸表現型的推測仍然「遵循守則」，「極為受限」。他明確表示，表現型可以延伸到身體之外，卻不能太延伸。相較之下，麥肯納則是在清晨推測。他的條件沒那麼嚴苛，解釋也沒那麼受限。兩個極端之間，有著可能的觀點形成的大陸[35]。

裸蓋菇是怎麼通過道金斯的三項「嚴格條件」呢？

蕈類產生裸蓋菇鹼的能力，顯然是遺傳而得。不同種蕈類之間的這種能力有差異，不同蕈類個體之間也有差異。然而，對於「著蘑」的狀態（幻象、神祕經驗、自我消散、失去自我感覺）要算是真菌的延伸表現型，就必須達到最後一個關鍵條件。策畫出「比較好的」意識改變狀態（不論那是什麼意思）的真菌，更能成功把基因傳下去。真菌影響人類的能力一定有強有弱，提供更多吹捧恭維和討喜經驗的真菌，相較於提供的經驗較不討喜的真菌，一定比較占便宜。

乍看之下，第三個要求似乎是關鍵。產生裸蓋菇的真菌可能影響人類行為，但不像蛇形蟲草，不會在我們體內繼續生長。除此之外，麥肯納的推測很難符合人類後來才加入裸蓋菇鹼故事的情況。「人屬」這個屬演化出來之前，真菌產生裸蓋菇鹼已有數千萬年了——目前最精密的估計認為，最初的「神奇」蘑菇大約起源於七千五百萬年前。產生裸蓋菇鹼的真菌，有超過百分之九十的演化故事發在沒有人類的星球，而且過得很好。即使真菌確實受惠於我們的意識改變狀態，也不會有多久遠的歲月[36]。

那些真菌演化出產生裸蓋菇鹼的能力，那麼裸蓋菇鹼又替那些真菌做了什麼？當初是為何要產生裸蓋菇鹼？數十年來，真菌學家和神祕蘑菇愛好者都不斷探究這個問題。

在人類出現之前，裸蓋菇鹼有可能根本沒為製造裸蓋菇鹼的真菌做什麼。真菌和植物中有許多化合物累積在生化的偏僻荒境，扮演不入流的角色，是偶然的代謝副產物。有時遇到這些「二次代謝物」的動物會受它們吸引、迷惑、毒殺，這時，這些二次代謝物就可能對產生它們的真菌有益，而成為演化適應。然而，有時候這些二次代謝物不過是為了有朝一日可能有用處（也可能不會）的生化主題，提供一些變化。

二〇一八年發表的兩則研究顯示，裸蓋菇鹼確實為產生自己的真菌帶來一個好處。分析產生裸蓋菇鹼的真菌菌種DNA，發現產生裸蓋菇鹼的能力演化了不只一次。更意外的是，發現產生裸蓋菇鹼所需的基因叢，演化歷史中在真菌支系之間，靠著水平基因轉移跳躍了好幾次。我們已經看過，水平基因轉移是基因和以基因為基礎的特徵在生物之間移動的過程，不需要有性行為、產生後代。這在細菌身上稀鬆平常（所以抗生素抗藥性可以迅速在細菌群落之間傳播），但在產生菇體的真菌身上很罕見。複雜的代謝基因叢在物種之間跳躍，還能維持完整，這就更稀罕了。裸蓋菇鹼基因叢到處轉移還能維持完整，顯示這對表達這些基因的真菌大有好處。若不是這樣，這個性狀很快就會退化[37]。

但這種好處會是什麼？裸蓋菇鹼基因叢在真菌菌種之間跳躍，而這些菌種都有著類似的生活方式，生長在腐木和動物排遺中。這些棲地中也住了無數的昆蟲，真菌會「被吃或與牠們競爭」，那些昆蟲應該都對裸蓋菇鹼的強大神經活性很敏感。裸蓋菇鹼演化價值，似乎在於可以影響動物行為。不過究竟是如何影響，還不清楚。真菌和昆蟲共有一段漫長複雜的過去。有些真菌（像蛇形蟲草和團孢黴）會殺害昆蟲。有些在演化歲月合作了很長的期間，例如和切葉蟻、白蟻共生的真菌。不論是哪一種，真菌都用化學物質改變昆蟲的行為。團孢黴甚至用裸蓋菇鹼來達成目的。裸蓋菇鹼究竟往什麼方向操控？看法分歧。要監控生物吃下裸蓋菇鹼之後受到的影響，無法那麼直截了當；即使人類也一樣，而人類至少還能試著談論自己的經驗，填寫心理測量問卷。我們可以期望找出裸蓋菇鹼對昆蟲的心智做了什麼嗎？這主題的動物研究十分稀少，因此更是雪上加霜[38]。

裸蓋菇鹼會不會是真菌產生來把昆蟲寵物弄糊塗的抑制劑呢？如果是的話，看起來不大有效。有些種類的蚋和蠅，向來會住在神奇蘑菇裡。蝸牛和蛞蝓吃下神奇蘑菇，看起來沒什麼不良影響。曾有人觀察到切葉蟻主動尋找某一類的裸蓋菇，把整朵裸菇帶回巢裡。這些發現使某部分人懷疑，裸蓋菇鹼根本不是抑制劑，而是誘餌，不知怎麼改變了昆蟲的行為，對真菌有利[39]。

答案很可能介於二者之間。裸蓋菇對一些動物有毒，但是對發展出抗性的動物來說，仍然是一頓盛宴。比方說，有些種類的蠅類對毒鵝膏產生的毒物有抗性，因此幾乎能獨占毒鵝膏。這些耐受得住裸蓋菇鹼的昆蟲，可能幫忙散播孢子而對真菌有利嗎？或是替真菌防禦其他害獸？我們仍然只能推測。

神奇蘑菇／諸神血肉

我們或許不知道裸蓋菇鹼存在的頭幾百萬年是如何對真菌有益。不過從我們目前的角度來看，裸蓋菇鹼和人類心智的交互作用，改變了產生裸蓋菇鹼的蕈類的演化命運。產生裸蓋菇鹼的真菌會和人類發展出輕鬆融洽的關係。裸蓋菇鹼對人類沒有忌避劑的作用（人類需要吃下比一般神奇蘑菇體驗用量多一千倍的量，才有使用過量的危險），而是使人類追求這些蕈類，帶這些蕈類來來去去，發展出栽培的方法。我們這麼做的時候，幫忙散播了它們的孢子，這些孢子為數眾多，輕到可以在空中傳播很長的距離；在任何表面上停留幾個小時，一小朵蕈類彈射出的孢子就足以留下厚厚一層黑灰。化學物質和一類新的動物激盪，從前用來阻擋、制止害蟲的一種化學物質，變成了有一些炫技的耀眼誘惑。神奇蘑菇在二十世紀的幾十年間，從沒沒無聞變成國際巨星，這是漫長的人類與真菌關係中最戲劇化的故事之一[40]。

一九三〇年代，哈佛生物學家舒爾茲讀到十五世紀西班牙修士所記載的「諸神血肉」，深感著迷。以現存的一些資訊來看，中美洲部分地區的裸蓋菇，顯然滲透到文化和心靈的核心。裸蓋菇摸進當地神祇手中，食用裸蓋菇強化了神聖的概念，而裸蓋菇在這概念中舉足輕重。

今日的墨西哥還能看到這些蕈類生長嗎？舒爾茲得到一位墨西哥植物學家的指點，在一九三八年出發前往瓦哈卡（Oaxaca）東北部的一座偏僻山谷，查明真相（同一年，艾伯特·赫夫曼在瑞士一間藥學實驗室裡首度從麥角菌中分離出LSD）。舒爾茲發現馬薩特克（Mazatec）人用了蕈類仍活得好好的。治療師（curandero）定期舉行蕈菇夜祭來為人們治療疾病、尋找失物、給予建言。蕈類在山谷周圍的牧草地很常見。舒爾茲採集了樣本，發表他的發現。他指出，食用這些蕈類，會導致「狂喜，說話不連貫，還有……顏色鮮明的幻覺」[41]。

一九五二年，高登·瓦森（Gordon Wasson）這位業餘真菌學家兼摩根大通（J. P. Morgan）銀行副總經理收到一封詩人兼學者羅勃特·格雷夫斯（Robert Graves）的信，信中描述了舒爾茲的報告。格雷夫斯提供會影響精神狀態的「諸神血肉」的消息，瓦森深深著迷，於是前往瓦哈卡尋找這類蕈類。瓦森在那裡遇見治療師瑪莉亞·莎賓娜，她邀請瓦森參與一場蕈菇夜祭。瓦森形容他的經驗「震驚萬分」。一九五七年，瓦森在《生活》雜誌發表了文章，描述他的經驗。文章的標題是〈尋找神奇蘑菇：紐約銀行家進入墨西哥山林，參與印地安人的古老儀式，嚼食古怪的產物，出現幻覺〉（Seeking the Magic Mushroom: A New York Banker Goes to Mexico's Mountains to Participate in the Age-Old Rituals of Indians Who Chew Strange Growths that Produce Visions）[42]。

瓦森的文章引起轟動，讀者達數百萬人。這時，知道LSD會影響精神狀態已經十四年了，有一群活躍的研究者社群在研究LSD的效應。儘管如此，瓦森的文章還是成了對影響精神狀態的迷幻物質的描述之中，最早讓一般大眾看到的一批。「神奇蘑菇」幾乎在一夜之間成了家喻戶曉的詞（和入門概念）。丹尼斯．麥肯納在他的自傳中回憶他兄弟泰倫斯，當時泰倫斯是個早熟的十歲孩子，「在我們母親做家事時，揮舞著雜誌跟在她後面，想知道更多。但她當然沒什麼好補充的。[43]」

事情發展得非常迅速。瓦森探索隊的一名成員將一個樣本交給赫夫曼，赫夫曼很快就辨識出其中的活性成分，用人工方式合成，並且命名為「裸蓋菇鹼」（psilocybin，又譯賽洛西賓）。一九六〇年代，頗受敬重的哈佛學者提摩西．李瑞（Timothy Leary）從朋友那裡聽到神奇蘑菇的事，於是去墨西哥嘗試。他經驗了一場「幻象之旅」（visionary voyage），對他產生深遠的影響，他回來時，「整個人都不一樣了」。李瑞回到哈佛，因為受到蘑菇經驗啟發而放棄了他的研究，發起哈佛裸蓋菇鹼計畫（Harvard Psilocybin Project）。之後，他寫到他的入門體驗：「自從在墨西哥一個花園裡吃下七朵蘑菇之後，我把所有時間和心力都投注在探索、描述這些奇妙深刻的領域。[44]」

李瑞的做法很有爭議。他離開哈佛，開始認真推廣他的遠見——文化革命與心靈啟迪可以透過服用迷幻藥來達成；李瑞很快就變得聲名狼藉。他在無數的電視與廣播節目中，鼓吹ＬＳＤ與種種益處。李瑞接受《花花公子》（*Playboy*）雜誌訪問時，建議一般吸食迷幻藥的女性可以預期有一千次的高潮。他和羅納德．雷根（Ronald Reagan）競爭加州州長之位，但是輸了。一九六〇年代的反文化運動多少受到李瑞的主張推波助瀾，愈演愈烈。一九六七年，李瑞在舊金山向數萬人參與的人性存在（Human Be-In）聚會發表演說；當時他是迷幻藥運動的「高等祭司」。不久之後，LSD和裸蓋菇鹼在一陣強烈反對和醜聞之中，淪為違法藥物。那年代末，幾乎所有研究迷幻藥效果的研究都遭到中止，或躲到檯面下進行[45]。

被禁止的煉金術

裸蓋菇鹼和LSD歸類為違法藥物，開啟了裸蓋菇演化史新的一章。一九五〇和六〇年代大部分的迷幻藥研究，是採用LSD或人工合成的裸蓋菇鹼錠劑，大部分是由赫夫曼在瑞士生產。不過到了一九七〇年代早期，一部分因為純裸蓋菇鹼和LSD有違法的風險，一部分是因為取得不易，所以對神奇蘑菇的興趣增長了。到了一九七〇年代，從美國到澳洲，世上許多地方都發現有神奇蘑菇的種類生長。然而，野生蕈類的供應受到季節狀況和地點的限制。一九七〇年代早期，泰倫斯和丹尼斯．麥肯納從哥倫比亞回來的時候，希望得到更穩定的供應。他們的解決方式很基進。一九七六年，麥肯納發表一本小書，名為《裸蓋菇鹼：神奇蘑菇的栽培者指南》（*Psilocybin: Magic Mushroom Grower's Guide*）。麥肯納兄弟靠著這本輕薄的書，建議任何人（幾乎只要有瓶罐和壓力鍋）都可以在花園裡舒適的小屋中，無限生產一種強大迷幻藥。程序只比製作果醬複雜一點點，套句泰倫斯的話，即使新手也能很快「被煉金術的黃金淹腳目」[46]。

麥肯納兄弟不是最早栽培裸蓋菇的人，但他們倒是最早發表不用專家的實驗設備，而能大量栽培蕈類的可靠辨法。《栽培者指南》成功得超乎想像，出版後的五年中，銷量超過十萬本。這本書推動了DIY真菌學的新領域，影響了一位年輕真菌學家——保羅．史塔麥茲（Paul Stamets）。史塔麥茲發現了裸蓋菇的四個新種，也寫過一本指南，教人分辨裸蓋菇。

史塔麥茲已經在努力尋找新方式來種植各種「美味與藥用」蕈類，一九八三年，史塔麥茲發表了《種菇人》（*The Mushroom Cultivator*），進一步簡化了栽培技術。一九九〇年代，隨著神奇蘑菇栽培者線上論壇興起，荷蘭創業家發現法律上的漏洞，因此能公開販售裸蓋菇，而許多荷蘭的常見食用菇栽培者改行生產迷幻蕈類。到了二〇〇〇年代早期，這陣狂熱傳到了英格蘭，一箱箱的新鮮裸蓋菇在倫敦的大街上販售。二〇〇四年，光是肯頓蕈類公司（Camden Mushroom Company）一星期就賣出了一百公斤的新鮮蕈類，等同於二萬五千趟迷幻旅程。新鮮的裸蓋菇不久之後就被立法禁止，不過這已經不是祕密了。現在，可以在線上輕鬆買到栽培太空包。真菌品系之間雜交會產生新的品種，例如「金黃老師」（Golden Teacher）和「麥肯納」，效用有微妙的差異[47]。

自從人類開始尋求裸蓋菇以來（人類自此開始擔任熱心的孢子傳播媒介），裸蓋菇就因為改變我們意識的能力而受益。一九三〇年代起，這些益處已經翻了好幾倍。在瓦森的墨西哥之旅以前，中美洲原住民群落之外很少人知道有裸蓋菇存在。然而裸蓋菇傳到北美不到二十年，就開啟了馴化的新篇章。對熱帶真菌來說，溫帶氣候嚴酷，但有些熱帶真菌種類卻在碗櫃、臥室和倉庫找到了新生活[48]。

更重要的是，自從舒爾茲在一九三〇年代末的第一篇論文以來，已描述了超過兩百種產生裸蓋菇鹼的真菌新種，包括厄瓜多雨林生長的一種會產生裸蓋菇鹼的地衣。原來，只要降雨量充足，很少有環境會不適合這些蕈類生長。一位研究者觀察到，裸蓋菇「在真菌學家大量存在的地方大量發生」。指南讓人類能找到、辨識、採集（因此販售）幾十年前不會被人注意的裸蓋菇。幾種裸蓋菇似乎偏好受干擾的棲地，會從容地住進我們留下的凌亂痕跡中。史塔麥茲挖苦地承認，許多裸蓋菇偏好公共場所，包括「公園、住宅開發區、學校、教堂、高爾夫球場、工業建築群、養老院、花園、高速公路休息區和政府機關——包括郡和州的法院與監獄」[49]。

＊＊＊

過去數十年的事件，讓我們更接近道金斯的第三個條件了嗎？可以把這些真菌看成借用人腦來思考、借用人類意識來經驗嗎？受到蕈類影響的人類，真的受到蕈類影響，就像受感染的螞蟻落入蛇形蟲草的影響力之下嗎？

如果我們的意識改變狀態要視為真菌的延伸表現型，著磨的人類必須滿足他們吃的真菌的生殖利益。然而，似乎不是這樣。只有一小部分的種類受到栽培，而要栽培哪種真菌品系，大都取決於哪種最容易栽培、產量最大——在選擇時，「比較好」的心智影響者未必會贏過「比較差的」。更麻煩的是，如果所有人類瞬間消失，大部分的裸蓋菇菌種都會不以為意地繼續活下去。蛇形蟲草完全仰賴螞蟻被改變的行為，但產生裸蓋菇的真菌不完全依賴我們的意識改變狀態。數千萬年來，即使沒人類存在，這些真菌也生長、繁殖得很順利，很可能會繼續這樣下去。

這真的重要嗎？舒爾茲和赫夫曼在一九九二年寫道：「有人可能覺得，分離出……裸蓋菇鹼和脫磷酸裸蓋菇素之後，墨西哥的蘑菇已經失去了神奇的魔力。」產生裸蓋菇鹼的真菌馴化之後，阿姆斯特丹的一間倉庫就能栽培數百公斤的蕈類。分離出裸蓋菇鹼之後，在掃描腦部時，預設模式網絡可以隨時關閉。神祕經驗、敬畏和失去自我感覺，都能在醫院病床上引發出來。這些進展讓我們距離了解裸蓋菇鹼如何影響人類心智，推進了多少？

對舒爾茲和赫夫曼來說，答案是「沒多少」。神祕經驗的定義就是抗拒理性解釋。這些經驗無法輕易套用在心理測量問卷的量表中。這些經驗令人困惑、著迷。而且絕對存在。舒爾茲和赫夫曼觀察到，對裸蓋菇鹼和脫磷酸裸蓋菇素辨識和結構的科學研究，「僅僅顯示這些蕈類的神奇特性是兩種結晶化合物的特性」。這個發現不過是迴避了問題。「它們對人類心智的影響就像裸蓋菇本身一樣無法解釋，而且很神奇。[50]」

嚴格來說，裸蓋菇的影響或許不算延伸的表現型，不過這是否表示，我們該無視泰倫斯．麥肯納的猜測。或許我們不該操之過急。哲學家兼心理學家威廉．詹姆士（William James）在一九〇二寫道：「我們平常清醒的意識是一類特別的意識，儘管一切都與之有關，但只要有最輕薄的屏障阻隔，就存在一些可能的意識形式，與之完全不同。」某些真菌由於不甚清楚的原因，而讓人類脫離熟悉的敘事，進入完全不同的意識形式，進入新問題的邊界。詹姆士的結論是：「如果忽視其他這些形式的意識，對於宇宙整體的描述就不夠完整。」[51]

不論對於一名研究者、患者或只是有興趣的旁觀者來說，這些真菌化學物質有趣的地方，正是它們引發的**經驗**。麥肯納受到蕈類助長的臆測，拓展了身心可能性的極限。不過那完全就是重點所在——裸蓋菇鹼對人類心智的效應拓展了可能性的極限。在馬薩特克文化中，蕈類會說話這點不證自明；服用蕈類的人可以自行體驗。許多傳統文化都有這種看法——儀式會使用宗教致幻的植物或真菌。當代非傳統情境的使用者經常提出這樣的看法，其中許多報告了「自我」和「他者」之間的界線變淡，以及和其他生物「融合」的經驗。

這世界看起來像正午時分的好天氣嗎？或是看起來像我們剛睡醒時的黎明？或許有些事人人都會同意。不論真菌是否真的會透過人類說話，占據我們的意識，裸蓋菇對我們思想和益處的影響都夠真實。如果我們想像，真菌會套上我們的心智，享受在我們的意識裡戲水，那我們應該會看到什麼？可能是有關於蕈類的歌，蕈類的雕像、繪畫，蕈類扮演重要角色的神話與傳說，以蕈類為中心的儀式，一個全球的ＤＩＹ真菌學家社群發展出新方法在自己房間栽培蕈類，像保羅·史塔麥茲這樣的真菌鼓吹者向大批聽眾談起蕈類如何拯救世界，像泰倫斯·麥肯納的人宣稱能為蕈類用英語發聲。

第五章

在植物的根出現之前

永遠別想擺脫我
他會把我變成樹
不要跟我道別
為我說說天空[1]

——湯姆・威茲（Tom Waits）／凱薩琳・布瑞南（Kathleen Brennan）

大約六億年前，綠藻開始離開淡水的淺水處，登陸陸地。這些綠藻是所有陸生植物的祖先。植物的演化改變了地球和地球的大氣，是生命史的一個關鍵轉變——是生物學可能性的一個重大突破。今日，植物占了地球上總生物量的百分之八十，是支持幾乎所有陸生生物食物鏈的基礎[2]。

在植物出現之前，陸地是一片焦枯荒涼。環境條件很極端，溫度變動劇烈，地景多岩、多塵。我們視為土壤的東西並不存在，養分被鎖在岩石和礦物之中，氣候乾燥。這不是說陸地上完全沒有生命。光合細菌、嗜極端藻類和真菌形成的皮殼，可以離水而生存。但環境嚴酷，所以地球上的生命絕大多數都是水生。溫暖水淺的海和潟湖中充滿藻類和動物。幾公尺長的廣翼鱟在海底四處遊蕩。三葉蟲用鏟子似的吻部犁過泥沙海床。零星的珊瑚開始形成礁岩。軟體動物欣欣向榮[3]。

雖然相較之下，陸地不適合生長，卻為任何可以應付的光合生物提供了大好機會。光不曾被水濾過，二氧化碳比較容易取得——這對於吸收光和二氧化碳維生的生物，可是不小的動機。不過陸生植物的藻類祖先沒有根，沒辦法運輸水分，也沒有從結實大地提取養分的經驗。那它們是如何越過登上乾燥陸地的憂患路途呢？

要拼湊起源故事時，學者之間很難有共識。證據通常很少，僅有的片段時常可以拿來支持不同的觀點。對於生命早期歷史的爭議緩緩延燒，在這些爭議之中，有一項學術共識特別突出——藻類唯有藉著和真菌建立新關係，才有辦法登上陸地[4]。

這些早期的聯盟演化成我們現在所謂的「菌根關係」。時至今日，超過百分之九十的植物種類依賴菌根菌。菌根關係是通則，而不是特例；比起果實、花、葉、木材，甚至根，這更是植物身為植物的基礎。植物和菌根菌從這親密的夥伴關係中（也包含合作、衝突、競爭）達到集體的繁榮，是我們過去、現在與未來的基礎。難以想像少了它們，我們會怎樣，然而我們卻很少想到它們。我們輕忽的代價現在格外明顯。我們沒本錢繼續抱持這種態度[5]。

合作新篇章：菌根關係

我們已經知道，藻類和真菌有和彼此搭檔的傾向。藻類與真菌合作，可能有許多形式，地衣即是一例，而海藻（也是藻類）也是一例；許多被沖上岸邊的海藻，靠著真菌滋養、避免乾枯。此外，還有哈佛研究者把非共生真菌和藻類放在一起，竟然在幾天內產生了柔軟綠球。只要真菌和藻類在生態上相合，只要雙方一同唱起一首各自唱不了的代謝「歌曲」，真菌和藻類就能結合成全新的共生關係。這樣看來，真菌和藻類結盟而產生植物，其實是更龐大的故事裡的一個篇章，是一段演化的副歌[6]。

地衣中的夥伴聚在一起，構成完全不像個別成員的一個身體；菌根關係中的夥伴則不會這樣——植物保有可以辨別的植物外貌，菌根菌也保有可以辨別的真菌外貌。這形成截然不同、更不挑剔的一類共生，一株植物可以同時和許多真菌配對，而一個真菌也能和許多植物配對。

菌根關係要強健，植物和真菌在代謝上都要契合。這協議很眼熟。植物進行光合作用，是從大氣中收穫碳，製成富含能量的含碳化合物（醣類和脂類），成為其他生命的養料。菌根菌生長在植物的根裡，有特權可以取得這些能量資源；它們受到餵養。然而，光合作用還不足以支持生命。植物和真菌需要不只一個能量來源。此外，還必須從土地汲取水和礦物質——土裡充滿各種質地和微孔、帶電荷的孔隙，是迷宮一般的腐爛之境。真菌在這荒野之中，是老練的巡邏員，可以用植物辦不到的方式來搜括。植物在根裡接待真菌，得到這些養分來源容易多了。因此植物也受到餵養。建立夥伴關係，讓植物得到真菌義肢，而真菌也得到植物義肢。雙方都用對方來延伸自己的能耐。這是琳·馬古利斯所謂「陌生人的長久親密關係」的一例。只不過雙方已經不能算陌生。看看植物的根部，就知道這是什麼意思。

根部在顯微鏡裡變成了小小世界。我花了幾星期浸淫其中，有時深受吸引，有時倍感挫折。把新鮮的細根放進一碟水裡，會看到真菌菌絲從根裡延伸出來。把根放進染料裡煮過，在玻片上壓扁，會看到一團糾結。真菌菌絲分岔、融合，在植物細胞裡爆發成一團分枝的纖維。植物和真菌緊扣著彼此，很難想像有比這更親密的姿態。

我在顯微鏡下見過更古怪的是發芽中的種子。粉狀種子是世上最細小的植物種子。一粒種子就像一小根毛髮，或眼睫毛的尖端，只能勉強用肉眼看到。產生粉狀種子的有蘭花和其他一些植物。粉狀種子輕得幾乎沒重量，可以在風中、雨中輕易散播。直到遇上真菌，這些種子才會萌發。我花了很長時間設法捕捉萌發中的粉狀種子。我把數以千計的粉狀種子埋在小袋子裡，幾個月後挖出來，希望有些萌芽了。我在顯微鏡下，用針把種子在一個玻璃皿裡推來推去，尋找生命的跡象。幾天後，我找到我要找的東西了。有些種子脹成肉質的一團，外面纏繞著菌絲，拖在玻璃皿裡，好像黏稠的幡旗。發展中的根裡，菌絲纏成糾結與盤捲。這不是性——真菌和植物細胞並沒有融合、匯集彼此的遺傳訊息。不過這也是性——兩個不同物種的細胞相遇，彼此接納，合作建立一個新生活。想像未來植物能脫離真菌而生，實在荒謬。

陸上生命的根源：菌根菌

我們目前還不清楚菌根關係最初是怎麼形成的。有些人大膽提出，最初的相遇溼黏而沒有條理——藻類被沖上泥濘的湖岸和河岸，而真菌在這些藻類體內尋找食物和庇護。有些則主張，藻類來到陸地時，體內已經帶著真菌夥伴了。英國里茲大學（University of Leeds）教授凱蒂．菲爾德（Katie Field）解釋，不論如何，「它們很快就變得依賴彼此」。

菲爾德是一位傑出的實驗者，投入多年的時間研究現存最古老的植物支系。菲爾德用生長箱模擬遠古的氣候，並用放射性示蹤劑，測量生長箱裡真菌和植物之間的交換作用。真菌與植物的共生方式提供了線索，讓我們了解植物和真菌遷移到陸地的最早階段是怎麼互動的。化石也讓我們得以一瞥這些早期的聯盟。最精細的樣本來自大約四億年前，含有明確的菌根菌痕跡——羽狀瓣和今日一模一樣。菲爾德讚歎道：「你可看到真菌居然就長在植物細胞裡。[7]**最早的植物幾乎只是一坨綠色組織，沒有根或其他特化的結構**。而這些植物逐漸演化出粗糙的肉質器官來容納真菌同伴，真菌則搜尋土壤中的養分和水。植物最初的根演化出來時，菌根關係已經存在五千萬年了。菌根菌是陸地上後續所有生命的根源。菌根（mycorrhiza），這個詞真是取得好。根（rhiza）隨著真菌（mykes）存在於世[8]。

數億年後的今天，植物演化出更細、生長更快、更能見機行事的根，這些根的表現更像真菌。不過即使是這些根，探索土壤的表現也無法超越真菌。菌根的菌絲比最細的根細了五十倍，長度可以超越植物根部達一百倍，真菌比植物的根更早出現，作用也超越植物的根，延伸到根系之外。有些研究者的論點更進一步——我的一位大學教授向一班吃驚的學生吐露：「植物其實沒有根，只有真菌根，也就是菌根。[9]」

菌根菌太多產，菌絲體占土壤中活生物量的二分之一到三分之一。根本是天文數字。全球土壤表層十公分之中，菌根菌絲的總長度大約是我們銀河系寬度的一半（菌絲長4.5 $\times 10^{17}$公里，銀河系寬度9.5 $\times 10^{17}$公里）。如果把這些菌絲熨成一片，總表面積是地球上乾燥土地面積的二點五倍。然而，真菌不會停滯不動。菌根菌絲迅速死去、再度生長（一年十到六十次），一百萬年後，累積的長度會超過已知宇宙的直徑（菌絲長4.8 $\times 10^{10}$光年，已知宇宙直徑是9.1 $\times 10^{9}$光年）。菌根菌已經存在了大約五億年之久，而且不限於土壤表層十公分的地方，所以這些數字顯然低估了[10]。

植物和菌根菌在彼此的關係中產生一種極化現象——植物的枝葉處理光與空氣，真菌和植物的根則處理周圍的土壤。植物把光和二氧化碳打包成醣類和脂質。菌根菌則把固著在岩石裡的養分拆開，分解物質。這些是真菌在雙重棲位下的情況——真菌一部分的生命發生在植物體內，一部分在土壤中。菌根菌駐紮在碳進入陸生生命循環的入口，牽起大氣和土地的關係。時至今日，菌根菌就像擠進植物葉和莖裡的共生真菌，會幫助植物應付乾旱、炎熱和其他許多陸地生命一開始就得面對的逆境。我們稱為「植物」的，其實是演化成來栽培藻類的真菌，以及也演化來栽培真菌的藻類。

＊＊＊

菌根（mycorrhiza）這個詞是一八八五年由德國生物學家亞伯特・法蘭克所創——正好就是

在八年前因為對地衣著迷而創出**共生**一詞的那位亞伯特．法蘭克。之後普魯士王國的農業、土地與森林部長聘請他，「推廣松露栽培的可能性」，這個職位使他的注意力轉向了土壤。而法蘭克就像他之前、之後的許多人，深受松露吸引，讓他鑽進充滿真菌的地下世界。

法蘭克栽培松露不怎麼成功，不過他在探索過程中詳實記錄了樹根和松露菌絲體之間的交纏情形。他的圖像描繪了根尖在菌絲鞘中交纏的模樣，彎彎曲曲的菌絲躍然紙上。這種關係之親密，令法蘭克驚奇，他認為植物根部和真菌同伴之間的關係可能是互利，而不是寄生。法蘭克就像一般研究共生的科學家，把地衣當作理解菌根關係的類似物。法蘭克認為，植物和菌根菌結合成為「親密、互惠的依賴關係」。菌根菌絲體表現得像個「奶媽」，使得「樹木由土壤得到完整的滋養」[11]。

法蘭克的想法和從前西蒙．施文德納的地衣雙重假說一樣，受到猛烈的攻擊。對法蘭克的批評者而言，認為共生可以對雙方有益（互利共生〔mutualism〕），是濫情的幻想。即使一方似乎受益，也要因此付出代價。任何看似互利的共生，其實骨子裡都是衝突與寄生。然而法蘭克不屈不撓，花了十年時間努力了解植物和真菌「奶媽」之間的關係。他用樹苗進行高明的實驗。把一些樹苗種在滅菌過的土壤，一些種在附近松樹林採來的土壤。生長在森林土壤中的松樹苗會形成真菌關係，和生長在滅菌土壤的比起來，會長成更高大、更健康的松樹苗[12]。

法蘭克的發現引起了J．R．R．托爾金（J. R. R. Tolkien）的注意；托爾金素來以熱愛植物聞名，尤其是樹木。不久，菌根菌就出現在《魔戒》書中[13]。

精靈凱蘭崔爾對哈比人山姆．詹吉說：「你這個小園丁、愛樹人，我只有一個小禮物要給你……這盒子裡裝了我果園裡的土……如果你留著，最後再度見到你的家園，或許能帶給你好處。雖然你將看到大地貧瘠荒廢，但只要把這些土撒在你的花園裡，你的花園就會比中土幾乎所有花園還要欣欣向榮。」

他終於回家，發現夏爾被毀時——

山姆．詹吉在特別美麗或親愛的樹木毀掉的地方種下樹苗，在每株根部的土壤裡放下一粒凱蘭崔爾的寶貴塵土……整個冬天，他都盡可能有耐性，忍住不要老是跑來跑去，看有沒有發生任何事。春天來臨，結果超乎他最高遠的期待。他的樹木開始抽芽生長，彷彿時間很急，想把一年當二十年來用。

托爾金描述的幾乎就像三億到四億年前泥盆紀的植物生長。植物當時已經成功登陸，倚靠強光和高濃度的二氧化碳助長，在這世界蔓延，以史無前例的速度演化出更大、更複雜的形態。短短數百萬年間，一公尺高的樹就演化成三十公尺高的巨木。這段期間，隨著植物欣欣向榮，大氣中的二氧化碳量下跌了百分之九十，引發一段時期的地球寒冷化。植物和它們的真菌同伴是否在這大規模的大氣變化中扮演了某種角色？菲爾德的結論是，有些研究者覺得有可能[14]。

菲爾德解釋道：「陸生植物演化出愈來愈複雜的結構，和大氣中二氧化碳的濃度劇烈下跌的時間相同。」植物的產量躍升，則有賴菌根夥伴。這是可以預期的一系列事件。植物生長的一大限制，是缺乏磷這種養分。菌根菌最擅長的一件事（它們最著名的代謝之「歌」），是從土壤裡汲取磷，然後傳送給植物夥伴。如果給植物施磷肥，植物就會長得更多。植物長得更多，就會從大氣中吸取更多二氧化碳。植物長得愈多、死得愈多，就有愈多碳被埋藏在土壤和沉積物之中。埋藏的碳愈多，大氣中的碳就愈少。

而磷只是一部分的故事。菌根菌利用酸和高壓來鑽進堅固的岩石中。泥盆紀的植物藉由真菌的幫助，得以開採鈣和矽這些礦物質。這些礦物質釋放之後，就會和二氧化碳產生反應，將二氧化碳從大氣中拉出來。造成的化合物（碳酸鹽和矽酸鹽）進入海洋，被海洋生物用來形成殼。那些生物死亡時，殼沉下去，在海床上堆積了數百公尺厚，成為碳的巨大掩埋場。把這些因素都加起來，氣候就開始改變了[15]。

我納悶著，有辦法估測菌根菌對遠古全球氣候的影響嗎？菲爾德答道：「有，也沒有。我最近試過了。」為了估測，菲爾德和生物地質化學家班傑明．米爾斯（Benjamin Mills）合作。米爾斯是里茲大學的研究員，專門利用電腦模式預測氣候與大氣組成[16]。

許多研究者建立了氣候模型。氣象預報員和氣候學者依賴這些數位模擬，來預測未來的狀況。試圖重建地球過去重大變化的研究者也一樣。輸入模型的數字改變，就能測試地球氣候史的不同假設。提高二氧化碳，會發生什麼事？減少植物能取得的磷會發生什麼事？模型無法斷言實際情況，但能告訴我們，哪些因素能造成影響。

在菲爾德找上米爾斯之前，米爾斯不曾把菌根菌納入模型中。米爾斯可以調整植物能取得的磷的多寡。然而，沒考慮菌根菌，就無法實際預測植物能取得多少磷。這部分菲爾德可以幫上忙。菲爾德在一連串的實驗中，發現菌根關係的結果會隨著她生長室的氣候狀況而變。有時植物從關係中受益比較多，有時比較少，菲爾德稱這個特性為「共生效率」。如果植物和有效率的菌根夥伴建立關係，就會得到比較多磷，長得更多。菲爾德估計出大約四億五千萬年前的菌根交換效率有多好；當時大氣中二氧化碳濃度比今日高了幾倍。

米爾斯利用菲爾德的數據，把菌根菌加入模型中，發現光是調整共生效率的高低，就能改變全球氣候。大氣中的二氧化碳和氧氣，以及全球溫度——這些都會隨著菌根交換的效率而變。根據菲爾德的資料，泥盆紀植物劇增之後，二氧化碳劇烈減少，其中菌根菌應該有不小的貢獻。「那種時候，你會心想，哇，真的嗎，等等！」菲爾德驚呼道。「我們的結果顯示，菌根關係在地球上大部分生命的演化中扮演了某種角色。[17]」

讓植物風味變得更好

菌根關係至今還是如此。舊約《以賽亞書》裡寫道，「凡有血肉之軀的人人都像草芥一般」。

我們現在可能稱這個邏輯為生態學——進入動物體內，草就成了血肉。但為何不繼續思考，草之所以成為草，是因為有住在草根裡的真菌支持。這表示所有草其實都是真菌嗎？如果草都是真菌，而所有血肉之軀都是草，那表示所有血肉之軀都是真菌嗎？

或許不全是，不過絕對有些是——菌根菌為植物提供了高達百分之八十的氮，以及幾乎百分之百的磷。真菌也為植物提供其他至關緊要的養分，例如鋅和銅。真菌也會提供植物水分，幫助植物撐過乾旱；真菌自從生命登陸之初，一直在這麼做。植物的回饋，則是把高達百分之三十收穫的碳分配給菌根夥伴。究竟植物和菌根菌在任一時刻發生什麼事，則是取決於參與者。植物運作的方式很多，真菌運作的方式也很多。而建立菌根關係的方式也很多——這是一種生活方式，自從藻類最初遷徙到陸地以來，在不同的情境下獨立演化了六十次。許多性狀出乎意料，演化了不只一次（例如獵捕線蟲、形成地衣、操控動物行為的能力），因此免不了覺得這些真菌意外發展出了致勝的策略[18]。

植物的真菌夥伴對植物生長（以及其血肉——植物體組織）可能有明顯的影響。幾年前，我在一場菌根關係的研討會上遇見一位研究者，他種植草莓，並加入不同的菌根菌群落。實驗很簡單。如果同一種草莓和不同種的真菌種在一起，草莓的風味會改變嗎？他進行盲測，發現不同的真菌群落似乎真會改變草莓風味。有些風味比較豐富，有些比較多汁，有些比較甜。

他第二年重複這個實驗，不可預料的天氣狀況蓋過了菌根菌對草莓風味的影響，卻也顯現了其他一些驚人的效應。和某些真菌菌種栽培在一起的草莓，花朵比較能吸引熊蜂；和另一些真菌菌種栽培的草莓則吸引力比較差。和一些菌根菌種栽培在一起的草莓，產生的漿果比較多。而漿果的外表也會隨著真菌夥伴而改變。有些菌根菌群落會讓漿果顯得更誘人，有些則讓漿果看起來不好吃[19]。

對於真菌夥伴身分敏感的，不只有草莓。大部分的植物（從金魚草盆栽到世界爺）和不同菌根菌群落長在一起，都會長得不同。比方說，羅勒和不同菌根品家系種在一起，產生構成風味的芳香精油組成會不一樣。有些真菌會讓番茄變得更甜；有些會改變茴香、芫荽、薄荷的精油組成；有些會提高萵苣葉片中鐵和類胡蘿蔔素（carotenoid）的濃度、朝鮮薊花頭裡抗氧化物的活性，或是聖約翰草（Saint-John's-wort）和紫錐花（echinacea）的藥性物質濃度。二〇一三年，一個義大利研究團隊讓小麥和不同菌根菌群落一起生長，最後烤成麵包。麵包用電子鼻測試，並且在義大利布拉（Bra）的美食科學大學（University of Gastronomic Sciences），由十名「訓練精良的測試員」組成的試吃小組測試（作者保證，每名測試員都有兩年以上的感覺評估經驗）。意外的是，雖然收成到試吃之間有那麼多步驟（除了加入酵母，還有磨粉、和麵、烘焙），試吃小組和電子鼻都能區分不同的麵團。和一個強化菌根菌群落一同生長的小麥做出的麵包，有比較強的「風味強度」，「彈性和脆度」也比較好。我們聞嗅花朵，嚼食細枝、葉子、樹皮或喝酒時，還能品嘗到植物菌根地下部的哪些層面？我時常納悶這件事[20]。

真菌和植物間的社交策略

真菌學家馬貝爾．雷納（Mabel Rayner）在一九四五年出版的菌根關係專書《樹木與毒菇》（*Trees and Toadstools*）裡思索道：「維持土壤族群之間權力平衡的機制多麼複雜。」不同種的菌根菌可能讓一株羅勒的葉子嘗起來有不同風味，或讓草莓株產生外觀更誘人的漿果。但這是怎麼辦到的？難道有些真菌夥伴比其他真菌更「優秀」？有些植物夥伴比其他植物更「厲害」？植物和真菌能區分不同夥伴之間的差異嗎？雷納寫下那些文字之後，至今已經過了幾十年，但我們才剛開始了解維持植物和菌根菌之間平衡的複雜行為[21]。

社會互動很累人。依據一些演化心理學家的說法，人類產生大腦和能變通的智能，是為了處理複雜的社會情況。即使最小的互動，也脫離不了不斷變幻的社會群集（social constellation）。按《錢伯斯語源學字典》（*Chambers Dictionary of Etymology*）所載，entangle（糾纏）這個字原本是用來描述那樣的人類互動，或是我們參與「複雜事務」的情況。直到後來，這個字才有了其他意義。這種論點認為，我們人類變得這麼聰明，是因為我們被累人而忙亂的互動纏身[22]。

植物和菌根菌沒有可辨識的腦部或智能，但它們確實過著糾纏不清的生活，而且發展出各種方式處理複雜的事務。植物的行為是依據真菌夥伴去感覺世界發生的情況。同樣的，真菌行為是依據植物夥伴去感覺世界發生的情況。利用十五到二十種不同感知得到的資訊，植物的莖和葉子探索空氣，依據周圍微小的持續變化來調整行為。數千到數十億的根尖探索土壤，每個根尖都能和不同種的真菌建立多個連結。而菌根菌必須嗅出養分來源，在這些養分中茁壯，和其他微生物群體混雜在一起（不論是真菌、細菌或其他微生物），吸收養分，讓養分在蔓延的網絡之軀裡轉移。無數菌絲尖的資訊必須整合，而這些菌絲尖任何時候都可能連結幾株不同的植物，在幾十公尺的範圍裡蔓延。

托比・基爾斯（Toby Kiers）是阿姆斯特丹自由大學的教授，她是針對植物和真菌如何維持它們的「權力平衡」做最多研究的學者之一。用放射性標記，或在分子中放進會發光的標記，基爾斯和她的團隊設法追蹤碳從植物根部進入菌絲、磷從真菌進入植物根部。基爾斯仔細測量這些通量，設法描述夥伴雙方調節交換的一些方式。我問基爾斯，植物和菌根菌是如何處理麻煩的社交風景。基爾斯笑了。「我們真的想掌握發生的事的複雜程度。我們知道交易正在進行。問題是，我們能不能預料交易策略是怎麼改變的。這令人不知所措，不過何不試試？」

基爾斯的發現令人驚訝，因為這些發現表示植物或真菌都無法完全控制二者的關係。植物和真菌彼此妥協、權衡，運用複雜的交易策略。基爾斯在一系列實驗中，發現植物根部可以選擇怎麼供應碳，給植物比較多磷的真菌，就會得到比較多的碳。作為交換，從植物那裡得到比較多碳的真菌，就會給植物比較多的磷。某方面來說，交換是兩個生物根據資源的可利用性而進行協商。基爾斯假設，這些「互惠的回報」有利於在演化時間中，保持植物與真菌關係穩定。由於夥伴雙方共同控制交換過程，因此沒有哪一方能綁架雙方之間的關係，圖利自己[23]。

雖然整體來說，植物和真菌雙方通常都會從關係得到益處，不過不同種的植物和真菌卻有不同的共生方式。有些真菌是比較合作的夥伴，有些沒那麼合作，會「囤積」磷，而不會和植物夥伴交換。然而，就算是囤積者也不可能一直囤積。它們的行為可以變通，是一連串持續進行的協商，依據的是周圍和自身其他部分的情況。我們對這些行為運作的情形所知不多，但顯然植物和真菌時時刻刻都面臨一些選項。而選項導致選擇，不論最後這些選擇是怎麼決定的——是有意識的人類心智，無意識的電腦演算法，或其他任何情況[24]。

我納悶著，植物和真菌是不是在做決定（即使是不用腦的決定）。基爾斯告訴我：「我一天到晚都在用**決定**這個詞，有一組選項，有時候必須整合資訊，選出一個選項。我想，我們在做的事，許多是研究微尺度的選項。」這些選擇可能有許多呈現方式。「每個菌絲尖都會做出**獨立**的決定嗎？」基爾斯沉思道。「或者這一切都**有關**，那樣的話，發生的事會取決於網絡各處的狀況。」

這些問題令基爾斯著迷，她讀過湯瑪斯．皮凱提（Thomas Piketty）探討人類社會財富不平等的著作之後，開始思考不平等在真菌網絡裡扮演的角色。基爾斯和她的團隊讓一株菌根菌得到不均等的磷。菌絲體的一部分可以取得大量的磷，另一部分則取得少量的磷。基爾斯想知道這如何影響真菌在同一網絡中不同部分的交換策略。結果出現了一些可以辨識的模式。菌絲體網絡中磷稀少的部分，植物會付出比較高的「代價」——植物為了換取一個單位的磷，會提供更多碳給真菌。在磷比較容易取得的地方，真菌的「匯率」就比較差。磷的「代價」似乎取決於我們熟知的供需動態[25]。

最意外的是真菌在網絡各處協調交易行為的方式。基爾斯辨識出一種「買低賣高」的策略。

真菌會運用動態的微管「馬達」，主動把磷從豐富的地方（和植物根部交換時，售價低廉）運送到稀少的地方（磷的需求比較高，售價較高）。這麼一來，真菌就能用比較理想的匯率把更多磷傳送給植物，而得到比較多的碳作為回報[26]。

這些行為要怎麼控制？真菌能偵測到網絡中不同部位的不同匯率，主動運輸磷，玩弄這個系統嗎？或只是永遠都把網絡的磷從豐富的地方運向稀少的地方，有時得到植物的報酬，有時不會？我們目前還不清楚。儘管如此，基爾斯的研究還是闡明了一些植物和真菌交換行為的複雜細節，顯示能怎麼發展出複雜挑戰的解決辦法。這一切行為說明了一個普遍的模式。一株植物或真菌的行為，取決於它們和**誰**合作，以及它們恰好處在的**位置**。可以把菌根關係想成一個漸變的光譜，一端是寄生，另一端是合作互利。有些植物在某些情況下，會從真菌夥伴那裡受益，某些情況下卻不會。栽培植物時給予大量的磷，植物對於成為夥伴的真菌菌種可能變得不那麼挑剔。把會合作的真菌和其他會合作的真菌種在一起，可能會變得沒那麼容易合作。同樣的真菌、同樣的植物，在不同條件下，就會得到不同的結果[27]。

研究尺度的轉換

我的一位合作者是德國馬堡大學（University of Marburg）的教授，他跟我說他小時候看到的一座雕像。「垂直地球一公里」（The Vertical Earth Kilometer）是個埋在地下的黃銅桿，長達一公里。唯一看得到的部分是桿的末端——是地上的一個黃銅圓，看起來像一枚錢幣。他描述那雕像在他心中觸發的想像暈眩，感覺像飄浮在土地之海上，俯望著深淵。那個經驗激發了他終身對根和菌根菌的癡迷。研究尺度的轉換我思考在我腳下你推我擠的菌根關係有多複雜時，也有類似的暈眩感。

我試圖切換極小到極大的尺度，從細胞層次發生的微小交易決策，大到整個星球、大氣、以陸地為家的三兆多樹木，以及和土壤交纏建立關係的數千兆哩菌根菌時，暈眩感真正發作了。我們的頭腦遇到這麼大的數字時，不擅長保持平衡。不過菌根關係的故事帶來許多那種令人發暈的俯衝，從極大到極小，然後又是極大[28]。

在菌根研究的領域裡，尺度是個問題。菌根關係是在視線範圍之外進行。很難體驗、親眼看見或觸摸到。菌根關係難以見到，所以菌根行為的相關知識，大部分來自實驗室或溫室的控制環境下進行的研究。不是每次都能把這些發現放大到現實世界的生態系。大部分時候，我們只看到全局的一小部分。結果是研究者更了解了菌根菌的能耐，卻仍然不了解菌根菌究竟在做什麼[29]。

即使在控制下的環境，也很難體會菌根菌時時刻刻究竟是如何運作的。和基爾斯的研究兩相對照，有些情況下，植物和真菌的交換作用似乎不符合我們眼中的理性交易策略。我們的理解有什麼不足之處？誰也無法確定。我們非常不了解植物和真菌之間究竟怎麼進行化學物質的交換、如何在細胞的層次受到控制。基爾斯跟我說：「我們在設法研究物質如何在一個網絡中移動。我們設法拍攝影片。裡面發生的事很瘋狂。不過這些研究好難，我能了解為什麼大家想研究其他生物。」許多真菌學者也有這種既興奮又氣餒的感覺[30]。

有別的辦法可以思考這些關係，那麼有別的辦法能減輕那種暈眩感嗎？我的一些同事找到比較直覺宣泄他們的菌根狂熱的辦法。有些人熱衷採野菇，他們藉著採集蕈類（從松露到牛肝菌、雞油菌和松茸），用比較自然的方式參與了菌根關係；其他人花幾個小時觀察顯微鏡下的菌根菌，幾乎像海洋生物學家跑去潛水；有些花幾個小時篩出土壤裡的菌根孢子，顯微鏡下，那些色彩繽紛的球狀物像魚卵一般晶亮；我在巴拿馬的一位同事是老練的牧孢人。有些晚上，我們用孢子、碎餅乾和酸奶做點心——在顯微鏡下製作細碎的菌根魚子醬，用鑷子夾進嘴裡。我們學到的不多，但那不是重點。這經驗幫助我們轉換小尺度和大尺度時保持平衡。這些是親身接觸我們實驗對象的罕見時刻，這樣的亂搞提醒我們，菌根菌不是機械的概略化個體（畢竟我們不能吃下機器或概念），而是活生生的生物，參與我們仍努力了解的生命。

內捲化的共生相伴

植物仍然是最簡單的切入點。地下的菌根大作最常透過植物，在人類的日常生活中冒出頭。真菌和根部之間無數的顯微互動，表現在植物的外形、生長、滋味和氣味中。山姆．詹吉就像亞伯特．法蘭克，能親眼看到小樹菌根關係的成果——樹苗「開始抽芽生長，彷彿時間很急」。吃下植物，我們會嘗到菌根關係的產物。栽培植物（種進花盆、花床、花園或城市公園），就是在培育菌根關係。再擴大一點，植物和真菌的微小交易決策可能塑造整個大陸的森林群落。

最後的冰河期大約結束於一萬一千年前。廣闊的勞倫斯冰蓋（Laurentide Ice Sheet）退後時，露出數百萬平方公里北美陸地。幾千年的期間，森林向北蔓延。靠著花粉記錄，可以重建不同樹種的遷移時間線。有些（像是櫸木、赤楊、松、杉、槭樹）動作迅速，每年可以遷移一百公尺。有些（例如懸鈴木、櫟樹、樺樹、胡桃木）移動得比較緩慢，大約每年十公尺[31]。

這些樹種藉著什麼特異之處，決定它們對氣候變遷的反應呢？真菌和植物祖先的關係，讓植物得以遷徙到乾燥的陸地上。數億年後，菌根關係是否能繼續影響植物在地球上的移動？有可能。植物或真菌都不會遺傳到對方。雖然承襲了建立關係的傾向，但它們表現出（以許多其他古老共生的標準來看）開放的關係。和生命登陸的最初歲月一樣，植物和誰建立關係，是取決於附近有誰。真菌也一樣。雖然這可能是限制（植物種子如果找不到相符的真菌，就不大可能存活），但是擁有改善關係的能力，或演化出全新關係的能力，能讓夥伴因應不斷改變的環境。二〇一八年英屬哥倫比亞大學研究者發表的一則研究，發現樹木遷移的速度可能確實和樹木的菌根傾向有關。有些樹種比較不挑剔，可以和許多不同種的真菌建立關係。隨著勞倫斯冰蓋後退，比較不挑剔的植物遷徙比較快，這些植物到達新地方時，較容易遇到相容的真菌[32]。

住在植物葉子和莖裡的真菌（稱為內生真菌）對植物在新地點生存的能力，也可能有類似的劇烈影響。長在多鹽海岸土壤的一棵草，如果沒有內生真菌，就無法在天然的多鹽棲地生存。生長在地熱土壤中的草也一樣。研究者換掉各種草中的內生真菌，把海岸的草和地熱真菌栽培在一起；反之亦然。草在各個棲地存活的能力也調換了。海岸的草不再能生長在多鹽的海岸土壤，卻能在地熱土壤長得很好。地熱的草不再能夠生長於地熱土壤中，卻能在鹽分高的海岸土壤中欣欣向榮[33]。

真菌能決定哪種植物長在哪裡；真菌甚至能隔離植物群落，驅動新種的演化。霍勳爵島（Lord Howe Island）長九公里，寬約一公里，位在澳洲和紐西蘭之間。島上長了兩種曾經同源的棕櫚。貝爾莫荷威椰子（Belmore sentry palm, *Howea belmoreana*）生長在酸性的火山土壤，而姊妹種肯特荷威椰子（Kentia palm, *Howea forsteriana*）則生長在鹼性的白堊土壤。肯特荷威椰子為什麼能徹底改變棲地，一直令植物學家大惑不解。二〇一七年倫敦帝國學院（Imperial College London）研究者發表的一則報告，顯示菌根菌是主要原因。他們發現，兩種棕櫚會和不同的真菌群落建立關係。與肯特荷威椰子建立關係的真菌，讓肯特荷威椰子生長在鹼性的白堊土壤中。然而，這種能力使肯特荷威椰子很難和祖居的火山土壤中的菌根菌建立關係。因此肯特荷威椰子只能從白堊土壤中的真菌受益，而貝爾莫荷威椰子則只能從火山土壤中的真菌受益。久而久之，雖然地理上位於同一座島，卻生長在不同的菌根「島嶼」上，於是一種植物變成了兩種[34]。

植物和菌根菌重塑關係的能力，意義深遠。我們很熟悉這個故事——人類的歷史中，和其他生物建立合作關係，拓展了人類和非人的影響所及。人類和玉米的關係，帶來新形態的文明。人類和馬的關係，讓我們擁有新形態的交通方式。和酵母的關係，導致新形態的釀酒和販賣。各種關係中，人類和非人的夥伴都重新定義了自己的可能性。

馬和人仍然是獨立的物種，植物和真菌也一樣，但雙方都呼應了生物彼此建立關係的古老傾向。人類學家娜塔莎・邁爾斯（Natasha Myers）和卡拉・赫斯塔克（Carla Hustak）主張，**演化**這個詞（evolution，字根直譯是「向外滾」的意思）並沒有詳實呈現生物多麼容易涉入彼此的生命。邁爾斯和赫斯塔克提出**內捲化**（involution，來自involve）這個詞，更貼切地描述了這個趨勢——「滾動、捲動、向內翻轉」。他們認為，內捲化的概念更能捕捉到「生物不斷發展出新方式和彼此共存、相伴」那種交纏的相吸相斥。生物的傾向是涉入其他生物的生命，因此植物一邊演化出自己的根，一邊借用根系，就這樣借用了五千萬年。今日，植物雖然有了自己的根系，但幾乎所有植物都還依賴菌根菌處理植物在地表下的生命。而真菌的內捲傾向讓真菌借用光合藻類，處理他們的大氣問題。真菌至今仍然如此。菌根菌並沒有內建在植物種子中。植物和真菌必須持續建立、並且重新建立關係。內捲化持續發展，如火如荼——所有參與者和彼此產生關聯，因此能向外探索，超出原本的限制[35]。

面對災難性的環境改變（不論是受汙染或伐除森林的地景，或是都市綠屋頂那種新創造的環境），大部分的生命依賴植物和真菌適應新環境的能力。大氣中二氧化碳增加、氣候變遷和汙染都影響了植物根部和真菌夥伴微小的交易決策。這些交易決策的影響擴大，拓展到整個生態系和陸塊；長久以來都是這樣。二〇一八年發表的一個大型研究指出，歐洲各地樹木健康「驚人地惡化」，是由於氮汙染導致樹木的菌根關係受到擾亂。人類世（Anthropocene）的菌根關係，會決定人類適應逐漸惡化的氣候緊急狀況的能力。而可能性（與陷阱）最顯著的，就是農業[36]。

土壤與真菌

「人類的健康與福祉，有賴這種菌根關係的效率。」這句話出自亞柏特・霍華德（Albert Howard），他是現代有機農業運動的開創者，與菌根菌的死忠代言人。一九四〇年代，霍華德主張，化學肥料的廣泛使用會破壞菌根關係，而菌根關係是「肥沃土壤和所滋養的樹木結合……的安排」方式。這樣的崩壞影響深遠。斬斷這些「活生生的真菌絲」，會讓土壤的健康惡化。這進而影響到作物的健康和產量，以及食用作物的動物和人類。「人類能加以調節，讓菌根關係的主要地盤（土壤的肥力）受到保全嗎？」霍華德質問道。「文明的未來要仰賴這問題的答案。[37]」

霍華德的口吻誇張，不過事隔八十年，他的問題仍然一針見血。某些方面來說，現代工業化農業一直很有效率——二十世紀下半，作物生產倍增。不過，一心專注在產量上，也帶來了高昂的代價。農業造成普遍的環境破壞，占了四分之一的全球溫室氣體排放量。即使大量施用殺蟲劑，每年仍有百分之二十到四十的作物毀於蟲害和病害。二十世紀下半，即使肥料使用提高了七百倍，全球農業產量仍然進入高原階段。全球每分鐘都有三十個足球場那麼大片的表土因為侵蝕而消失。然而三分之一的食物都浪費了，二〇五〇年的作物需求將會加倍。這是極為迫切的危機[38]。

菌根菌可以成為一部分的解答嗎？這問題大概很蠢。菌根關係和植物一樣古老，數億年來不斷塑造地球的未來。不論我們有沒有想到，在我們餵養自己的努力中，菌根關係一直占了一席之地。數千年來，世界上許多地方的傳統農法都致力於維持土壤健康，因此間接支持了植物的真菌關係。不過在二十世紀裡，我們因為輕忽而陷入麻煩。一九四〇年，霍華德最擔心的是，工業化農業的技術發展不會考慮到「土壤的生命」。他的擔憂是情有可原。我們食用的生命靠著地下群落來維生；而農業多少把土壤視為沒生命的地方，毀壞了那些地下群落。二十世紀大部分的醫學極為相似——認為「病菌」和「微生物」指的是同個東西。當然有些土壤生物（就像你體內的一些微生物）會致病。但大部分恰恰相反。擾亂你腸道裡的微生物生態，你的健康就倒楣了——現在發現，愈來愈多的人類疾病是鏟除我們體內「病菌」的結果。如果擾亂土壤（地球的腸道）裡豐富的微生物生態，那麼植物的健康也會受害[39]。

二〇一九年蘇黎世農景（Agroscope）的研究者發表了一則報告，比較有機和傳統「密集」農業法對作物根部真菌群落的影響，測量擾亂的程度。作者把真菌的DNA排序，而能編譯網絡，顯示哪些真菌菌種和彼此有關係。他們發現有機農法和慣行農法的農田有「極大的差異」。有機農田裡不只菌根菌的數量比較多，而且真菌群落也遠較複雜——辨識出二十七種真菌有高度連結的菌種，或是「關鍵種」，相較之下，傳統農田一個都沒有。許多研究也得到類似的結果，密集農法（結合犁田、施用化學肥料或殺真菌劑）會導致菌根菌的數量減少，也改變了菌根菌群落的結構。而相對永續的農法（例如有機農法），通常會使土壤的菌根群落比較多樣化，菌絲體也比較豐富[40]。

這重要嗎？農業大部分的故事都犧牲生態。砍伐森林，改作農田，清除樹籬，讓出空間給更大的農田。土壤裡的微生物群落想必也一樣吧？如果人類在田裡添加肥料來餵養作物，豈不是搶走了菌根菌的工作嗎？如果我們讓真菌變得可有可無，何必還要在乎真菌？

但菌根菌做的不只是餵養植物。農景的研究者稱之為關鍵生物，但有些人比較喜歡稱之為「生態系工程師」。菌根菌絲體是有黏性的活生生縫線，把土壤固定在一起；少了真菌，土地就會被沖蝕。菌根菌提高土壤可以吸收的水量，可以讓雨水淋洗的養分減少高達百分之五十。神奇的是，土壤裡的碳總計是植物和大氣中碳的兩倍；在土壤裡的碳之中，有不小比例是固定在菌根菌產生的堅固有機化合物中。透過菌根管道湧進土壤中的碳，支持了錯綜複雜的食物網。一茶匙健康土壤中除了含有數百或數千公尺的菌絲體，還有比世上活過的所有人類更多的細菌、原生生物、昆蟲和節肢動物[41]。

菌根菌能提高收穫的品質；羅勒、草莓、番茄和小麥的實驗結果證實了這個。菌根菌也能提高作物和雜草競爭的能力，改善植物的免疫系統，強化作物的抗病能力。菌根菌還能讓作物不容易受乾旱和高熱影響，更耐鹽和重金屬。菌根菌甚至能刺激植物產生防禦物質，提高植物抵抗昆蟲害蟲攻擊的能力。菌根菌的好處族繁不及備載——文獻中充斥著菌根關係帶給植物的益處。然而，這知識應用起來，有時未必單純。首先，菌根關係有時不會提高作物產量。在某些情況，菌根關係甚至可能減少作物產量[42]。

凱蒂．菲爾德與其他許多研究者得到經費，為農業問題尋找菌根的解答。菲爾德告訴我：「這整個關係遠比我們想像的有彈性，容易受環境影響。許多時候，真菌**不會**幫助作物吸收養分。結果超級多變。完全取決於是哪類真菌、哪類植物以及種植的環境。」一些研究也提出類似難以預測的結果。大部分的現代作物品種培育出來時，很少顧及建立高功能菌根關係的能力。我們育種的小麥品系會在大量施肥時生長迅速，最後養出「被寵壞」的植物，幾乎失去了和真菌合作的能力。菲爾德指出：「光是真菌能長在這些穀類作物上，就是小小的奇蹟[43]。」

菌根關係十分微妙，所以最直接的干預（替植物添加菌根菌和其他微生物）可能是雙面刃。有時候就像山姆．詹吉發現的情形，讓植物接觸一個土壤微生物群落，可以支持作物和樹木生長，幫忙荒蕪的土壤恢復生機。然而，這種方式要成功，前提是生態學上必須吻合。不匹配的菌根菌種，對植物可能弊大於利。更糟的是，任意把真菌菌種引入新環境，可能取代當地的真菌品系，造成未知的生態後果。商業菌根產品是成長迅速的產業，時常以一體適用為號召，有時不會考慮到這個問題。人類益生菌的市場迅速成長，販售的許多微生物菌株之所以被選中，不是因為特別適合，而是因為容易在製造設施裡生產。即使操作妥善，在一個環境裡接種微生物菌株，效益也就那麼多。菌根菌和所有生物一樣，必須有適合生長的條件。土壤的微生物群落處於不斷聚集的狀況，在持續的擾動下，維持不了多久。微生物干預要發揮效用，需要更大刀闊斧地改變農法，就像受損的腸道菌群要恢復健康，需要改變飲食或生活方式[44]。

其他研究者從不同的角度探討這個問題。如果人類可以草率地培育和真菌建立失衡共生關係的作物品種，我們當然可以反過來，培育和高功能共生夥伴建立關係的作物。菲爾德正在採用這個做法，希望能發展出更合作的植物品種，「新一代超級作物，能和真菌建立神奇的關係」。基爾斯也對這些可能性有興趣，不過是從真菌的角度來看這個問題。基爾斯不去培育更合作的植物，而是致力於培育比較利他的真菌——挑選的品系儲藏的資源少，甚至把植物的需求放在自己的需求之上[45]。

＊＊＊

一九四〇年，霍華德聲稱我們缺乏對菌根關係的「完整科學解釋」。科學解釋仍然一點也不完整，不過隨著環境危機愈演愈烈，和菌根菌合作、讓農業與林業轉型來復育貧瘠環境的前景卻變好了。菌根關係經過演化，能處理生命登陸當初那個風蕭蕭的孤寂世界的挑戰。它們一同演化出一種農業形態，不過很難說是植物學會栽培真菌，還是真菌學會栽培植物。不論如何，我們都面臨了挑戰，必須改變我們的行為，讓植物和真菌可以更理想地培育彼此[46]。

如果我們不質疑自己的一些領域，不大可能長久。我們以往把植物視為獨立個體，有明確的界線，但這種觀點帶來了破壞。理論家葛雷格里·貝特森（Gregory Bateson）寫道：「設想一個拿拐杖的盲人，盲人的自我從哪裡開始？拐杖尖嗎？拐杖的把手嗎？還是拐杖一半高的地方？」哲學家莫里斯·梅洛龐蒂（Maurice Merleau-Ponty）在將近三十年前，採用了類似的思考實驗。他的結論是，人的拐杖不再只是一個客體。拐杖延伸了人的知覺，成為感覺器官的一部分，是身體的一個人造器官。人類自我從哪裡開始、在哪裡結束，不再是乍看之下那麼顯而易見的問題。菌根關係用類似的問題挑戰了我們。我們在思考植物時，可以不去思考從植物根部向外交織的菌根網絡嗎？植物根部發散出糾纏蔓延的菌絲體，如果我們跟隨著那些菌絲體，要跟到哪裡為止？根部和真菌菌絲表面包覆了一層黏糊的薄膜，我們會思考沿著那薄膜在土壤裡穿梭的細菌嗎？我們會想到和我們植物共生真菌融合的鄰近真菌網絡嗎？還有（或許最令人困擾的是），我們要思考根部共用同一個真菌網絡的其他植物嗎[47]？

第六章

全林
資訊網

觀察者逐漸發覺，這些生物彼此連結，不是線性的連結，而是像網狀、交纏的織物[1]。

——亞歷山大・馮・洪堡德

在太平洋西北（Pacific Northwest），森林一片蔥綠。所以看到一叢叢潔白的植物從一堆堆冷杉落葉間冒出頭，我驚訝極了。這些鬼魅般的植物沒有葉子，看起來像倒是過來立著的陶製菸斗。柄上該長葉子的地方，布滿小小的鱗。這些植物從其他植物無法生長的蔭蔽林地萌發，像一些蕈類一樣緊密地聚成一叢叢。其實，若非顯然是花，應該會被當作蕈類。這種植物叫作單花錫杖花（*Monotropa uniflora*），是假裝不是植物的植物（在臺灣又稱水晶蘭）。

錫杖花屬（*Monotropa*）很早就放棄了光合作用的能力，同時放棄了葉子和身上的綠色。但錫杖花是怎麼辦到的？光合作用是植物最古老的一種習性，通常是身為植物不可妥協的一個特徵，然而錫杖花卻拋棄了光合作用。想像一下，你發現了一種猴子不吃東西，牠們毛皮上有光合細菌，用這些細菌從陽光製造能量。這實在是徹底的背離。

而錫杖花靠的是真菌。錫杖花和大部分綠色植物一樣，依賴菌根夥伴而生存。然而，錫杖花的共生方式不同。「正常」綠色植物會提供富含碳的化合物（可能是醣類或脂類）給真菌夥伴，交換來自土壤的礦質養分。不過錫杖花找出辦法，迴避交換的角色。錫杖花從菌根菌那裡得到碳和養分，似乎沒付出任何回報。

那麼錫杖花的碳是哪來的？菌根菌所有的碳都來自綠色植物。所以，提供錫杖花生命能量的碳（也就是構成錫杖花的主要物質）終究還是透過菌根網絡，從其他植物取得——如果碳不從綠色植物經過共享的真菌連結而傳給錫杖花，錫杖花就無法生存。

錫杖花一直令生物學家大惑不解。十九世紀末，一名俄國植物學家為了這些古怪植物怎能存在的問題傷透了腦筋，他最早主張，物質可以透過真菌連結，在植物之間傳遞。這概念並沒有蔚為流行。這是個曇花一現的臆測，埋藏在費解的文章裡，後來可以說就銷聲匿跡了。錫杖花之謎又擱置了七十五年，才被瑞典植物學家艾瑞克．比約克曼（Erik Björkman）挖掘出來。一九六〇年，比約克曼把放射性的糖分注射到樹木中，顯示了附近的錫杖花植株有放射性累積的情形。這第一次證實了物質可能經由真菌的通道，在植物之間傳遞[2]。

錫杖花引誘植物學家去揭露一個嶄新的生物學可能性。一九八〇年代以來，逐漸發現錫杖花顯然不是反常。大部分的植物都不挑剔，可以和許多菌根夥伴建立關係。菌根菌對於自己和植物的關係也不大挑剔。不同的真菌網絡可以彼此融合。結果呢？形成的共享菌根網絡，有潛力成為龐大、複雜的的協同系統。

植物間的碳轉移通道

托比．基爾斯熱情地說：「想到不論我們走到哪，地下都有連結，就覺得不可思議。太龐大了。真不敢相信有人不去研究。」我也有同感。許多生物會互動。如果做一張關係圖來記錄誰和誰互動，就會看到一個網絡。然而，真菌網絡會在植物之間形成實際的連結。這是有二十個熟人，以及會和二十個熟人共享循環系統的差異。共享的菌根網絡（這領域的研究者稱之為「普通菌根網絡」）體現了最基本的生態系原則——是生物間關係的原則。洪堡德用「網狀、交纏的織物」這個比喻來描述自然世界的「生命整體」——是複合的關係，生物不可分割地嵌入其中。菌絲體網絡體現了比喻中的網與織物[3]。

錫杖花問題接下來的其中一個接棒者，是英國學者大衛．李德（David Read），他是菌根生物學史上最著名的研究者，共同編纂了這個主題最權威的教科書。李德由於菌根關係的成就而受封爵士，成為皇家學會的會員。美國的同僚稱李德為「老哥爵士」，他以個人魅力和過人機智而聞名，常被研究夥伴形容為一號「人物」。

一九八四年，李德和他的同事最早確切證實，碳可以透過真菌連結，在正常綠色植物之間傳遞。自從一九六〇年代研究錫杖花以來，研究者就假定可能發生那樣的轉移。但沒人能證明醣類不是從一株植物的根部滲漏，進入開放的土壤中，然後被另一株植物的根部吸收。換句話說，沒人證實碳是透過直接的真菌管道，在植物之間移動。

李德發展出一種方式，能實際看到植物和植物之間的碳轉移。他把「供應」和「受惠」植株種在隔壁，有的加入菌根菌，有的沒有。六星期後，李德讓供應植株吸收放射性的二氧化碳，接著收穫植株，把根系暴露在放射顯影照片。沒有菌根菌的狀況下，只有供應植株的根部有放射性。可以形成真菌網絡時，供應植株根部、真菌菌絲和受惠植株根部都有放射性。李德得到了關鍵的進展。他證實了碳在植物間轉移，並不是錫杖花這類植物獨有的習性。不過還有更大的問題。李德是在實驗室環境中進行實驗；沒有任何跡象顯示，碳在植物間的轉移能在實驗室外的自然環境中進行[4]。

十三年後，一九九七年，一名加拿大博士生蘇珊・西馬德（Suzanne Simard）發表了第一則研究，主張碳可以在自然情境下，在植物之間交流。西馬德把生長在森林裡的一對對種子苗暴露在放射性的二氧化碳裡。兩年後，她發現碳從樺樹傳到了冷杉（二者之間有共享的菌根網絡），但樺樹沒傳到雪松（二者沒有共享菌根網絡）。西馬德認為，冷杉得到的碳量（平均是樺樹吸收的標記碳的百分之六）是有意義的轉移——長久下來，可以預期這對樹木的生命造成影響。更重要的是，冷杉苗受到遮蔭的時候（限制了光合作用，剝奪冷杉苗的碳供應），從樺樹供應者得到的碳會比沒遮蔭的時候多。碳似乎在植物之中「往下流」，從多處往少處移動[5]。

西馬德的發現引人注目。《自然》期刊接受了西馬德的研究，而編輯請李德寫一篇評論。李德在他的文章〈緊緊相繫〉（The Ties That Bind）裡，指出西馬德的研究應該「刺激我們從新的立場來檢視森林生態系」。期刊封面大大印著李德和《自然》期刊編輯討論時創出的詞彙：「**全**

林資訊網」[6]。

共享菌根網絡

在李德、西馬德和一九八〇、九〇年代其他人的研究之前，植物多少一直被視為是獨特的個體。有些樹種一向知道會形成根嫁接，也就是一棵樹的根和另一棵樹的根融合在一起。然而，根嫁接被視為微不足道的現象，而大部分的植物群落，被視為競爭資源的個體集合而成。西馬德和李德的發現顯示，把植物視為可以那麼乾淨分割的單元，恐怕不恰當。李德在《自然》期刊的評論中寫道，資源可能在植物之間傳送，表示「我們應該別那麼注重植物之間的競爭，而是該更注重群落中的資源分配」[7]。

西馬德在現代網路科學發展的重要時刻，發表了她的發現。訊號線和路由器的網路構成了網際網路，從一九七〇年代開始不斷擴張。一九八九年發明出了全球資訊網——靠著網際網路的硬體，以網頁和其間的連結為基礎的資訊系統。兩年後，全球資訊網公開於世。一九九五年，美國國家科學基金會（US National Science Foundation）放棄監管網際網路之後，網際網路就開始不受控制、去中心化地擴張。網路科學家艾伯特拉茲洛·巴拉巴西（Albert-László Barabási）向我解釋：「一九九〇年代中期，網路開始進入公眾的意識。[8]」

一九九八年，巴拉巴西和他的同事投入了繪製全球資訊網架構圖的計畫。在這之前，雖然複雜網路在人類生活中十分普遍，但科學家缺乏工具來分析這些網路的結構和特性。建立網路模型的那個數學分枝（圖枝論〔graph theory〕）無法描述現實世界大部分網路的行為，許多問題還有待解答。流行病和電腦病毒為什麼能擴散得那麼快速？一些網路受到嚴重擾亂，為何還能繼續運作？巴拉巴西對全球資訊網的研究中，產生了新的數學工具。一種新的關鍵原則似乎支配了許多網路的行為，包括人類性關係，到生物體內的生化交互作用。巴拉巴西表示，看起來全球資訊網「和細胞或生態系的共通點，比瑞士錶更多」。今日，網路科學是少不了的一門學科。隨便選個研究領域（從神經科學、生物化學到經濟系統、流行病學、網路搜尋引擎、大部分人工智能的基礎——機器學習演算法，到天文學和宇宙本身的結構——纖維狀氣體和星系團縱橫交錯的宇宙之網），很可能運用網路模型，就能理解現象[9]。

李德向我解釋過，「共享菌根網絡的整個概念」受到西馬德的論文啟發，並且受全林資訊網這個順口的概念推動，「發揚光大」——最後以地下連結植物的發光活網絡的形象，出現在詹姆斯．科麥隆的電影《阿凡達》。李德和西馬德的研究引發了一些令人興奮的新問題。除了碳，還有什麼會在植物之間傳遞？這種現象在自然界裡有多普遍？這些網絡的影響，能延伸到整個森林或生態系嗎？這些網絡造成怎樣的差異？

＊＊＊

共享菌根網絡在自然裡十分普遍，這毋庸置疑。由於植物和真菌太來者不拒，加上菌絲體網絡很容易彼此融合，所以共享菌根網絡很難不發生。然而，不是人人都相信共享菌根網絡有什麼重要的功能。

一方面，自從一九九七年西馬德發表在《自然》期刊的論文之後，許多研究測量了植物之間的物質轉移。有些研究顯示，除了碳，大量的氮、磷和水分也能透過真菌網絡在植物之間轉移。二〇一六年發表的一則研究發現，每公頃的森林裡，透過真菌連結而在樹木間轉移的碳就有二百八十公斤。這數目可不小——占同一公頃森林一年從大氣裡抽出的碳總量的百分之四，足以提供一般家庭一週的能源。這些發現顯示，共享的菌絲體網絡扮演了重要的生態學角色[10]。

另一方面，一些研究沒觀察到植物之間的物質轉移。這情形本身並不表示共享菌絲體網絡沒扮演任何角色——發芽的種子苗如果開始培養自己的菌絲體網絡，會需要提供碳，但如果連接到早已存在的龐大真菌網絡，就可以省下來。然而，這些發現顯示，一個生態系的情況不能直截了當地套用在另一個生態系，或是從一類真菌套用到另一類真菌。許多情況下，共享的菌絲體網絡替它們植物夥伴做的事，似乎沒比單一（私有的）菌絲夥伴多太多[11]。

共享菌根網絡的行為好像應該多變一點。菌根關係有很多種，不同真菌群的表現可能很不一樣。此外，即使一株植物和真菌的共生產物，也可能依據狀況不同而有很大的差異。儘管如此，各式各樣的實驗結果使得研究社群中產生了一些看法。對一些研究者而言，現有的證據顯示，共享菌根網絡允許的互動形式在別的情況下不可能發生，而且對生態系可能有深遠影響。也有些研究者有不同的解讀，認為共享的菌根網絡並不會創造獨特的生態可能性，對植物來說，也不會比彼此共同的根系空間或空域更重要[12]。

錫杖花有助於釐清爭論。其實，錫杖花似乎平息了爭議——因為錫杖花完全依賴菌根網絡。我向李德提起這事，結果李德的立場十分明確：「覺得植物間透過真菌途徑來轉移不重要，顯然荒唐。」錫杖花是完全的受惠者，活生生地見證了共享菌根網絡確實能支持一種獨特的生活方式。

錫杖花是「真菌異營生物」，英文 mycoheterotroph 中的「myco」是指把真菌當作養分來源；「heterotroph」的「hetero」是指「其他」，「troph」是指「進食者」，因為錫杖花不會利用太陽來產生自己的能量，而是從其他地方取得能量。這麼迷人的植物，卻有著如此不討喜的稱呼。我在巴拿馬研究鬼草那些藍花的真菌異營生物時，開始把它們簡稱為「真菌異營」（mycohet），不過說實話，這也沒有好多少。

這樣生存的不只是錫杖花和鬼草。大約有百分之十的植物物種有這種習性。真菌異營和地衣跟菌根關係一樣，是演化上的副歌，從至少四十六個不同的植物支系中獨立產生。有些真菌異營的植物（像錫杖花和鬼草）完全不進行光合作用。有些小時候表現得像真菌異營，不過長大一點就成為供應者，開始行光合作用，凱蒂・菲爾德稱這種方式為「先享受、後付出」。李德提醒我，二萬五千種蘭花（是地球上最大、可說是最成功的一科植物）在某個發展階段全都是真菌異營，先享受、後付出，或是享受之後繼續享受。真菌異營生物一再學會為了私利而入侵網絡，顯示這個花招沒那麼困難。對於李德和其他一些研究者來說，真菌異營其實沒有自成一格的類別。真菌異營只是共生光譜裡的一個極端；是永遠的受惠者，失去了稍後付出的能力。先享受後付出的蘭花落在比較靠光譜中間的地帶，西馬德的花旗松樹苗也一樣[13]。

真菌異營很驚人。這些生物顯眼又不合群，和周圍的植被格格不入。真菌異營沒理由變綠或長葉子，因此可以任由演化帶往新的美感方向。有一種鬼草整株是黃色。美國博物學家約翰．繆爾（John Muir）在一九一二年寫道，血晶蘭（*Sarcodes sanguinea*）是豔麗的紅，「彷彿鮮明耀眼的紅柱」。這種植物「在加州比任何其他（植物）都受遊客喜愛……顏色讓人聯想到鮮血」（「千條看不見的細繩」將大自然串在一起，令繆爾著迷，不過他並未觀察到血晶蘭其實正是這樣）。令我那麼驚奇的是鬼草的粉狀種子，我在顯微鏡下看著那些種子發芽長成一束束肉質。馬克安德列．賽洛斯（Marc-André Selosse）是巴黎國家自然史博物館（National Museum of Natural History）的教授，他告訴我，他在十五歲時看到鮮藍色的真菌異營蘭花，成為對共生一生癡迷的契機。蘭花提醒我們，植物和真菌生命多麼密不可分。賽洛斯愉快地沉思道：「這種植物的記憶一直伴隨我的生涯至今。[14]」

我覺得真菌異營有趣，是因為真菌異營象徵地下的真菌生命。鬼草在叢林植物生命的騷亂之中，是代表著功能良好的共享真菌網絡；真菌異營侵入全林資訊網，才能生存。鬼草讓我不用進行繁瑣的實驗，就能估測是否有大量的碳在植物之間轉移。我和奧勒岡一位採松茸的朋友談話時，得到靈感。松茸是菌根菌的子實體，有時在林地裡探出頭之前就被採下。至於要往哪裡找，常常有跡可尋。松茸和錫杖花的一種真菌異營親戚建立關係，這種植物有著紅白條紋的莖，俗稱「拐杖糖花」（*Allotropa virgata*）。拐杖糖花只和松茸建立關係，拐杖糖花就像松茸菇一樣，表示絕對有松茸菌欣欣向榮。拐杖糖花和許多真菌異營一樣，是一探菌根地下世界的潛望鏡。

真菌異營的魅力無窮，讓人覺得這些年來應該會了解真菌異營代表的意思。如果拐杖糖花是實際的指標，松茸採集者可以利用拐杖糖花來追蹤松茸菌的地下網絡，那麼錫杖花就是生物學家的概念指標。地衣是一般共生的入門生物，錫杖花則是共享菌根網絡的入門生物。錫杖花特殊的外觀意味著物質可能在植物之間透過共享真菌連結來傳遞，量大到足以支持一種生活方式。

供源與積存

在所有物理系統中，能量都是「往下流」，從多的地方往少的地方去。熱能從炙熱的太陽傳到冰冷的太空。松露的氣味從濃度高的地方飄向濃度低的地方。這些都不需要主動運輸。只要有能量坡度，能量就會從供源（頂端）移動到積存（底端）。最重要的是供源與積存之間的坡度有多陡。

許多時候，資源透過菌根網絡轉移的方向是向下流，從較大的植物往較小的植物去。較大的植物通常有比較多資源、比較健全的根系、得到比較多的光。和生長在遮蔭下、根系沒那麼健全的小植物相較，這些植物是供源，而較小的植物就是積存。先享受後付出的蘭花，一開始是積存，長大之後成為供源。像錫杖花和鬼草這樣的真菌異營植物，永遠都是積存[15]。

尺寸不是最重要的。依據相連的植物活動，供源－積存的動態可能調換。西馬德把她的冷杉苗遮蔭時（降低苗木光合作用的能力，而成為更強的碳積存庫），苗木會從樺樹供應者那裡得到更多的碳。另一例是研究者觀察到磷從垂死的植物，轉移到附近共享真菌網絡的健康植物。垂死的植物是養分的供源，而活的植物則是積存[16]。

另一則研究以加拿大森林的樺樹和花旗松為對象，碳轉移的方向在一個生長季裡就轉換了兩次。春天裡，當花旗松（常綠喬木）在進行光合作用，而光禿禿的樺樹才冒出新芽時，樺樹表現的是積存，而碳從花旗松流向樺樹。夏天裡，樺樹枝葉茂密時，花旗松落入陰暗的下層植被，於是碳流動的方向改變，從樺樹向下流向花旗松。秋天，樺樹開始落葉時，兩種樹木的角色再次對調，碳從花旗松向下流到樺樹。資源從多處往少處移動[17]。

這些表現令人不解。最基本的問題是：為什麼植物會把資源交給真菌，而真菌又把資源交給鄰近的植物——鄰近的植物可是競爭者呢！乍看之下，這是利他主義。演化理論不大能處理利他主義，因為利他行為對受惠者有益，卻有損供應者。如果植物供應者付出代價來協助競爭者，就會降低供應者的基因傳到下一代的機率。如果利他的基因沒有傳到下一代，利他行為很快就會遭到淘汰[18]。

有幾種方式可以迴避這種僵局。其中一個仰賴的概念是，供應者的代價其實不是代價。很多植物都能得到不少的光。對那樣的植物而言，碳不是限制資源。如果一株植物過剩的碳進入菌根網絡，由許多生物當作「公共財」來享用，就能避免利他的罪名，因為沒有哪一方（不論是供應者或受惠者）必須付出代價。另一個可能性是，供應和受惠的植物都會得利，只是並非同時。蘭花可能「先享受」，不過只要蘭花「後付出」，整體來說就沒有誰要付出代價。春天裡，樺樹從花旗松那裡得到碳的時候，或許受益，不過盛夏時花旗松在陰暗的樹冠層下，絕對會因為來自樺樹的碳而受益[19]。

此外還有其他考量。以演化來看，植物即使自己付出代價，協助近親把基因傳下去，也可能有益——這種現象稱為「近親選擇」（kin selection）。有些研究比較了一對花旗松手足和一對無關的花旗松之間碳交流的量，而探討了這個可能性。一如預期，碳會往少處移動，從比較大的供應植物移向比較小的受惠植物。不過有時候，手足之間的碳流通得比陌生植株多——手足的真菌連結似乎比陌生植株更多，因此有更多途徑讓碳在手足之間移動[20]。

誤入植物中心主義的討論

想要最快通過迷宮，就要轉換觀點。你應該注意到，這些共享菌根網絡的故事中，主角都是植物。真菌的角色限於連接植物，作為植物之間的管道。真菌幾乎只是管道系統，讓植物在彼此之間輸送物質。

這是活生生的植物中心主義。

植物中心的角度可能有扭曲。多注意動物、少注意植物，使人類變得植物盲。多注意植物、少注意真菌，則讓我們變得真菌盲。賽洛斯告訴我：「我想很多人過度闡述這些網絡了。有些人談起樹木因為社會照護或退休而受益，描述小樹住在托兒所，說對於群體生活的樹木而言，生命很簡單方便。我不大喜歡這些觀點，因為這是把真菌描繪成管道。其實不是這樣。真菌是活生生的生物，有自己的利益。真菌是系統的一個主動部分。也許是因為植物比真菌容易探索，所以很多人看待菌根網絡，是採取非常植物中心的觀點。」

我同意他的話。植物和我們生活的關聯比較明顯，所以我們當然會誤入植物中心主義。我們可以摸到、嘗到植物。菌根菌比較難捉摸。全林資訊網的語彙沒什麼幫助。這樣的隱喻暗示著植物等同於網路上的網頁或節點，而真菌是連結節點的超連結，就這麼讓我們落入植物中心主義。在構成網際網路的硬體語彙中，植物是路由器，而真菌是訊號線。

其實，真菌根本不是被動的訊號線。我們已經知道，菌絲體網絡可以解開複雜的空間問題，演化出精密調整的能力，可以在網絡中運輸物質。雖然物質通常會透過真菌網絡向下流，從供源流向積存，不過運輸很少只是被動的擴散作用；那樣太慢了。真菌菌絲裡的細胞流之河可以快速運輸，雖然這些流動最終是由供源－積存的動態來調節，不過真菌可以藉著生長、增密、修剪部分的網絡，甚至和另一個網絡融合，來引導流動。如果沒有調節網路內流動的能力，真菌生命中大部分的事都不可能發生（包括精心策畫的蕈類生長）。

真菌可以用其他方式控管網絡中的運輸。基爾斯的研究結果顯示，真菌對交易形態有某種程度的控制——究竟要「獎勵」比較合作的植物夥伴，在自己的組織中「囤積」礦物質，還是把資源在網絡各處移動，讓它們得到最佳的「匯率」。在基爾斯對資源不均等的研究中，磷沿著梯度，從多處往少處移動，不過速度遠超過被動的擴散作用——很可能是靠真菌的微管「馬達」來運輸。這些主動運輸系統，讓真菌在網絡中把物質運往任何方向，甚至同時往雙向運送，不會受到供源和積存的梯度限制[21]。

全林資訊網之所以是有問題的比喻，還有其他原因。認為只有特定一種全林資訊網的想法會誤導人。真菌不論是否把植物連接在一起，都會形成交纏的網。共享菌根網絡只是一個特例——是植物糾纏其中的真菌網絡。生態系中充斥著非菌根的真菌菌絲體之網，把生物串連起來。舉例來說，琳恩·巴迪研究的腐生菌，在生態系中分布廣闊，把腐葉和落枝、大塊的腐朽樹樁和分解中的樹根連結在一起，而緜延數公里破記錄的蜜環菌也一樣。這些真菌會構成不同類的全林資訊網——這些網絡的基礎是吃下植物，而不是維繫植物。

全林資訊網的每個連結，都是擁有自己生命的真菌。這是舉足輕重的一個小重點。我們把真菌視為主動參與者的時候，一切都變了。把真菌寫進故事，會鼓勵我們採用更真菌化的觀點。而真菌化的觀點有助於提出問題：共享菌根網絡會滿足誰的利益。誰可能受益？

讓各種植物活著的菌根菌有個優勢：植物夥伴的組合多樣，這菌根菌就能確保不會因為任一者死亡而受到影響。如果真菌依賴幾種蘭花，而其中一種蘭花在長大之前無法提供碳給真菌，真菌就會因為在小蘭花成長時給予支持而受益——讓蘭花「先享受」，前提是蘭花會「再付出」。採用真菌中心的觀點，有助於避免利他的問題。這觀點也會把真菌放在最重要的位置——是交纏的掮客，可以依據真菌自己的需求來調節植物之間的互動。

共享菌根網絡的利與弊

不論我們是採用真菌中心還是植物中心的觀點，共享菌根網絡在許多情況下，對參與的植物都有明顯的益處——整體來說，和其他植物共享網絡的植物，和排除在共同網絡之外的附近植物比起來，生長得更快、存活得更好。這些發現助長了全林資訊網是照料、分享、互助之處的想像，植物透過全林資訊網，可以脫離資源競爭的嚴格階級。這些演繹很像網際網路的天真幻想——在一九九〇年代的狂熱中，被宣告為二十世紀嚴密權力結構的逃脫之道，以及進入數位烏托邦之門[22]。

生態系和人類社會一樣，很少那麼平板。有些研究者（例如李德）覺得對土壤的烏托邦看法，是無恥地把人類價值投射在非人的系統；有些研究者（例如基爾斯）則主張，這樣忽略了合作在許多方面的競爭和配合總是密不可分。真菌烏托邦的主要問題是，共享菌根網絡就像網際網路，未必永遠都有益。全林資訊網是植物、真菌和細菌互動的複雜增幅器。

發現植物因為參與共享菌根網絡而受益的研究，大部分是在溫帶氣候進行，那裡的樹木會和一類特殊的菌根菌——「外生菌根菌」建立關係。其他類菌根菌的表現可能不同。有時候，一株植物擁有自己的真菌網絡，或是和其他植物共享真菌網絡，似乎沒什麼差別——不過這些情況下，真菌仍然因為連結更多的植物夥伴而受益。有時候，屬於一個共享網絡，會為植物帶來完全的不良影響。真菌從土壤得到礦物質，控制礦物質的供應，可以偏心地拿這些養分和較大的植物夥伴交易，那些植物既是比較豐富的碳供源，也是較強的土壤礦物質積存。這些不對稱的情況，可能強化共享網絡裡較大植物對較小植物的競爭優勢。在這些狀況下，較大的植物一直抽取不成比例的大量養分；較小的植物只有在它們和網絡的連結切斷時，或是共享網絡的較大植物被裁剪時，才會受益[23]。

共享菌根網絡可能還有更模稜兩可的後果。一些植物種類產生的化學物質，會抑制或殺死附近生長的植物。一般狀況下，這些化學物質透過土壤散播得很慢，有時未必會達到有毒的濃度。菌根網絡有助於克服這些限制，有時是提供「真菌快車道」或「高速公路」，讓植物散播有毒的抑制劑。一個實驗中，胡桃木落葉中釋放的有毒物質透過菌根網絡移動，累積在番茄的根部附近，抑制番茄生長[24]。

換句話說，全林資訊網遠遠不只關乎資源移動（不論是富含能量的含碳化合物、養分還是水分）。除了有毒物質，調節植物生長和發育的荷爾蒙也能透過共享菌根網絡傳遞。許多種的真菌中，含有DNA的細胞核和其他遺傳要素（例如病毒或RNA），可以在菌絲體中自由移動，表示遺傳物質可能透過真菌的管道，在植物之間交換——不過目前尚未探索過這些可能性[25]。

＊＊＊

全林資訊網最令人意外的一個特性，是納入（植物之外）其他生物的方式。真菌網絡提供了公路，讓細菌繞過土壤中的障礙路線來遷徙。有些時候，掠食細菌會用菌絲體網路來追逐、獵殺獵物；有些細菌在真菌菌絲體裡生存，促進真菌生長，刺激真菌代謝，產生重要維生素，甚至影響真菌和植物夥伴之間的關係。有一種菌根菌——粗柄羊肚菌（*Morchella crassipes*），則會栽培網絡裡的細菌——真菌「種植」細菌群落，然後培育、收穫、吃下。這個網絡中有工作分配，真菌的一部分負責產生食物，另一部分則會消耗食物[26]。

此外，還有更誇張的可能性。植物會釋放各式各樣的化學物質。比方說，蠶豆株受到蚜蟲攻擊時，傷口會釋放出一團團揮發性化合物，飄散出去，吸引寄生蜂捕捉蚜蟲。這些「訊息化合物」（這麼稱呼是因為這些物質傳達植物狀態的資訊）是一種植物溝通的方式，包括體內不同部位的溝通，以及和其他生物的溝通。

訊息化合物可能在地下的植物之間透過共享真菌網絡來傳遞嗎？這問題占據了露西・吉伯特（Lucy Gilbert）和大衛・強森（David Johnson）的心思；當時他們正在蘇格蘭的亞伯丁大學（University of Aberdeen）工作。吉伯特和強森為了查明答案，設計了一個巧妙的實驗。一些蠶豆苗連接到一個共享菌根網絡，一些則用細緻的尼龍網來阻止蠶豆苗連接。尼龍網讓水和化學物質通過，但是和植物連接的真菌之間，無法透過尼龍網直接接觸。植物長大之後，就讓蚜蟲攻擊網絡中一株植物的葉子。植物罩上塑膠袋，預防訊息化合物在空氣中傳播。

吉伯特和強森發現他們明確地證實了假設。植物如果透過共享真菌網絡連結到受蚜蟲感染的植物，即使自己還沒遇到蚜蟲，揮發性防禦物質的產量還是會劇增。植物產生的一縷縷揮發性化合物足以吸引寄生蜂，顯示植物透過真菌管道傳遞的訊息，在真實世界的狀況下也能造成影響。吉伯特向我講述這些事，說這是「嶄新」的發現。這揭露了共享菌根網絡從前未知的一個角色。共享菌根網絡不只會影響受惠植株，影響力也會以揮發性化學物質的形式，外洩到受惠植株之外。共享菌根網絡不只影響兩株植物之間的關係，也影響兩株植物、寄生它們的蚜蟲與它們胡蜂盟友之間的關係[27]。

二〇一三年以來，科學界已經很清楚吉伯特和強森的發現並不是反常。受毛蟲攻擊的番茄株，以及受到蛾幼蟲攻擊的花旗松和松樹苗也被觀察到類似的現象。這些研究開啟了令人興奮的新可能性。許多和我談過的研究者都認為，植物透過真菌網絡來傳遞訊息，是菌根行為中最引人入勝的面向。然而，好實驗雖然能回答一些問題，卻會提出更多問題。強森思索道：「植物究竟是對什麼做出反應，而真菌究竟在做什麼？[28]」

一個假說是，訊息化合物會透過共享真菌網絡，在植物之間傳遞。這看起來是最可能的情況，因為已知植物會利用訊息化合物，在地上傳遞訊息。沿著真菌菌絲傳遞的電脈衝是另一個有趣的可能性。史提芬・奧森和他的神經科學同事發現，某些真菌（包括一種菌根菌）的菌絲體可以傳導對刺激敏感的電流活動尖波。植物也會藉著電訊號傳遞，在不同部位之間溝通。研究電子訊號是否會由植物傳給真菌、再傳給植物不大困難，卻不曾有人做過。然而，吉伯特很堅持：「我們不曉得。光是知道這些信號存在，就是不得了的新發現了。我們身處在一個新研究領域的開端。」

對她來說，應該優先辨識出信號的本質。「不知道植物對什麼做出反應，我們就無法回答信號是如何控制，或究竟是如何發送。[29]」

還有好多事有待發掘。如果資訊可以透過溫室裡連結小豆苗盆栽的真菌網絡來傳遞，那麼自然生態系裡是什麼狀況？和植物與空氣之間飄來飄去、熱鬧的化學物質線索與信號比起來，真菌途徑扮演了多重要的角色？資訊透過真菌網絡，可以在地下傳多遠？強森和吉伯特進行的實驗，把幾種植物用「菊鍊」（daisy chain）連接在一起，看看訊息能否在中繼系統中，在植物、植物和植物之間傳遞。生態上的影響可能很深遠，不過強森很謹慎。「突然把實驗室的發現擴大到全森林的樹木和彼此交談、溝通，有點太過了。」他對我說。「大家急著從一個盆栽外推到整個生態系。」

植物是否會主動傳遞訊息？

植物之間究竟透過真菌網絡傳遞了什麼，對所有調查全林資訊網的研究者而言，都是棘手的問題。缺乏了解，導致了一些概念上的僵局。比方說，不知道訊息如何在植物之間傳遞，就不可能知道供應植株是否主動「傳送」警告訊息，或受惠植株是否只是偷聽到鄰居的壓力。在偷聽的情境下，我們在傳送者身上不會找到刻意的行為。基爾斯解釋道，「如果樹木受到昆蟲攻擊，樹木當然會用自己的語言尖叫——產生某種化學物質，準備應付攻擊。」這些化學物質可以經由網絡，輕易地從一株植物溢到另一株植物身上，沒有主動傳送任何東西。受惠植株只是恰巧注意到而已。強森採用同樣的類比。如果我們聽到有人尖叫，不代表他們尖叫是為了警告我們某些事。當然了，尖叫可能讓我們改變自己的行為，但這並不表示尖叫的人有任何意圖。「你只是偷聽到他們對特定情境的反應。」

看起來像吹毛求疵，不過我們解讀互動的方式會造成不少影響。不論如何，刺激都會從一株植物傳到另一株植物，讓受惠植物做好受到攻擊的準備。然而，如果植物確實傳送了訊息，我們會把這訊息想成一個信號。如果植物鄰居在偷聽，我們會把那想成線索。怎樣最適合解讀共享菌根網絡的行為，是很微妙的主題。有些研究者擔心平常描繪全林資訊網的方式。強森告訴我：「只因為我們發現植物會對鄰居做出反應，不表示有利他的網絡在運作。」植物和彼此談話、警告彼此威脅將至，是擬人化的錯覺。強森承認，「那樣想很有吸引力」，不過終究是「一派胡言」。

用尖叫來比喻大概沒什麼幫助。這恐怕是雙面刃。人類苦惱、震驚、興奮或疼痛時會尖叫。人類也會藉著尖叫，讓其他人類注意到自己的困境。有時不容易釐清因果，即使直接詢問苦惱的人也一樣。換成植物，就更難了。或許植物是否警告彼此有蚜蟲來襲，或只是正巧聽到鄰居的化學物質尖叫，這問題雖然令人擔憂，卻不是我們該問的問題。基爾斯說得好：「需要檢視的是我們的敘事。我真的很想拋下語言，設法理解現象。」所以還是一樣，去問為什麼演化出這種行為，可能比較有幫助——誰會受益呢？

受惠豆苗當然會因為警告而受益——蚜蟲來襲時，受惠豆苗已經啟動防禦了。但豆苗發送訊息警告鄰居，為什麼會有好處？我們再次碰上利他的問題。穿過迷宮最快的方法，仍然是轉換觀點。真菌在共生的那些植物之間傳遞警告，對自己有什麼好處？

如果真菌和幾株植物連結，其中一株受到蚜蟲攻擊，除了植物，真菌也會倒楣。如果整叢植物進入高度戒備的狀態，會產生比單一植物更大團的化學物質，召喚寄生蜂。真菌只要能擴大化學物質的烽火，就能從這種能力受益——植物當然也會受益，不過並不需要付出代價。類似的情況下，壓力信號從罹病的植物傳給健康的植物時，讓健康植物活著，受益的便是真菌。吉伯特解釋道：「想像一下，在一片森林裡，有些樹木似乎會把資源傳給其他樹木。我覺得比較可能的情況是，真菌注意到那時甲樹有點病，乙樹沒有，所以把一些資源移給甲樹。如果用真菌中心的觀點來看，一切都說得通了。」

無尺度的網絡

大部分針對共享菌根網絡的研究，都僅限於一對植物。李德把一株植物的根部傳到另一株植物的放射作用顯影。西馬德追蹤供應植株傳給受惠植株的放射性標記。唯有把尺度限制在少量的植物，才能進行這些實驗。不過，全林資訊網可能蔓延超過數十或數百公尺，甚至更遠。那會是什麼情況？往外頭看看吧。樹木、灌木、草本、藤蔓、花朵。誰和誰連結，又是怎麼連結的？一個全林資訊網的地圖會是什麼模樣？

不夠了解共享真菌網絡的結構，很難了解發生了什麼事。我們知道資源和訊息化合物通常會在網絡裡往下流，從多處往少處移動，但供源和積存並不是事情的全貌。你的心臟是個幫浦，會產生高壓和低壓的區域，讓血液「往下流」。供源－積存的動態可以解釋血液為何循環，但無法解釋血液為什麼以目前的方式送到你的器官。這和血管有關——血管的粗細、分枝情況，以及在你體內繞行的途徑。菌根網絡的情況類似。除非有網絡讓物質流過，否則物質無法從供源經由網絡送往積存庫。

二〇〇〇年代晚期，僅有兩個研究設法繪製共享菌根網絡的空間結構，而西馬德的學生凱文・貝樂（Kevin Beiler）正是這兩個研究的主要作者。貝樂選擇了一個相對簡單的生態系——英屬哥倫比亞的一座森林，林中是不同樹齡的花旗松。貝樂採用了人類親子鑑定的技術，在一塊三十公尺乘三十公尺的樣區裡，辨識了每一株真菌和樹木的遺傳指紋，釐清究竟誰和誰有關。細緻程度無人能比。許多研究注意過哪些植物和哪些真菌互動，不過很少研究更進一步，問問哪些個體實際上和彼此連結[30]。

貝樂的地圖很驚人。真菌網絡蔓延超過數十公尺，但樹木的連結並不平均。小樹的連結不多，比較老的樹卻有許多連結。連結最多的樹木和四十七棵其他的樹相連，如果樣區更大，可能會和其他二百五十棵樹木相連。如果用手指指著樹木，要在網絡中的樹木之間跳躍（這當然是植物中心的做法），過程並不會平均地在森林裡移動，而是經由少數連結眾多的大樹，飛掠過網絡。經由這些「樞紐」，要連接到森林裡任何的樹，可能最多只要經過三棵樹。

一九九九年，巴拉巴西和他的同事首度發表全林資訊網的地圖時，他們發現了類似的模式。網頁會連接到其他網頁，不過不是所有網頁都有一樣多的連結。絕大多數的網頁只有幾個連結。少數的網頁四通八達。連結最多和最少的網頁差異很大——網路上百分之八十的連結，導向百分之十五的網頁。其他許多類型的網絡也一樣——從路徑，到全球航空旅行，到腦中的神經網絡。在各種網絡中，連結眾多的樞紐讓人可以移動幾站就橫越整個網路。多少是靠著網絡的這些特性（稱為**無尺度**特性），疾病、新聞和流行才能迅速在人口中傳遞。共享菌根網絡也有同樣的無尺度特性，因此幼小植物才能在強烈遮蔭的下層植被中存活，而訊息化合物也能在森林裡傳過一個林分。貝樂解釋道：「小樹苗會迅速纏進一個複雜、交織、穩定的網絡中。會預期這樣能提高生存機率，增加森林的韌性。」但只能做到某種程度。同樣的無尺度特性，使得全林資訊網容易受到針對性的攻擊。一夜之間消除谷歌、亞馬遜和臉書，或是關閉世上最繁忙的三座機場，會掀起大混亂。選擇性地移除高大的樞紐樹（hub tree，許多商業伐採作業會這麼做，以取得最有價值的木材），就會導致嚴重的擾動[31]。

這裡沒有基礎的法則在運作。無尺度的特性容易在任何成長中的網絡中出現。巴拉巴西解釋：「世上出現的大部分網絡，都是某種成長過程的結果。」讓新節點連接到多連結節點的方式，比連接到少連結節點的方式多。有許多連結的舊節點，最後會有更多連結。套句貝樂的話，「可以把這些菌絲體網絡視為有傳染力的過程。你有一些創始樹，而網絡就從那裡開始成長。和其他樹木連結多的樹，通常會擁有更多連結，更快累積連結。」

這表示，全林資訊網的架構在世上其他地方也類似嗎？有可能，但我們繪製的網絡不夠多，還無法確定。從盆栽外推到整個生態系，會有問題；從三十公尺乘三十公尺的樣區外推，問題也不小。身為植物的方式很多，身為真菌的方式也很多。有些植物可以和數千株真菌建立關係，有些植物建立關係的真菌不到十株，會和同種的植物形成排外的網絡。有些真菌菌絲體輕易就能和其他菌絲體網絡嫁接，建立大型的混合；有些真菌比較容易孤立自己。我在巴拿馬發現鬼草只依賴一種真菌，但鬼草的專化一點也不設限——鬼草的夥伴是那片森林裡最大量的菌根菌，會和所有常見的樹種建立關係，讓鬼草連結到最大量的其他植物。生長在同一片森林的其他真菌異營植物，演化出不同的策略，和一些種類的真菌建立關係[32]。

即使是在貝樂選來研究的那一小塊林地（選那塊林地，多少是因為那裡單純），我們仍然缺少拼圖的許多片段。貝樂的地圖顯示了樹木和真菌是怎麼排列的，但我們仍舊不知道它們其實在做什麼。「我只研究一種樹種、兩種真菌——和整個群落差遠了。」他回憶道。「只是一瞥，是看進一個龐大而開放系統的一小扇窗。我描述的所有事，都是對森林裡實際連結度的粗略低估。」

我們該如何類比、看待全林資訊網？

鬼草失去了形成複雜根系的能力，反正也不需要；鬼草的共享真菌網絡就是鬼草的根。鬼草原本長根的地方，長了一叢肉質的指狀物。把那東西切開，會看到菌絲在鬼草的細胞裡蜿蜒，擠滿細胞。有時候，鬼草的根甚至沒埋進土裡，只是像小拳頭一樣坐落在土表。我們輕而易舉就能把鬼草撿起來，這時鬼草的真菌連結隨即斷裂。那麼輕易就能切斷一株植物的生命線，感覺實在奇怪。鬼草對它們網絡的掌握攸關生死，實際的連結卻那麼微不足道。我時常納悶，構成整株植物所需的所有物質，是怎麼穿過那麼細緻的通道。

提出和鬼草有關的問題，就像大部分針對菌絲體網絡的研究一樣，需要採集這些植物，因此切斷鬼草和網絡的連結。我花了幾天做這種事，也花了幾天思考，我切斷我要研究的連結，有多麼諷刺。當然了，生物學家時常破壞他們想了解的生物。我算是習慣了這個想法，盡可能讓自己習以為常。不過為了研究網絡而斬斷一個網絡中的連結，感覺特別荒謬。物理學家依立亞．普里果金（Ilya Prigogine）和伊莎貝爾．斯坦格斯（Isabelle Stengers）說過，試圖把複雜系統分解為組成單元，時常無法提供令人滿意的解釋；我們很少知道怎麼把拼圖拼回去。全林資訊網的挑戰特別大。我們仍不確定菌絲體網絡是怎麼協調自己的行為，和自己保持聯繫，更不用說是怎麼在自然的土壤中和多株植物互動了。然而，我們知道的足以告訴我們，菌絲體網絡不是一個東西，而是持續進行的狀況。我們知道菌絲體網絡可以和彼此融合，自我修剪，重新引導內部的流動，釋放一縷縷化學物質（或對化學物質做出反應）。我們知道菌根菌會和植物建立、重建連結，交纏、解開、重新交纏。簡而言之，我們知道全林資訊網是動態的系統，有著永不止息的亮眼周轉[33]。

這樣表現的實體，廣義稱為「複雜適應性系統」——稱之複雜，是因為即使了解組成部分，也難以預測整體的表現；稱之適應性，是因為這些系統會反應環境狀況，自我組織成新的形態或表現。你（和所有生物一樣）是複雜適應性系統，全林資訊網也是，此外還有腦子、白蟻群、蜂群、城市和金融市場等等，族繁不及備載。在複雜適應性系統中，微小的改變可能導致巨大的影響，只有在整體系統才觀察得到。因果之間很難畫出簡明的箭頭。刺激（本身可能是平凡無奇的表現）時常搖身變成令人意外的反應。金融危機是這類動態非線性過程的好例子。打噴嚏和高潮也是。[34]

那該怎麼看待共享菌根網絡呢？我們面對的是超級生物嗎？是一個都會？還是有生命的網際網路？樹木的托兒所？土壤裡的社會主義？還是晚期資本主義的市場鬆綁，而真菌在森林股票交易的交易所你推我擠。或者是真菌的封建主義，菌根領主為了植物勞工的最終利益，而掌理著它們的生命。一切都問題重重。全林資訊網引起的問題，超出了這些有限的演員表允許的範圍。然而，我們確實需要一些想像力的工具。一旦了解了共享菌根網絡在複雜系統中究竟是怎麼表現（不是能做什麼，而是究竟在做什麼），我們或許就能開始以我們用來理解其他（可能研究得比較透澈的）複雜適應性系統的同義語彙，來思考共享菌根網絡。

西馬德把森林的共享菌根網絡，類比為動物腦中的神經網絡。她主張，神經科學的領域可以提供工具，讓我們更了解真菌網絡連結的生態系統如何產生複雜的行為。神經科學一直在思考（遠比真菌學思考得更久）自我組織的動態網絡，是怎麼產生複雜的適應性行為。西馬德的重點不是「菌根網絡是腦子」。這兩種系統之間的差異說都說不完。比方說，腦子是由細胞組成，這些細胞屬於單一生物，而不是多種不同的生物。腦子有解剖上的範圍，無法像真菌網絡那樣在一片地景中蔓延。儘管如此，類比仍然很誘人。研究全林資訊網和腦子的研究者，遇到的挑戰沒那麼不同，不過神經科學領先了幾十年，經費也多了幾千億美元。巴拉巴西揶揄道：「神經科學家正在做腦部切片，繪製神經網絡。你們生態學家需要把森林切分成塊，才能看到所有根和真菌的確切位置、和誰有連結[35]。」

西馬德也觀察到，確實有某種（也許粗略）的信息的重疊點。腦中的活動網絡具有無尺度的特性，少數四通八達的模組讓訊息只傳遞幾次，就能從甲處傳到乙處。腦子就像真菌網絡，會因應新狀況，重新配置——或叫「適應性重新配線」。少用的神經元路徑會受到修剪，少用的一區菌絲體也是。神經元（或突觸）之間的連結會形成、強化；真菌和樹根之間的連結也一樣。神經傳導物質這類化學物質會透過突觸，讓資訊在神經和神經之間傳遞；同樣的，化學物質也會透過菌絲體的「突觸」，從真菌傳到植物，或從植物傳到真菌，有時候在其間傳遞資訊。麩胺酸和甘胺酸這兩種胺基酸是植物主要的訊息傳遞分子，也是動物腦部和脊髓最常見的神經傳導物質，已知會經過這些接點，在植物與真菌之間傳遞[36]。

不過全林資訊網的行為終究不明確，而我們的腦子類比（就像網際網路或政治的類比）仍然有限。不論這些網絡是怎麼自我協調、透過真菌管道在植物之間傳遞的線索（或是信號）究竟是什麼，全林資訊網都和彼此重疊，有些軟性邊界包容性地向外磨損。其中有細菌，會從真菌菌絲體的一處遷移到另一處。也有蚜蟲，也包括蠶豆苗產生揮發性化合物引來吃大餐的寄生蜂。鏡頭拉遠一點，會把人類也納入其中。不論知不知情，我們和菌根網絡互動的時間，都與我們和植物互動的時間一樣久遠[37]。

我們能從這些比喻之中解脫，跳脫舊思維來思考，學會在談論全林資訊網時，不再依賴我們陳腐的人類圖騰嗎？我們能把共享菌根網絡視為問題，而不是帶著成見的答案嗎？「我嘗試只看系統，只把地衣視作地衣。」討論全林資訊網，時常讓我想起托比．斯普利比爾的話——斯普利比爾就是不斷在地衣共生中發現新夥伴的研究者。全林資訊網並不是地衣——不過以目前現有的那些比喻來看，把全林資訊網想成我們可以在其中走動的巨大地衣，換換口味也不錯。儘管如此，我還是懷疑，我們能不能從斯普利比爾的耐心學到一些事。我們能退後一步，看看整個系統，讓組成我們家園、我們世界的植物、真菌與細菌複音群集好好做自己，和其他的一切截然不同？那樣會對我們的心智產生怎樣的影響？

第七章

基進
真菌學

想要善加利用這個世界，不再浪費這世界和我們在這世界的時間，就需要重新學習身處在其中[1]。

——娥蘇拉・勒瑰恩（Ursula le Guin）

我光溜溜地躺在一堆分解中的碎木片裡，脖子以下被一鏟一鏟埋起來。那裡很熱，蒸氣帶著雪松和舊書的溼黴味道。我在潮溼的重量下流著汗，往後靠，閉上眼睛。

我人在加州，參觀日本之外唯一的一間發酵浴場。木屑加溼，堆成一堆，腐爛兩星期之後，鏟進一個大木桶，在我到達之前再熟成一星期。浴槽正在慢燉，而唯一的熱源是分解作用的強大能量。

高熱令我昏昏沉沉，我想起分解木材的真菌。沒在一堆腐朽的木頭之間燉煮的時候，多麼容易忽略一切其實都會腐化。我們居住、呼吸的空間，是分解作用空出的空間。我貪婪地用吸管吸了點冰水，試圖眨眼甩掉我眼裡的汗。如果我們現在開始停止分解作用，地球會堆積幾公里深的遺骸。我們會覺得那是危機，不過從真菌的角度來看，會覺得是一大堆的機會。

我愈來愈昏沉。這絕對不是真菌第一次在一段全球劇變時大肆繁榮。真菌是生態擾動的生存老手。在一次次災難性的劇變中生存下來（常常能欣欣向榮）的能力，是真菌的招牌特性。真菌有創意、有彈性，而且會合作。現在地球上大部分的生命都受到人類活動威脅，我們有辦法和真菌合夥，讓真菌幫助我們適應嗎？

這些話聽起來可能像脖子以下埋在分解中的碎木片裡的人在胡思亂想，不過愈來愈多的基進生態學家正是這麼想。許多共生都形成於危機時刻。地衣裡的藻類夥伴不和真菌建立關係，就無法在裸露的岩石上活下去。也許我們不培養新的真菌關係，就無法適應破敗星球上的生活？

天才分解者

二億九千萬到三億六千萬年前的石炭紀，最早產生木材的植物在菌根菌夥伴的支持下，在熱帶蔓延，形成沼澤森林。這些森林成長、死亡，從大氣中抽出大量的二氧化碳。這些植物殘骸在數千萬年間幾乎都沒分解。一層層死亡而沒腐敗的森林累積起來，儲存了大量的碳，使得大氣中二氧化碳濃度大跌，而地球進入了一段全球寒冷化的時期。植物造成了氣候危機，而它自己也首當其衝。大片大片的熱帶森林在一個滅絕事件──石炭紀雨林毀滅──中被毀。木材是怎麼變成導致氣候變遷的汙染物[2]？

以植物的角度來看，木材曾經是（現在仍是）聰明的結構創新。隨著植物生長茂盛，光線競爭愈演愈烈，於是植物長得更高，以得到光源。植物長得愈高，愈需要結構支撐。木材是植物對這問題的解答。今日，大約三兆棵樹的木材（其中每年約砍伐逾一百五十億棵）占了地球上總生物量的百分之六十，約有三千億噸的碳[3]。

木材是複合材質。纖維素是其中一個成分，也是地球上最豐富的聚合物（不論是不是木本植物，所有植物細胞都有這個特性）。木質素是另一個成分，也是第二多的聚合物。木材之所以是木材，就是木質素的關係。木質素比纖維素更強韌、更複雜。纖維素是由整齊的葡萄糖分子鏈組成，木質素則是含有多苯環的雜亂間質[4]。

直到今日，仍只有少數生物知道如何分解木質素。目前最多產的一群是白腐菌——這命名是因為白腐菌分解木材時，會讓木材褪色。酵素屬於生物催化劑，生物靠酵素來進行化學反應。而大部分的酵素會和特定的分子形狀結合。但是遇上木質素，這種做法無效；木質素的化學結構太不規則了。白腐菌避開這個問題，用了不依賴形狀的非專一酵素。這些「過氧化酶」會釋放一股高活性的分子，稱為「自由基」，會在「酵素燃燒」（enzymatic combustion）的過程中，撬開木質素緊密結合的結構。

真菌是天才分解者，不過真菌的種種生化成就之中，最令人驚歎的就是白腐菌分解木材中木質素的能力。根據釋放自由基的能力，白腐菌產生的過氧化酶進行技術上稱為「自由基化學」的作用。稱之為「基進」是名副其實。這些酵素永遠改變了碳在地球循環中流動的方式。今日，真菌分解（大部分是木質的植物殘骸）是碳排放的一大來源，每年把八百五十億噸的碳釋放到大氣中。二〇一八年，人類燃燒石化燃料的排放量，大約是一百億噸[5]。

為什麼石炭紀中數千萬年的森林都沒腐朽呢？學者看法分歧。有些人認為是氣候因素——熱帶森林是停滯、積水的地方。樹木死亡後沉進缺氧的沼澤裡，白腐菌無法跟隨。也有人主張，石炭紀早期，木質素剛演化出來的時候，白腐菌還無法分解木質素，需要數百萬年來升級它們的腐化設備[6]。

所以大片沒分解的森林發生了什麼事？堆積的殘骸量大到不可思議，深及幾公里。結果形成了煤。這些未腐朽的植物殘骸形成礦層，逃過真菌的魔掌，成為人類工業的能源（有機會的話，許多類的真菌都能輕易分解煤，有種「煤油菌」會在飛機的油箱裡生長茁壯）。煤提供了負面的真菌歷史——記錄了真菌缺席，與真菌沒消化的東西。那之後，很少有那麼多的有機物質逃離真菌的注意[7]。

我埋在白腐菌裡二十分鐘，被白腐菌的自由基化學緩慢燉煮。我的皮膚似乎在熱度裡溶解，我不再知道我的身體從哪裡開始、哪裡結束；取而代之的是一種複雜的擁抱，令人滿足又難以忍受。難怪煤能散發那樣的熱度——煤來自尚未燃燒的木材。從物理學來看，我們燒煤的時候，是在燃燒真菌無法用酵素燃燒的物質。真菌無法用化學分解的東西，我們用溫度分解了。

真菌的草根科學運動

木材或許很少逃過真菌的注意；不過真菌倒是一直逃過我們的注意。二〇〇九年，真菌學家大衛・霍克斯沃斯（David Hawksworth）稱真菌學為「受忽略的超級科學」。動物學和植物學世世代代在大學有自己的科系，但真菌研究一向被併入植物學，很少被視為獨立的領域，至今也不例外[8]。

忽略這種說法是相對的。在中國，真菌數千年來都是人們主要的食物和藥材。今日的全球蕈類產量中，百分之七十五（將近四千萬噸）來自中國。真菌長久以來也在中歐和東歐扮演了重要的文化角色。如果蕈類中毒導致的死亡人數可以用來衡量一國的真菌狂熱程度，那以二〇〇〇年來看，美國的死亡人數是一、二人，俄國和烏克蘭則有兩百人[9]。

然而，對世界大部分的地方來說，霍克斯沃斯的觀察仍然不假。《全球真菌現況報告》在二〇一八年首度問世，揭露了國際自然保育聯盟（International Union for Conservation of Nature, IUCN）編纂的紅色名錄瀕危物種（Red List of Threatened Species）中，只有五十六種真菌的保育狀況受過評估，相較之下受到評估的植物有二萬五千種，動物則有六萬八千種。霍克斯沃斯為這個疏失提出幾種可能的解決辦法。其中有個特別突出：「增加對『業餘』真菌學家賦權的資源」。他的引號含義深遠。雖然許多科學領域都有才華洋溢而投入的業餘實踐者組成的網絡，但真菌學領域的這些人尤其傑出。通常和真菌有關的探究並沒有其他出路[10]。

草根的科學運動看似不可行，卻有其深厚的傳統。「專業」的生物學術研究直到十九世紀才上軌道。歷史上許多重大的科學發展，都靠著業餘的熱情推波助瀾，發生在專屬的大學科系之外的地方。今日，在長期專門化、專業化之後，做科學的新方式有著爆炸性的發展。一九九〇年代以來，「公民科學」計畫以及「駭客空間」（hackerspace）和「創客空間」（makerspace）讓有志於此的非專業人士進行研究計畫，愈來愈受歡迎。這些實踐者該怎麼稱呼呢？他們算是「大眾」嗎？還是公民科學家？專業民眾？或只是業餘人士[11]？

彼得・麥考伊（Peter McCoy）是位嘻哈藝術家、自學而成的真菌學家，創立了基進真菌學（Radical Mycology）這個組織，致力於為我們面臨的許多技術與生態問題發展出真菌的解決辦法。麥考伊的著作《基進真菌學》（*Radical Mycology*）集真菌宣言、指南和栽培手冊於一書，他在書中解釋道，他的目標是創造一個「大家的真菌學運動」，精通「栽培真菌與真菌學應用」。

基進真菌學這個組織屬於一個更大的運動——DIY真菌學（DIY mycology），這運動發源自泰倫斯・麥肯納和保羅・史塔麥茲在一九七〇年代推動的迷幻蕈類栽培背景。這活動和駭客空間、群眾外包的科學計畫以及網路論壇一同成長，形成了現代的模樣。雖然重心仍然在北美西岸，不過草根真菌組織迅速拓展到其他國家和大陸。Radical（基進）這個字源於拉丁文radix，意思是「根」。從字面上解釋，基進真菌學關心的是菌絲體的基礎，或是其「草根」性[12]。

麥考伊正是為這些真菌的草根愛好者成立了一個線上真菌學校——真菌之道（Mycologos）。真菌的相關知識常常很難取得，難以理解。麥考伊的使命是把這訊息用容易吸收的方式傳播出去，重塑人類與真菌的關係：「我想像一隊隊無國界基進真菌學家（Radical Mycologists Without Borders）環遊世界，分享他們的技術、發掘和真菌合作的新方式。一個激進真菌學家可以訓練十人，那十人可以訓練一百人，進而訓練一千人——就像菌絲體一樣擴散出去。[13]」

讓真菌拯救世界 I

二〇一八年秋，我來到奧勒岡州鄉間的一座農場，參與兩年一度的基進真菌學年會。我在那裡遇到超過五百個真菌迷、蕈菇栽培者、藝術家、剛入門的愛好者和社會、生態運動者在農場庭院裡忙成一團。麥考伊頭戴棒球帽，腳踩運動鞋，戴著厚厚的眼鏡，用一場主題演講來鋪陳，題目是：「解放真菌學」（Liberation Mycology）。

不論任何規模的蕈類栽培，栽培者都必須培養出敏銳的感覺，知道哪些材料能滿足真菌貪婪的胃口。大部分產菇的真菌會在人類製造的混亂上欣欣向榮。在排泄物上種植經濟作物是某種鍊金術。真菌會把負價值的不利條件，轉換成有價值的產品。這對廢棄物產生者有利，對栽培者有利，對真菌也有利。許多工業效率不佳，卻成了蕈類栽培者的福音。農業廢棄物特別多——棕櫚和椰子油莊園丟棄他們產生出的植物生物量的百分之九十五，甘蔗園拋棄百分之八十三；都會生活沒好到哪裡去，墨西哥市的廢棄尿布占了固體廢棄物重量的百分之五到十五。研究者發現，雜食的鮑魚菇菌絲體可以吃用過的尿布，長得很開心（這種白腐菌會結實成為可以食用的鮑魚菇）。兩個月裡，餵給鮑魚菇的尿布重量大約減少了初始重量（拿掉塑膠膜時的重量）的百分之八十五，無真菌的對照組則只減少百分之五。此外，產生的蕈類很健康，沒有人類疾病。類似的計畫即將在印度推出。用農業廢料栽培鮑魚菇（用酵素燃燒廢料），可以減少熱力燃燒的生物量，改善空氣品質[14]。

不意外的是，人類造成的混亂從真菌的角度看起來，可能是個機會。真菌渡過了地球的五次重大滅絕事件，每次都剷除了地球上百分之七十五到九十五的物種。有些真菌甚至在這些災難事件中生長茁壯。白堊紀－第三紀滅絕事件（造成恐龍死亡、世界各地森林嚴重破壞）之後，有了大量可以分解的木質殘骸，使得真菌數量躍增。輻射營養真菌（Radiotrophic fungus，能吸收放射性粒子散發的能量）在車諾比的廢墟裡旺盛生長，是真菌和人類核能事業這個更長的故事裡的最新角色。廣島毀於原子彈之後，據說廢墟中最先出現的生物是松茸[15]。

真菌的胃口很多樣，不過有些材質除非不得已，否則真菌不會分解。麥考伊在他的一本作品中，解釋了他如何訓練鮑魚菇菌絲體消化全球最常見的垃圾——菸蒂。每年被拋棄的菸蒂超過七十五萬噸。過了夠久的時間，沒用過的菸屁股會分解，但抽完的菸屁股中充滿有毒殘留物，會阻礙這個過程。麥考伊原本希望慢慢減少鮑魚菇的其他食物，讓鮑魚菇改吃抽完的菸屁股。久而久之，真菌「學會」把菸屁股當成食物來源。縮時影片顯示，在果醬罐裡裝滿染著焦油的壓扁菸屁股，而菌絲體持續向上滲透。一株健壯的鮑魚菇很快就竄起，從頂端鑽出[16]。

其實，這既是「學習」，也是「記憶」。真菌不會產生自己不需要的酵素。酵素（甚至整個代謝途徑）可能在真菌基因組裡休眠好幾代。鮑魚菇的菌絲體要能消化抽過的菸屁股，就必須淘汰不用的代謝作用，也可能把通常用於其他東西的酵素硬是改用在新的地方。許多真菌酵素（像木質素過氧化酶）都沒有專一性。所以單一酵素可能有多功能，讓真菌用類似的結構來代謝不同的化合物。其實許多有毒的汙染物（包括菸屁股裡那些）類似木質素分解時的副產物，從這角度來看，讓鮑魚菇菌絲體對付廢棄菸蒂，是給鮑魚菇一個平凡無奇的挑戰[17]。

大部分的基進真菌學都被白腐菌的自由基化學包下來了。然而，有時要預測一個真菌品系能代謝什麼並不容易。麥考伊跟我們說了他試圖在滴上嘉磷塞（glyphosate）除草劑的培養皿裡種鮑魚菇菌絲體的事。有些鮑魚菇會避開嘉磷塞，有些則直直長過去，有些長到一滴嘉磷塞的邊緣後就停止生長。麥考伊回憶道：「那些鮑魚菇花了一星期才找出怎麼分解（嘉磷塞）。」他把真菌比喻為獄卒，身上有一堆酵素鑰匙可以解開某些化學鍵。有些品系可能隨身帶著正確的鑰匙；有些的鑰匙則埋藏在基因組裡，只不過選擇了避開這種新物質；有的可能花一星期翻找那堆鑰匙，試用不同的鑰匙，直到開始走運。

麥考伊就像許多DIY真菌學運動的人，最初是從史塔麥茲那裡感染到真菌狂熱。自從史塔麥茲一九七〇年代影響深遠的裸蓋菇研究之後，就成了真菌傳道者和大亨的不可思議混合體。他在TED的演講——「蕈菇拯救世界的六種方式」（Six Ways that Mushrooms Can Save the World），瀏覽次數高達數百萬。他經營百萬的真菌事業——完美真菌（Fungi Perfecti）賣的東西從抗病毒喉嚨噴劑到真菌狗零嘴（Mutt-rooms），應有盡有，生意興隆。他為辨識和栽培蕈類而寫的書（包括權威之作《全球裸蓋菇誌》〔*Psilocybin Mushrooms of the World*〕），繼續為無數草根或專業的真菌學家提供不可或缺的參考資料。

史塔麥茲青春期的時候，患有嚴重的口吃。一天，他吃下大量的神奇蘑菇，爬上一棵大樹的樹頂，結果被困在雷電交加的暴風雨中。他爬下樹時，口吃不藥而癒。史塔麥茲就此改變了信仰。他大學時在長青州立大學（Evergreen State College）攻讀真菌學，從此將一生奉獻給真菌的事務。史塔麥茲並不是基進真菌學的成員。然而，他和麥考伊一樣，致力於盡可能把真菌的訊息傳播給最廣大的聽眾。史塔麥茲的網站上有一封敘利亞栽培者寫的信，他受到史塔麥茲的啟發，發展出用農業廢料栽培鮑魚菇的方法。那位栽培者教了超過一千人在他們的地下室種蕈菇，在阿薩德（Assad）政權為期六年的圍城和轟炸中，提供了一項主要食物。

其實，如果說為了讓真菌議題普及化，在大學生物系外沒人做得比史塔麥茲更多，也不誇張。然而史塔麥茲和學術界的關係沒那麼簡單。史塔麥茲自從聳動地宣稱他猜測的理論開始，做出了許多學院派科學家不該做的行徑。但不可否認，史塔麥茲特立獨行的做法確實有效。這樣的緊張氣氛有時近乎荒唐。史塔麥茲曾經描述他認識的一位大學教授對他的抱怨。「保羅，你製造了一個大問題。我們想研究酵母菌，而這些學生想拯救世界。我們該怎麼辦？[18]」

真菌修復法

真菌可能幫忙拯救世界的一個方式，是幫忙復原受汙染的生態系。這個領域稱為真菌修復法，而真菌變成環境清理行動的合作者。

我們徵用真菌來分解東西，已經有千年歷史。我們腸道裡多樣的微生物族群提醒了我們，人類的演化史上，在我們還無法自己消化某些東西的時候，便找來了微生物幫忙。這樣證實不可行的時候，我們就用桶子、瓶罐、堆肥堆和工業發酵設備把這過程外包出去。人類生活依賴真菌完成許多形式的外部消化，從酒精、醬油、疫苗、盤尼西林到碳酸飲料裡的檸檬酸。這種合作行為是不同生物一起唱一首代謝之「歌」，這首歌大家都無法自己唱——這重演了最古老的演化格言，而真菌修復法只是一個特例。

但真菌表現得前景可期，除了有毒的菸屁股和殺蟲劑嘉磷塞，真菌還對一些汙染物有著驚人的胃口。史塔麥茲在他的著作《菌絲體立大功》（*Mycelium Running*）中寫到華盛頓州一間研究機構合作的事，那間研究機構和美國國防部攜手，發展出分解一種強力神經毒素的方式。這種化學物質——甲基膦酸二甲酯（dimethyl methylphosphonate, DMMP）是ＶＸ神經毒氣的一個致命成分，一九八〇年代晚期兩伊戰爭時，由薩達姆．海珊（Saddam Hussein）製造應用。史塔麥茲把二十八種不同的真菌菌種寄給他的同事，這些真菌暴露在濃度逐漸提高的化學物質中。六個月後，有兩種真菌已「學會」怎麼攝取甲基膦酸二甲酯，當作主要的養分來源。一種是栓菌屬

（*Trametes*）的雲芝，另一種是變藍裸蓋菇（*Psilocybe azurescens*），是已知產生裸蓋菇鹼最強的真菌。史塔麥茲幾年前發現了變藍裸蓋菇，根據莖上的藍色調命名（之後他把兒子按這種菇命名為阿祖瑞烏斯〔Azureus〕）。二者都屬於白腐菌[19]。

真菌學文獻中充斥著數以百計的這種例子。真菌可以轉化土壤、水道中許多危害生命（不論是人類或其他生命）的常見汙染物。真菌能分解殺蟲劑（例如氯酚）、人造染料、TNT和RDX炸藥、重油、某些塑膠，和一些廢水處理廠無法除去的人類或家畜用藥（從抗生素到人工合成荷爾蒙）[20]。

理論上，真菌是最有資格做環境修復的生物之一。菌絲體在十億年的演化中受到的精細調整，只是為了一個主要的目的——攝取食物。菌絲體根本就是食欲的具現化。植物在石炭紀蓬勃生長之前的數億年間，真菌靠著設法分解其他生物留下的殘骸而活。真菌甚至能促進分解，提供菌絲體公路，讓細菌進入原本無法到達的腐爛處。然而分解只是一部分的故事。重金屬在真菌組織中累積，之後可以安全地清除、銷毀。菌絲體的緻密網絡甚至能用來過濾受汙染的水。真菌過濾會移除感染性疾病（例如大腸桿菌），也能像海綿一樣吸收重金屬——芬蘭一家公司利用這種方法，從電子廢棄物中回收出黃金[21]。

然而，真菌修復法雖然前途光明，卻不是簡單的解決辦法。只因為特定的真菌品系在培養皿裡有某種表現，不表示引入受汙染的喧鬧生態系中就會有相同的表現。真菌有些需求（例如氧氣或額外的食物來源）也必須考慮。此外，分解有階段之分，要由真菌和細菌相繼進行，個別從前一階段結束的地方開始處理。認為在實驗室訓練好的真菌品系，就能有效地塞進新環境，全靠它們修復一個現場，是太天真的想像。真菌修復者面臨的挑戰和釀酒師類似（少了適合的環境條件，酵母菌很難在一桶葡萄汁裡把糖轉化成酒精），只不過，酒桶變成了受汙染的生態系，而我們身處其中[22]。

麥考伊根據草根經驗論推崇基進的方式，令我一直半信半疑。我這才想到，真菌修復法的領域需要公家機構強力推動。新奇的自家栽培解決辦法雖好，但確實也需要大規模的研究。少了重點計畫、大筆經費和機構的關注，這領域要怎麼進步？我發現，很難想像一大群草根業餘愛好者能有足夠的設備或可信度來推動事情——不論他們有多麼投入。

我很快就明白，麥考伊推崇這種方式，不是因為漠視機構的研究，而是因為這很難得。許多因素都有影響。生態系很複雜，沒有哪種真菌良方適用於所有地點和狀況。要發展出可以擴充的現成真菌修復規範，需要龐大的投資，這在修復法的部門很少見——一般來說，修復法是由不甘願的公司為了滿足法定義務而被迫進行。被視為實驗性或另類的解決辦法，很少公司會有興趣。此外，傳統的修復產業非常活躍，他們的做法是挖起一噸噸的汙染泥土，運到別的地方去燒掉。雖然這樣所費不貲，又擾動生態，但這個產業老神在在，不怕被取代。

基進真菌學家的選擇並不多，只能夠擔起責任。二〇〇〇年代初期以來，受到史塔麥茲的推廣啟發，建立了一些計畫來測試真菌處理法。雪佛龍（Chevron）在厄瓜多的亞馬遜地區營運二十六年，留下抽取原油的有毒副產物，有個歷史比較悠久的組織——真菌共續（CoRenewal）

一直在研究真菌為這些副產物解毒的能力。在汙染地區與夥伴的結盟中，研究者調查微生物群落和汙染土壤中發現的當地「嗜石油」真菌品系。這是典型的基進真菌學——當地真菌學家學習如何和當地真菌合夥，解決當地的問題。還有其他例子，美國加州的一個草根組織鋪了幾哩充滿麥稈的管子，其中滿是鮑魚菇菌絲體，希望能修復二〇一七年野火毀壞房屋造成的有毒逕流；二〇一八年，一座丹麥港口設置了充滿鮑魚菇菌絲體的浮動擋柵，幫助清除外洩的燃油。這些計畫大都才剛開始，還有更多即將啟動，然而沒有任何計畫發展到成熟階段[23]。

真菌修復法會流行起來嗎？現在還看不出來。不過，顯然現在（正當我們在自己造成的有毒池塘邊發脾氣的時候），以某些真菌的木材分解能力為基礎的基進真菌解決辦法，給了我們一些希望。我們偏好用來評估木材中能量的做法，是燒了木材。這也是一種基進的解決辦法。讓我們惹上麻煩的，正是這種能量（石炭紀樹木欣欣向榮的化石化遺跡）。白腐菌的自由基化學（是針對那種木材盛產的演化反應）現在能幫助我們渡過難關嗎？

草根實驗者

對麥考伊而言，基進真菌學的意義不只是解決特定地方的特定問題。草根實踐者的分散式網絡，也能推進整體的真菌知識狀態。一種方式是發掘、純化有效的真菌品系。從受汙染環境分離出的真菌，可能已經學會怎麼消化特定的汙染物，而且身為當地的生物，既能修復問題，也能蓬勃生長。這是巴基斯坦一個研究團隊使用的方法，他們從伊斯蘭馬巴德一座掩埋場取得土壤過篩，發現可以分解PU塑膠的一個新品系真菌[24]。

把真菌品系群眾外包，聽起來或許不可行，不過確實得到了一些重大發現。盤尼西林抗生素的工業生產是因為發現高產量的青黴菌品系。一九四一年，實驗室發出公告，向市民徵求黴菌之後，瑪麗・杭特（Mary Hunt）在伊利諾州一間市場的一顆爛甜瓜上發現這種「漂亮的金黴」。在這之前，製造盤尼西林的代價昂貴，而且通常很難取得[25]。

發現真菌品系是一回事。分離出來、測試活性更困難。杭特或許找到了青黴菌，但還要送進實驗室檢驗。這是我對麥考伊做法的主要疑慮。基進真菌學家無法使用準備完善的設施，要怎麼分離、培養新品系？無菌工作檯抽送乾淨的空氣，純度超高的化學物質，昂貴的機器在設備室咻咻運轉——任何真正的進展應該都少不了這一切吧？

我想知道更多，所以參加了麥考伊在紐約布魯克林的一門週末蕈類栽培課程。這班學生是大雜燴——有藝術家、教育者、社區規畫師、電腦程式設計師、創業家、廚師，還有一位大學講師。麥考伊站在一張桌子後，桌上高高堆著培養皿、裝滿穀物的塑膠袋、堆著注射器和手術刀的盒子——這些都是現代蕈類栽培者的主要工具。爐子上用小火燉著一大鍋湯，湯裡滿是凝膠狀的木耳，我們在茶敘時間舀進馬克杯裡。這是基進真菌學的生長頂點。應該說，其中一個生長頂點。

那個週末，我發現業餘真菌栽培的領域處於大肆增殖的階段。人脈廣闊、主動實驗的真菌愛好者網絡，已經在加速產生真菌知識了。大都仍然無法取得DNA定序之類的技術，不過由於最近的進展，業餘人士不過十年前還求之不得的一些操作，現在已經能進行了。大都是竭盡所能的神奇蘑菇栽培者發展出天才的低技術性解決辦法。許多是把泰倫斯・麥肯納和保羅・史塔麥茲發展出來、寫進他們栽培者手冊裡的做法加以改良、調整。雖然麥考伊對真菌學轉型的願景包括社區的實驗室空間，不過沒有這些空間，還是可以做出不少事。

最劃時代的創新出現於二〇〇九年。神奇蘑菇栽培論壇 mycotopia.net 的創立者（只知道他取了 hippie3 這個代號）發展出一種不用擔心汙染的真菌栽培法。這改變了一切。汙染是所有真菌栽培者面臨的威脅。剛滅菌過的材質是生物學上的真空；如果暴露在空氣中的忙碌世界裡，生命就會一擁而入。業餘蕈菇栽培者利用 hippie3 的「注射口」（injection port）方法，就可以拋棄昂貴的器材和繁瑣的程序。只需要一只注射器和改造過的果醬罐。這知識迅速傳播。麥考伊把這視為真菌學史上最重要的一個發展（不用實驗室的實驗結果），永遠改變了蕈類栽培。他面露微笑，從他拿的注射器擠出一點祭禮。「這滴獻給 hippie3。」

我想到一個個真菌駭客團隊在問題的邊緣摸索、嘗試處理，就像麥考伊的青黴菌菌絲體在一攤嘉磷塞周圍躊躇，實驗不同的酵素，直到找到通過的辦法；這念頭令我發笑。麥考伊正在訓練基進真菌學家在家裡栽培真菌，讓他們訓練真菌品系，利用其他有毒的人類疏漏。即使誘因比較小，這領域也能迅速進展。我想像著一群群愛好者聚集起來，在棘手的有毒廢棄物大雜燴裡讓他們家中培育的真菌品系出來競賽，爭奪每年一百萬美元的獎金[26]。

還有好多尚待分曉。真菌學（不論是不是基進真菌學）還在襁褓中。人類超過一萬兩千年來，一直在栽培、馴化植物。但真菌呢？最早的蕈類栽培記錄可以追溯到大約兩千年前的中國。據信大約西元一千年，中國的吳三公發現了栽培香菇（另一種白腐菌）的方法，至今在每年誕辰仍舉辦活動以為紀念，而且全國各地都有小廟祀奉。十九世紀末，遍布巴黎的石灰岩地下墓穴裡，數以百計的菇農每年出產超過一千噸的「巴黎」菇。然而實驗室技術直到一百年前大學才發展出來。麥考伊教授的許多技術（包括 hippie3 的注射口法）不過是大約十年前的事[27]。

麥考伊的課程在一陣興奮的騷動中結束，靈感四起。麥考伊微笑著說：「有很多可以玩的。」他的文靜中帶著煽動和鼓勵。「有很多事，我們就是不知道。」

大白蟻的外化腸道

真菌從存在以來，就一直帶來「發自根本的改變」，人類是後來才加入這個故事的。數億年間，許多生物和真菌建立了基進的合作關係。很多是生命史上的重大時刻，帶來改變世界的結果（例如植物和菌根菌的關係）。現在，有不少非人生物用複雜的方式栽培真菌，得到基進的結果。可以把這些關係視為基進真菌學的古老先驅嗎[28]？

非洲大白蟻算是比較驚人的例子。大白蟻屬（Macrotermes）的白蟻和大部分的白蟻一樣，一生大部分的時間都花在搜尋食物，只不過牠們自己沒辦法吃，而是栽培一種白腐菌（蟻傘屬真菌〔*Termitomyces*〕）來替牠們消化。白蟻把木頭嚼成糊狀，在真菌園裡反芻出來。蜜蜂的這種空間叫蜂房（honeycomb），白蟻的則叫菌圃（fungus comb）。真菌利用自由基化學來分解木頭。白蟻則吃下剩下的堆肥。大白蟻為了栽培真菌而建造高聳的蟻丘，甚至高達九公尺，有些已存在超過兩千年之久。大白蟻和切葉蟻的社會屬於昆蟲群體形成的最複雜社會[29]。

大白蟻的蟻丘是巨大的外化腸道——代謝作用的義肢，讓白蟻分解自己無法分解的複雜物質。大白蟻就像牠們栽培的真菌，混淆了個體性的概念。脫離了社會，個別的白蟻就無法存活。白蟻餵養真菌和微生物，也被它們餵養；脫離這些培養的真菌和微生物，白蟻社會也無法續存。這種合作關係很多產——非洲熱帶地區的木頭有很大比例是透過大白蟻的蟻丘分解[30]。

人類用物理方式燒掉木質素，得到木質素中固定的能量，大白蟻則是幫助白腐菌，用化學的方式燒掉木質素。白蟻利用白腐菌的方式，就像基進真菌學家利用鮑魚菇分解原油或菸屁股。或像沒那麼基進的真菌學家，可能把代謝作用外包給木桶、罐子裡的真菌，發酵產生酒、味噌或起司。不過，誰先來誰後到其實很清楚。「人屬」演化出來的時候，大白蟻栽培真菌已經超過二千萬年了。說到蟻傘，白蟻的栽培技術遠比人類更優秀。蟻傘的蕈類是珍饈（可以長到直徑超過一公尺，是世上最大的蕈類之一）。不過人類雖然長久努力，卻還未找到栽培蟻傘的辦法。這些真菌需要完美平衡的環境，而白蟻結合了牠們的共生細菌和白蟻丘的結構，滿足真菌所需。

住在白蟻附近的人類，沒忽略白蟻的絕技。白腐菌的自由基化學（及其驚人的力量）已經成為人類生活的一部分。據報每年白蟻在美國造成十五到二百億美元的財產損失（麗莎．瑪格內莉〔Lisa Margonelli〕在《地下蟲子》〔*Underbug*〕提出，北美白蟻通常被說成會吃「私有」財產，講得好像牠們是有某種刻意的無政府主義者或反資本主義情節）。二〇一一年，白蟻鑽進了印度的一間銀行，吃掉了一千萬盧布的鈔票——折合美金約二十二萬五千元。在基進真菌合作關係這個主題的一個轉折是，史塔麥茲的「真菌拯救世界的六種方法」之中，有個辦法是稍微調整某些致病真菌的生理，讓它們避開白蟻的防禦，終結白蟻群（同一種真菌——黑殭菌〔*Metarhizium*〕可望消滅瘧蚊的族群）[31]。

人類學家詹姆斯・菲爾海德（James Fairhead）描述了西非許多地方的農人因為大白蟻會「喚醒」土壤，而助長大白蟻的情形。人類有時會食用白蟻丘內部的泥土，或是抹在傷口上。原來這些泥土有些好處——可以當作礦物質來源、毒素的解毒劑，或抗生素。大白蟻會在蟻丘裡培養一類產生抗生素的放線菌——鏈黴菌（*Streptomyces*）。人類甚至為了激進的政治目的，而把大白蟻和牠們真菌之間的合作關係當作武器。二十世紀初的西非沿岸，當地人在法國殖民軍的軍事前哨偷偷放了白蟻，真菌夥伴貪婪的胃口驅策著白蟻破壞法軍的建築物，嚼碎官僚文件。法國駐軍很快就棄守了[32]。

在一些西非文化中，白蟻在精神階級的地位比人類更高。有些文化把大白蟻描繪成人類和神祇之間的信使。有些則認為，神當初是靠著白蟻相助，才創造了宇宙。大白蟻在這些神話中，不只被描繪成會分解東西。牠們是規模最宏大的建築師[33]。

真菌建材

真菌既能用於建造東西，也能用於分解，而這概念在世界各地逐漸開始流行。波特菇（portabello mushroom）外層製造的一種物質，可望取代鋰電池中的石墨。某些真菌的菌絲體可以製成有效的皮膚替代物，讓外科醫師用來幫忙傷口癒合。在美國，生態創新設計公司（Ecovative Design）正在用菌絲體種出建築材料[34]。

我去造訪了生態創新設計位在紐約上州一座工業園區裡的研究製造設施。我走進大廳，發現周圍都是菌絲體的產品。有板子、磚頭、吸音磚，還有模製的酒瓶包裝。一切都是淡灰色，質感粗糙，看起來像厚紙板。一個菌絲體燈罩和凳子旁有個箱子，箱裡裝滿白色鬆軟的菌絲體泡棉塊。再旁邊是一片真菌皮革。我覺得我好像遇上一個巧妙的惡作劇，像是諷刺電視節目的布景，為了整人，大放厥辭說真菌能拯救世界。

伊本・拜爾（Eben Bayer）是生態創新設計公司的年輕執行長，他發現我正在戳一塊菌絲體。「戴爾（Dell）的伺服器都用那樣的包裝來運送。我們一年大概提供他們五百萬個。」他指向一張凳子。「安全、健康、永續栽培的家具。」凳子的椅面覆蓋著菌絲體皮革，裡面墊著菌絲體泡棉。如果訂購這張凳子，凳子送到時會包著菌絲體包裝。真菌修復法是分解我們行為的後果；「真菌製造」（mycofabrication）則是重組我們當初選擇利用的材質種類。分解是陰，重組就是陽。

生態創新公司就像我在奧勒岡和布魯克林遇到的基進真菌學家，會把農業廢棄物流重新導向，用來餵食他們的真菌。從鋸屑或玉米稈中，長出有價值的商品。這是熟悉的真菌三贏——廢料產生者、栽培者和真菌都能受益。然而，在生態創新公司的例子中，還有另一個贏家。拜爾長久以來的野心，是瓦解汙染環境的工業。生態創新公司設計那些包裝材質，是為了取代塑膠。他們的建材是為了取代磚頭、水泥和塑合板。他們的皮革材質是為了取代動物皮革。不到一星期，原本要丟棄的材料上，就會長出數百平方呎的菌絲體皮革。菌絲體產品年限到了，還能堆肥。生態創新公司的材料重量輕、防水，而且能防火。受到彎曲力的時候，這些材料比水泥強韌，也比木構造抗壓。比起發泡聚苯乙烯，這種材質的絕緣效果更好，可以在幾天裡長成任何形狀（澳洲的研究者正在設法結合栓菌的菌絲體和碎玻璃，製造抗白蟻的磚頭——用這種產品，就不需要史塔麥茲的殺白蟻真菌了）[35]。

菌絲體材質的潛力並沒有受到忽略。設計師史黛拉．麥卡尼（Stella McCartney）正在用生態創新公司做法長出的真菌皮革來創作。生態創新公司和宜家家居（IKEA）關係密切，而宜家家居持續發展各種方式，取代他們的發泡聚苯乙烯包裝材。美國太空總署的研究者開始對「真菌建築」（mycotecture）以及用在月球上培養建築物的可能性產生興趣。生態創新公司剛剛得到國防先進研究計畫署（Defense Advanced Research Projects Agency, DARPA）一千萬美元的研發合約。國防先進研究計畫署是美軍的側翼單位，有興趣用菌絲體培養出軍營，受損時可以自我修復，完成任務之後可以分解。為士兵栽培住處，不符合拜爾原本的願景，不過這些技術的適應力很強。拜爾指出：「我們可以用這些方式，在災區培育臨時庇護所。利用菌絲體，可以替很多人培育出許多住宅，而且費用低廉[36]。」

基本的概念很簡單。菌絲體會交纏成緻密的構造。然後活的菌絲體乾燥之後，成為死亡生物材料。最終的產品取決於如何鼓勵菌絲體生長。糊成一團潮溼鋸屑填進模具，菌絲體「鑽透」這些鋸屑，就會產生磚頭和包裝材。具有彈性的材料純粹由菌絲製成。鞣革之後，就會得到皮革。乾燥之後，就會得到一種泡棉，可以用來製造任何東西，從鞋墊、運動鞋到漂浮船塢。麥考伊和史塔麥茲誘使真菌做出新的代謝行為，拜爾則誘使真菌長成新的生長型。菌絲體一定會投入所在的環境，不論是一灘神經毒素，或是燈罩形狀的模具[37]。

我和拜爾鑽過一道門，進入一座機庫，場地大到足以在裡面建造飛機。碎木片和其他原料從一個滑槽裡滑下來，進入攪拌筒，在那裡混合，並以一道道電腦螢幕，數位控制混合的比例。二十呎長的阿基米德螺旋抽水機帶著源源不絕的鋸屑通過加熱、冷卻槽，每小時可以處理半噸。大堆大堆的塑膠模具在培養室和十公尺高的乾燥棚之間運送。槽內以數位控制微氣候——光、溼度、溫度、氧氣與二氧化碳濃度，都在仔細編程的循環之間波動。這是人類工業版本的大白蟻蟻丘。

大白蟻的蟻丘就像生態創新公司的培養設施，細心調控微氣候，依據真菌的需求而建造。白蟻在一個煙囪系統裡開啟、關閉通道，調節溫度、溼度和氧與二氧化碳的濃度。白蟻能在撒哈拉沙漠中央，創造出陰涼潮溼的環境，讓真菌欣欣向榮。

生態創新公司栽培的真菌，和大白蟻蟻丘裡的真菌一樣屬於白腐菌。大部分的產品是由靈芝屬真菌的菌絲體長成，這一屬真菌的子實體就是靈芝。其他有些是用鮑魚菇，有些是栓菌（子實體是雲芝）。麥考伊訓練來消化嘉磷塞和菸屁股的，正是鮑魚菇。而史塔麥茲的合作者則是訓練栓菌，來消化VX神經毒氣的有毒前驅物。不同的真菌品系分解神經毒劑或嘉磷塞的意願有差異；同樣的，不同品系的生長速度和菌絲體會產生的物質也不同[38]。

生物創新公司的程序擁有專利，每年栽培超過四百噸的家具和包裝。不過生物創新公司雖然是菌絲體材料的主要生產商，經營模式卻沒有依賴生產菌絲體材料。全球有三十一個國家的一些個人和組織得到授權，使用生物創新公司的自己動手種（Grow It Yourself, GIY）材料包，從家具到衝浪板，各種東西都能種出來。燈具很受歡迎（最近推出了蘑菇燈〔MushLume lamp〕）；荷蘭一位設計師在設計菌絲體拖鞋；美國國家海洋暨大氣總署（US National Oceanic and Atmospheric Administration）則把用來讓海嘯偵測裝置漂浮的發泡塑膠浮圈更換成菌絲體代替品[39]。

用真菌來建築的一個比較野心勃勃的願景，是真菌建築（Fungal Architectures, FUNGAR）。真菌建築是個科學家和設計師組成的國際聯盟，他們希望創造出完全由真菌構成的建築，結合菌絲體複合材料和真菌「計算電路」，可以偵測光強度、溫度和汙染，做出反應。其中一位研究計畫主持人是非常規計算實驗室的安德魯·阿達馬茲基，他提出可以藉著通過菌絲的電脈衝，控制菌絲體網絡來計算資訊。菌絲體網絡只在活的時候能產生電脈衝，阿達馬茲基希望能鼓勵菌絲體在活的時候吸收導電粒子，克服這問題。殺死、保存下這些菌絲體之後，菌絲體網絡會產生含有菌絲體電線、電晶體和電容器的電路——「一個計算網絡，充滿建築的每一立方公釐」[40]。

在生態創新公司的生產設施中參觀，有個念頭會不斷縈繞在腦海：有些種類的白腐菌在這樣的安排下過得非常好。當然了，材料派上用場之前，那些白腐菌就會被殺掉。不過那時白腐菌的胃口已經滿足了。之後，白腐菌再次接種到數百磅剛消毒過的鋸屑中。麥考伊和基進真菌學家在世界各地散布孢子（實際上和象徵上都是），而生態創新公司就像他們，成為一些真菌菌種的全球傳播系統。那些真菌既是「科技」，也是人類在新一類關係裡的夥伴。

生態創新公司建立的關係最後會發展成怎樣，現在還很難說。大白蟻遇上了如何取得植物殘骸中能量的問題，於是在專門建造的生產設施中栽培大量的白腐菌，已有三千萬年的歷史。大白蟻和蟻傘共存太久了，少了對方，雙方都無法存活。真菌製造是否能帶領人類進入互相依賴的共生狀態，一切還有待觀察，不過現在已經看得出，一場全球危機又一次逐漸變成真菌的機會。話說回來，人類的廢棄物流正在從真菌胃口的角度重新被想像。有些趨勢像風潮。我開始沉思，真菌潮是什麼意思。

讓真菌拯救世界Ⅱ

保羅．史塔麥茲大概是最了解真菌潮的人。我時常納悶，他是不是感染上了真菌，所以滿腔的真菌學熱血——而且有一股無法遏抑的衝動想說服人類：真菌渴望以嶄新特別的方式和我們成為夥伴。我前往他位於加拿大西岸的家裡拜訪。那間房子坐落在一座花崗岩懸崖上，眺望大海。屋頂架在梁木上，那些梁木很像菌褶。史塔麥茲從十二歲起就是《星際爭霸戰》（*Star Trek*）的粉絲，把他的房子取名為星艦「藥用擬層孔菌號」（Agarikon）；這種真菌的學名是 *Laricifomes officinalis*，是一種藥用木材腐朽菌，生長在太平洋西北的森林中。

我十多歲就認識史塔麥茲了，他做的許多事都啟發了我對真菌的興趣。每次見到他，就會聽到一堆激動的真菌消息。幾分鐘內，他的真菌學行話愈說愈快，在論壇之間切換的速度幾乎比說話更快，是一股連珠炮般的真菌熱情。在史塔麥茲的世界裡，真菌的解答如脫韁之馬。給他一個無法解決的問題，他會丟還給你真菌可以分解、毒害或治療的新辦法。史塔麥茲大部分時候都戴一頂木蹄層孔菌做的帽子——這種類似毛氈的材質是由木蹄層孔菌的子實體產生（Fomes fomentarius，也屬於白腐菌）。這東西大有來頭。人類用木蹄層孔菌當火種，已經數千年了——冰人的遺體有五千年的歷史，保存在冰川的冰裡，他身上就帶著木蹄層孔菌。木蹄層孔菌是（熱力）燃燒的工具，也是人類基進真菌學目前已知最古老的例子。

我造訪前不久，《星際爭霸戰：發現號》（*Star Trek: Discovery*）影集背後的創意團隊聯絡了史塔麥茲；他們想更了解他的研究。他同意替他們摘要報告，告訴他們怎麼利用真菌拯救世界。果不其然，隔年首映的《星際爭霸戰：發現號》中，充斥著真菌的主題。片中加入了一個新角色——傑出的太空真菌學家保羅．史塔麥茲上尉，他用真菌發展出強大的科技，在對抗一系列終極威脅時，可以用來拯救人類。《星際爭霸戰》團隊得到許多授權，不過幾乎用不到。史塔麥茲（虛構的那個）和他的團隊利用星系際菌絲體網絡（無數的路徑，通往所有地方），想出如何在「菌絲體象限」中旅行的辦法，而且速度超越光速。史塔麥茲首度沉浸在菌絲體中之後，甦醒過來，感到茫然，而且人變了。「我花了一輩子試圖了解菌絲體的本質。我成功了。我看到了網絡。是我不曾夢想會存在的一整個宇宙的可能性。」

（現實中的）史塔麥茲希望藉著和《星際爭霸戰》團隊合作而提出的一個問題，是真菌學受到忽視。藝術模仿生命，生命也模仿藝術。虛構的太空真菌學英雄或許能藉著啟發新一代年輕人對真菌的興趣，進而塑造真菌知識的非虛構未來。就（現實中的）史塔麥茲而言，人們對真菌的興趣高漲，可以推動真菌科技的發展，進而「幫忙拯救危難中的星球」。

我造訪星艦藥用擬層孔菌號的時候，發現史塔麥茲坐在甲板上，玩弄著一只玻璃罐和一只藍色的塑膠碟子。那是他發明的蜜蜂餵食器原型。玻璃罐會把摻有真菌萃取物的糖水滴到碟子裡，而蜜蜂會爬過一道滑梯，來到碟子。這是他最新的嘗試；也是蕈類幫忙拯救世界的第七種辦法。即使以史塔麥茲的標準來看，這個計畫仍是天下大事。夙負盛名的期刊《自然科學報告》（*Nature Scientific Reports*）接受了他投稿的最新研究，共同作者是華盛頓州立大學蜂類實驗室的昆蟲學家。史塔麥茲和他的團隊證實，某些白腐菌的萃取物可以大幅降低蜂類的死亡率。

全球農產品產量約有三分之一仰賴動物授粉，尤其是蜜蜂，而蜂類數量驟減，對人類是個急迫的威脅。一些因素導致了蜂群衰竭失調症。其中一個因素是殺蟲劑廣為使用。另一個因素是棲地消失。不過最大的隱患是蜂蟹蟎（*Varroa destructor*），種名 *destructor* 有破壞者之意，名副其實。

蜂蟹蟎是寄生蟲，會從蜂類身上吸取體液，也是一些致命病毒的載體[41]。

木材腐朽菌含有豐富的抗病毒化合物，其中許多自古就用作藥物（尤其在中國）。九一一事件後，史塔麥茲和美國國家衛生研究院（National Institutes of Health）與國防部合作生物防禦計畫（Project BioShield），尋找化學物質，對抗生物恐怖分子釋放的病毒風暴。計畫中測試了數千種化合物，其中有些史塔麥茲從根腐菌中萃取出的化合物，對抗一些致命病毒的活性最強，包括天花、疱疹和流行性感冒。史塔麥茲生產這些萃取物供人食用已經幾年了——主要是這些產品，讓完美真菌公司成為身價數百萬美元的事業。不過用來治療蜂類，是比較近期的靈感[42]。

真菌萃取物對蜂類病毒感染的效應非常明確。把濃度百分之一的層孔菌（*Fomes*）和靈芝（*Ganoderma*，在生態創新公司用於生產材料的種類）萃取物，加入蜂類的糖水，可以讓畸翅病毒減少八倍。層孔菌萃取物能讓西奈湖病毒的濃度下降將近九十倍，而靈芝萃取物能降低四萬五千倍。史蒂夫·謝帕德（Steve Sheppard）是華盛頓州立大學的昆蟲學教授，也是史塔麥茲研究的一位合作者，他說他不曾遇過別的物質能讓蜜蜂的壽命延長到這種程度[43]。

史塔麥茲告訴我，他是怎麼想出這個主意的。當時他正在做白日夢。突然間，幾條不同的思緒匯聚，像「閃電一樣」打中了他。如果真菌萃取物有抗病毒的特性，或許有助於減少蜂類的病毒量——而且史塔麥茲其實記得一九八〇年代晚期，他曾看著他蜂巢裡的蜂造訪他花園裡一堆腐朽的碎木頭，把碎木頭搬到一旁，吃下面的菌絲體。「我的天啊。」史塔麥茲清醒過來。「我想我知道該怎麼拯救蜂類了。」即使對於花了幾十年憑空想像用真菌解決棘手問題的人而言，這也是個重大時刻。

不難看出《星際爭霸戰》為什麼要師法史塔麥茲。史塔麥茲的敘事風格根本就出自美國的賣座強片。他的許多敘述中都有真菌英雄，準備拯救這個星球免於幾乎難逃一劫的毀滅。**規模前所未有的病毒風暴威脅著全球食物安全。攜帶病毒的寄生蟲成為關鍵授粉者的巨大威脅，準備引發全球飢荒。世界的未來要仰賴平衡。不過，且慢。難道那是……？沒錯。真菌再度現身，在它們的人類同伴史塔麥茲的幫助下，前來相救。**

木材腐朽菌產生的抗病毒化合物真的能拯救蜂類嗎？史塔麥茲的發現很有希望，但是長期來看，真菌萃取物能不能減少蜂群衰竭，目前還無法判斷。蜂類面臨各式各樣的問題，病毒只是其中之一。真菌抗病毒劑在其他國家和情境下能不能表現得一樣好，還是未知。更重要的是，為了拯救蜂類族群，史塔麥茲的解決辦法必須廣泛採行，他希望能號召數百萬公民科學家來達成這個成就。

＊＊＊

我前往華盛頓州的奧林匹克半島（Olympic Peninsula），去拜訪史塔麥茲的生產設施。總部位在人跡罕至的地方，是一群像大型機棚的棚屋，周圍是樹林。史塔麥茲就是在這裡培養、萃取真菌，用於研究。不久之後，這裡的產量就會提升，讓產品上市，供大眾使用。蜂類研究發表之後的幾個月，史塔麥茲收到了數萬份蜂菇餵食器（BeeMushroomed Feeder）的索取要求。由於供不應求，史塔麥茲計畫公開 3D 列印設計，希望其他人也開始生產。

我見過史塔麥茲的一位作業主任，他同意帶我參觀。那裡有嚴格的服裝規定——不能穿鞋，穿上實驗衣、網帽——也提供鬍罩。我們全副武裝，通過設計用來減少外面汙染空氣流入的特製雙扇門。

進入了結實房，那裡溫暖潮溼，空氣濃厚黏膩。一排排架子上擺著透明的塑膠培養袋，袋子緊緊縫合，其中的菌絲體有各式各樣驚奇的突出物，從閃亮栗色外殼的木質靈芝，到袋子裡滾出的猴頭菇，猴頭菇宛如精緻的奶油色珊瑚。在靈芝的結實室，充滿孢子的空氣厚重到我嘗得出潮溼柔和的苦味。才待兩分鐘，我的雙手就染成了卡布奇諾咖啡的褐色。

人類再次無所不用其極地把數噸的食物導入真菌網絡裡。而全球危機再度變成真菌的機會。就像鮑魚菇菌絲體停在一攤有毒廢棄物邊緣時面臨的挑戰，基進真菌學的解決辦法與其說是發明，不如說是回憶。鮑魚菇的基因組裡，很可能有酵素可以完成這個工作。或許鮑魚菇從前做過這種事。或許沒有，不過可以轉換用途，滿足新的目的。同樣的，生命史中，可能有一種真菌能力或真菌關係，能針對種種迫切問題，激發出老招新用的解決辦法。我想到蜂類的故事。史塔麥茲的頓悟時刻，是想起幾十年前見過的一件事——蜂類似乎會用真菌來治療自己。用真菌治療蜂類的概念，不是史塔麥茲發現的。我們推測，蜂和病毒在共同的歷史中，曾經在一個潮溼的角落起了生化上的爭執。在史塔麥茲夢中世界的心理靈性堆肥堆深處，把一個古老的基進真菌學答案代謝出了新樣貌。

我走進栽培室，裡頭放滿三公尺高的層架。這裡是菌圃，數以千計的袋子裡裝著柔軟毛茸的塊狀菌絲體，擠滿了這個空間。有些是白色的，有些米色，有些粉橘。我覺得如果過濾空氣的風扇停止運轉，我可能聽到數百萬哩長的菌絲體劈啪鑽過食物的聲音。收成時，一袋袋菌絲體在裝滿酒精的大桶裡萃取，產生蜂類的解藥。這和許許多多的基進真菌學答案一樣，還不確定；只是怯生生地初步嘗試確保雙方生存的可能性，是剛要起步的共生。

第八章

走進真菌的微宇宙

重要的是哪些故事中訴說了故事，哪些概念思考概念……哪些系統會讓系統變得系統化[1]。

——唐娜・哈洛威（Donna Haraway）

和人類歷史最密不可分的真菌是酵母菌。酵母菌住在我們皮膚上、肺裡、腸胃道裡，而且布滿我們的孔洞。我們的身體經過演化，能調節酵母的族群；我們在演化史上，已經有些漫長的時期這麼做了。而且人類文化數千年來演化出複雜的方式，在我們軀殼的範圍之外，在罐子、桶子裡調控酵母的族群。時至今日，酵母菌名列細胞生物學和遺傳學最廣泛使用的模式生物——真核生物中，酵母菌的核膜最單純，而許多人類基因在酵母菌中有類似物。一九九六年，用在釀造和烘焙的啤酒酵母菌（*Saccharomyces cerevisiae*）成為基因組定序的第一種真核生物。二〇一〇年以來，諾貝爾生理或醫學獎超過四分之一頒發給了針對酵母菌的研究。不過直到十九世紀，才發現酵母是微生物[2]。

人類究竟是何時開始和酵母菌合作，仍然沒有確切答案。最早的明確證據可以追蹤到大約九千年前的中國，不過肯亞出土的十萬年前石器上，就曾發現極細小的澱粉粒。這些澱粉粒的形狀，顯示石器曾經用於處理非洲酒棕櫚（*Hyphaene petersiana*），這種植物至今仍然用於釀酒。任何含糖液體放置一天以上，都會自己開始發酵，所以人類釀酒的歷史很可能遠比這還要長[3]。

酵母菌監督糖變成酒精的過程；人類學家克勞德・李維史陀（Claude Lévi-Strauss）指出，酵母菌也監督人類史上最戲劇化的文化轉型——從狩獵採集者變成農業學家。他認為蜂蜜酒（蜂蜜發酵而成的飲料）是最早的酒精飲料，他並舉出中空樹幹的例子，來設想從「自然」發酵到文化「釀造」的轉變。如果蜂蜜是「自己」發酵的，酒就算自然的一部分；如果人類把蜂蜜放在人工挖空的樹幹裡發酵，就是文化的一部分（這個區別十分有趣；擴大來說，大白蟻和切葉蟻比人類早數千萬年達成了自然到文化之間的轉化[4]）。

李維史陀對蜂蜜酒的看法可能正確，也可能錯誤。不過，和現代啤酒酵母菌很類似的酵母菌，大約出現於山羊、綿羊馴化的時期。農業始於大約一萬二千年前（稱為新石器時代躍遷〔Neolithic transition〕），多少可以視為文化對酵母菌的反應。人類開始放棄游牧生活，安定下來建立靜態的社會，可能是為了麵包，也可能是為了啤酒（一九八〇年代起，啤酒先於麵包的假設在學者之間持續得到回響）。酵母菌不論用於麵包還是啤酒，都是人類早期農業的主要受益者。製作麵包和啤酒時，人類會先餵食酵母菌，然後再餵食自己。和農業有關的文化發展（從農田到城市、累積財富、儲存穀物、新疾病出現），構成我們和酵母共同的一部分歷史。你可能會說，從許多方面來看，是酵母菌馴養了我們[5]。

我的酵母菌實驗

我自己和酵母菌的關係，在大學時期經歷了一次轉變。我鄰居的男朋友常來家裡拜訪。他到了不久，廚房窗檯總會出現塑膠的大攪拌盆，裡頭盛滿液體，上面蓋著保鮮膜。他跟我說，那是酒。他有個朋友在法屬蓋亞那的監獄關過，他跟朋友學了釀酒。我深深著迷，不久就有了一堆自己的攪拌盆。原來超級簡單。幾乎所有的工作都由酵母菌完成。酵母菌喜歡溫暖，但不要太熱，在黑暗中最能開心地繁殖。把酵母菌加進溫糖水裡，就會開始發酵。少了氧氣，酵母菌會把糖轉換成酒精，釋放出二氧化碳。酵母菌沒有糖可用，或是被酒精毒死時，發酵就會停止。

我在一個攪拌盆裡裝滿蘋果汁，撒上幾茶匙的烘焙乾酵母，然後放在我臥室的暖氣旁。我看著一道道泡沫冒出，保鮮膜脹成一個泡泡。不時會外洩一點氣體，帶著的酒氣愈來愈重。三星期後，我再也耐不住好奇，於是帶著那個攪拌盆到一場派對，結果盆裡的東西沒幾分鐘就消失了。釀出的東西可以喝，只是有點甜，從效果看來，酒精濃度大約和烈啤酒差不多。

事情很快就愈演愈烈。兩年後，我有幾個大型的釀酒容器（包括一個五十公升的鍋子），開始用我在歷史文獻記載中找到的配方來釀飲料。其中有香料蜂蜜酒，出自一六六九年出版的《肯納姆・迪格比爵士的儲藏室》（*The Closet of Sir Kenelm Digby*），還有我從附近沼澤摘的歐洲楊梅做的中世紀「格魯特」（gruit）。不久之後，又釀了山楂酒、蕁麻啤酒，和詹姆士一世（James I）御醫威廉・巴特勒（William Butler）醫生在十七世紀記錄的一種藥用淡啤酒，據說是「倫敦瘟疫」、痲疹到「各種其他疾病」的療方。我房間的牆邊排滿一桶桶咕嚕作響的液體，我的衣櫃存滿瓶子[6]。

我用不同地方收集培養的酵母菌株來釀造同一種水果。有些濃郁可口，有些渾濁美味，也有些嘗起來像襪子或松節油。臭味和香氣之間有一條微妙的界線，不過這不重要。我藉著釀酒，接觸到這些真菌的隱祕世界，我很高興能嘗到蘋果皮上採到的酵母菌，和老圖書館書架上放一晚的糖水盤裡採集的酵母菌之間的差異。

酵母菌的轉化力量一向被人格化成神聖能量、靈體或神祇。但酵母菌怎麼逃得過這種對待呢？酒精和醺醉屬於最古老的魔法。無形的力量從水果中召喚出酒，從穀物中召喚出啤酒，從花蜜中召喚出蜂蜜酒。這些液體影響了我們的精神狀態，在許多方面融入了人類文化——從宴飲儀式和治國，到代替工資的物資。同樣從那麼久以前，酒就開始瓦解我們的感官，讓人發野、狂喜。酵母菌身兼人類社會秩序的創造者和破壞者。

古蘇美人崇拜發酵之神寧卡西（Ninkasi），他們留下的手寫啤酒配方，可以追溯到五千年前。在《埃及亡者之書》（*The Egyptian Book of the Dead*）裡，會向「麵包與啤酒的賜予者」祈禱。南美的奇奧蒂（Ch'orti）人認為，開始發酵是「好精靈誕生」。古希臘人則有戴奧尼索斯（Dionysus，酒神，也是釀酒、瘋狂、酒醉與一般栽培水果之神），是酒精塑造、腐化人類文化之力的化身[7]。

今日，酵母菌成為生物技術的工具，可以經過改造而產生胰島素到疫苗的種種藥物。外螺紋

（Bolt Threads）這間公司和生態創新公司合作產生菌絲體皮革；他們用基因工程處理酵母菌，讓酵母菌生產蜘蛛絲。研究者正在設法改造酵母菌的代謝作用，讓酵母菌從木本植物殘骸製造糖分，用於生質能源。一支團隊正在研究 Sc2.0，這是人類設計、從頭開始打造的人造酵母菌——是人工的生命形態，而工程師可以加以規畫，產生各種化合物。所有例子之中，酵母菌和其中的轉化力量模糊了自然與文化、自我組織的生物和被建造的機器之間的界線[8]。

我從我的實驗中，學到了釀造者的藝術包含了和培養的酵母菌進行巧妙的談判。發酵是馴化的分解作用——是發生在新地方的腐爛。成功的話，釀出的酒應該在界線正確的那一邊。不過並不能確定；真菌經常都是這樣。我可以靠著處理清潔、溫度和成分（這些都是可能發酵途徑上的重要限制），誘導發酵往正確的方向發展，不過不能有脅迫的成分。因此，結果總是出人意表。

許多歷史上的酒，喝起來很有意思。蜂蜜酒帶來歡笑；格魯特淡啤酒讓人變得多話；巴特勒醫生的淡啤酒有一種獨特金黃的厚重感；有些是裝瓶的混亂。不論效果如何，把歷史文獻中的酒釀出來，總是令我著迷。釀造的老配方，記錄了過去幾百年間，酵母菌是怎麼把自己銘刻在人類的生活與心靈中。這些書的所有書頁中，酵母菌是沉默的同伴，是人類文化的隱形參與者。說到底，這些配方是用來理解物質如何分解的故事；提醒了我，我們用怎樣的故事去理解世界，其實很重要。你聽到的穀物故事，決定了你最後會製作麵包還是啤酒。你聽到的牛奶故事，決定你最後得到的是優格還是乾酪。你聽到的蘋果故事，決定你最後會不會得到醬料或蘋果酒。

是分類系統還是價值判斷？

酵母菌是顯微生物，所以周圍很容易積起厚厚一層沉積物。會長出菇體的真菌，通常會以比較單純的方式理解。我們一直知道，蕈類或許美味，但也可能毒到你、治療你、餵飽你，或是讓你產生幻象。數百年來，東亞詩人寫出各種敘事詩來讚歎蕈類和蕈類的風味。十七世紀的日本俳句詩人山口素堂（Yamaguchi Sodo）寫道：「獵松茸之樂，在於尋尋覓覓間，覓而未果時（茸狩や見付けぬさきのおもしろさ）。」整體而言，歐洲作家比較半信半疑。大阿爾柏圖斯（Albertus Magnus）在他十三世紀的草藥論文《論植物》（*De Vegetabilibus*）中警告，「性喜潮溼」的蕈類可能「阻塞（食用它們的）動物頭裡的智能通道，導致瘋狂」。一五九七年，約翰·傑瑞德（John Gerard）警告他的讀者跟蕈類保持距離：「少數蕈類可以吃，大部分會讓食用的人窒息、扼死。因此，我建議喜愛那種古怪、新奇肉質的人，別舔荊棘叢裡的蜜，以免蜜太甜，抵過荊棘銳利扎人。」但人類從來不曾保持距離[9]。

一九五七年，高登·瓦森（他在一九五七年率先在《生活》雜誌推廣神奇蘑菇）和妻子瓦倫提娜（Valentina）發展出一個二元系統，把所有文化區分為「戀菇」（mycophilic）和「恐菇」（mycophobic）。瓦森夫婦推測，今日對蕈類的文化態度，是古代迷幻蕈類崇拜的「現代回響」。戀菇文化的祖先是蕈類崇拜者。恐菇文化的祖先則是覺得蕈類力量很邪惡的人。戀菇的態度可能使得山口素堂寫俳句讚頌松茸，或使泰倫斯·麥肯納宣揚大量食用裸蓋菇的益處。恐菇態度可能助長了道德恐慌，導致裸蓋菇被列為非法，或促使大阿爾柏圖斯和約翰．傑瑞德嚴正警告這些「新奇肉質」的危險。這兩種立場都承認了蕈類影響人類生活的威力，卻是以不同的方式來理解這種力量[10]。

我們總是硬把生物套進可議的類別中。這是我們理解生物的一種方式。十九世紀，細菌和真菌都被歸類為植物。今日，我們認同細菌和真菌各自屬於獨特的一個界，不過直到一九六〇年代中期，細菌和真菌才獨立出來。有記載的人類歷史中，對於真菌究竟是什麼通常很少有共識[11]。

亞里斯多德的學生泰奧弗拉斯托斯（Theophrastus）曾經寫過塊菌——但他只說得出塊菌不是什麼；他描述塊菌沒有根、沒有莖、沒有芽、沒有葉、沒有花、沒有果實，沒有樹皮、沒有髓、沒有纖維，也沒有葉脈。其他經典作家認為，蕈類是閃電下自然產生之物。對其他人來說，蕈類是大地的副產物，或是「贅生物」。十八世紀瑞典生物學家卡爾．林奈（Carl Linnaeus）發展出現代分類系統，他在一七五一年寫道：「**真菌**目依然**混亂**，真是一大醜事，任何植物學家都不知道怎樣算是**種**、怎樣算是**品種**。[12]」

時至今日，真菌在我們為真菌建立的分類系統裡到處遊走。林奈分類系統是為動、植物設計的，不容易處理真菌、地衣或細菌。一種真菌的各種生長形態之間，可能毫無相似之處。許多種真菌沒有明確的特徵可以界定身分。多虧基因定序的進展，才能把真菌分成有相同演化史的群，而不是依據生理特徵分類的群。然而，依據遺傳資料來判斷物種之間的界線，雖然能解決一些問題，卻又引發其他問題。一株真菌「個體」的菌絲體之中，可能存在多個基因組。從一撮灰塵萃取出的DNA裡，可能有數以萬計的獨特遺傳標記，但無從對應已知的真菌群。二〇一三年，真菌學家尼可拉斯・曼尼（Nicholas Money）甚至在一篇名為〈真菌命名之異議〉（Against the naming of fungi）的論文中指出，真菌應當完全摒棄「種」的概念[13]。

分類系統只是人類理解世界的一種方式，另一種方式是徹底的價值判斷。查爾斯・達爾文的孫女葛溫・哈維哈（Gwen Raverat）便描述了她姑姑伊蒂（Etty，達爾文之女）有多麼厭惡白鬼筆（*Phallus impudicus*）。鬼筆因為形似陰莖而惡名昭彰，而且會產生刺鼻的黏液，吸引蠅類來幫忙散播孢子。一九五二年，哈維哈回憶道：

> 我們當地的林子裡長了一種毒菇，俗名叫「臭角」（stinkhorn，不過拉丁文的名字更粗俗）。這名字名副其實，因為這種真菌靠氣味就可以找到，而這是伊蒂姑姑的偉大發明——伊蒂會提著一只籃子和一根削尖的樹枝，穿戴特殊的狩獵斗篷和手套，在林子裡嗅來嗅去，東停西停，嗅到一絲獵物的氣息，就鼻翼抽動。然後，她致命地出擊，襲向受害者，把他腐臭的屍體戳進她的籃子裡。一天娛樂結束，帶回獵物，在上鎖的客廳爐火上神不知鬼不覺地燒掉——這是出於淑女的道德感[14]。

這是聖戰，還是某種迷戀？究竟是恐菇，還是祕而不宣的戀菇？其中的差異有時沒那麼容易區別。以厭惡鬼筆的人而言，伊蒂姑姑花了比一般人更多的時間找出鬼筆。在她的「娛樂」中，她絕對扮演了散播鬼筆孢子的角色，比再多的蠅類都來得出色。蠅類大概難以抗拒那種討厭的氣味，結果伊蒂姑姑顯然也難以抗拒——只是她受到的吸引，先經過了反感的折射。她受到恐懼驅策，把鬼筆包裝在維多利亞時代的道德感中，成為真菌大業的熱情新兵。

我們試圖了解真菌的方式，既讓我們理解真菌，也反映了我們自身。黃斑蘑菇（*Agaricus xanthodermus*）在大部分的野外指南裡，都被標為有毒。不過一位熱衷的蕈類採集者曾經告訴我，他龐大的真菌圖書館裡有一本古老的指南，把這種菇標為「煎食，美味」，只是作者事後補充，這種菇「可能使身體弱的人輕微昏迷」。你如何理解黃斑蘑菇，取決於你的體魄。雖然對大部分人有毒，但還是有人吃了沒害處。描述黃斑蘑菇的方式，取決於描述者的生理狀態[15]。

是合作還是競爭？

這樣的偏誤，在討論共生關係時特別明顯。自從十九世紀末創造出共生這個詞，就是以人類的角度來理解共生。用來理解地衣和菌根菌的類比，可見一斑。主與奴，欺騙與被騙，人類與馴化的生物，男與女，國家之間的外交關係……象徵與時俱變，然而試圖用人類分類來包裝非人關係的做法延續至今。

揚．薩普（Jan Sapp）曾為我解釋，共生的概念有如稜鏡，我們自己的社會價值時常透過這稜鏡而色散。薩普說話很快，很擅長抓出諷刺的細節。他的專長是共生的歷史。他和生物學家共事了幾十年（在實驗室、研討會、論壇和叢林裡），他們為了生物如何彼此互動的問題而爭論不休。薩普是琳·馬古利斯和約書亞·賴德堡的好友，他親眼看著現代的微生物學「成了氣候」。共生的政治學總是令人擔憂。自然的本質是競爭還是合作？這問題會造成不小的影響。對許多人來說，這改變了我們了解自己的方式。這些問題仍然很容易引發概念和意識形態的爭議，似乎情有可原[16]。

從十九世紀末的演化理論發展以來，美國和西歐的主流敘事是衝突與競爭，這反映了工業資本主義體制中人類社會發展的觀點。按薩普所說，生物為雙方的利益而彼此合作的例子，「在生物學的上流社會裡，仍然很邊緣」。互利關係（例如產生地衣的那種關係，或植物和菌根菌的關係）是這法則的古怪例外——甚至不認同這種關係存在[17]。

這觀點的反對者不大能用東方與西方來區分。儘管如此，演化中的互助、合作概念，在俄國的演化圈還是比西歐更受重視。對於狗咬狗版本的「自然，染紅了尖牙利爪」，最強烈的反駁來自俄國無政府主義者彼得·克魯泡特金（Peter Kropotkin）一九〇二年的暢銷著作——《互助：一個演化因素》（*Mutual Aid: A Factor of Evolution*）。在這本書中，克魯泡特金強調「社會性」（sociability）和掙扎求生一樣，是自然的一部分。根據克魯泡特金對自然的解讀，他提倡一個明確的訊息：「別競爭！」「要互助！要讓個人和全體最安全，這是最保險的辦法，最能保證身體、智性和道德能續存、進步。[18]」

二十世紀大部分時期，共生互動的討論仍然充斥著政治張力。薩普指出，冷戰使得生物學家更認真看待整個世界共存的問題。一九六三年，古巴飛彈危機讓全球陷入核戰危機的六個月後，在倫敦舉辦了第一屆國際共生研討會。這並不是巧合。研討會論文集的編輯評論道，「全球事務迫切的共存問題，影響了委員會今年選擇的論壇題目[19]。」

科學界早已知道，象徵有助於引發新的思考方式。生化學家李約瑟（Joseph Needham）把工作類比描述為「協調之網」，可以用於整理原本雜亂的資訊，很像雕塑家利用鐵絲支架，替溼黏土提供支撐。演化生物學家理察．路翁亭（Richard Lewontin）指出，若是不用比喻，不可能「做科學」，因為幾乎「現代科學整體，都在試圖解釋人類無法直接經驗的現象」。而比喻和類比則充滿人類的故事與價值觀，所以討論科學概念絕對少不了文化偏見，即使這段討論也不例外[20]。

今日，共享菌根網絡的研究，是最常背負政治包袱的領域。有些人把這些系統描繪為社會主義的一種形式，森林的財富藉著這些系統而重新分配。有些人從哺乳類的家庭結構和親代撫育得到靈感，認為小樹藉著真菌連結到較老、較大的「母樹」，而受到滋養。有些人用「生物市場」來形容網絡，在生物市場中，植物和真菌被描繪成理性的經濟人（economic individual），在生態的證券交易場內交易，參與「制裁」、「策略貿易投資」和「市場收益」[21]。

全林資訊網也是很擬人化的詞彙。人類不只是唯一能建造機器的生物，不過網際網路和全球資訊網更是今日現存最公然政治化的技術之一。利用機器的比喻來了解其他生物而產生的問題，可能不下於從人類社會生活借用概念。其實生物會生長；機器卻是被建造而成。生物不斷重塑自己；機器則是由人類維護。生物會自我組織；機器則是由人類來組織。機器的比喻是一系列的故事和工具，促成了無數的重大發現。但機器並不是科學真相，要是比其他所有種類的故事更優先考量，會使我們陷入麻煩。如果我們把生物視為機器，我們更可能把生物當成機器來對待[22]。

靠著後見之明，我們才知道哪些比喻最有幫助。十九世紀末，時常把所有真菌一併塞進「病原體」或「寄生生物」的類別；今日再試圖這樣，只會顯得荒謬。然而在亞伯特．法蘭克因為地衣而創造**共生**這個詞之前，沒有其他方式描述不同類生物之間的關係。近年，共生關係相關的敘事變得更細緻了。托比．斯普利比爾（就是發現地衣含有超過兩種參與者的研究者）強調，地衣必須當作系統來理解。我們一向認為地衣是固定合作關係的產物，但似乎不然。地衣其實出自一些不同參與者之間各種可能的關係。對斯普利比爾來說，支撐地衣的關係反而成了疑問，而不是事先知道的答案。

同樣的，我們不再認定植物和菌根菌的行為是互惠或寄生。即使是單一菌根菌和單一植物間的關係中，施與受也是不斷變換。研究者不再採用嚴格的二分法，而是描述一個互惠到寄生之間的光譜。共享菌根網絡有利於合作，也有利於競爭。養分可以藉著真菌連結而在土壤中移動，但毒物也能。敘事的可能性更豐富了。我們必須改變觀點，在不確定性中尋求安慰（或只是忍受）。

儘管如此，有些人仍然喜歡把爭論政治化。薩普好笑地轉述道，某位生物學家「說我是生物學左派，而他自己是生物學右派」。當時他們在討論生物個體的概念。薩普認為，微生物學的發展使我們很難定義個體生物的界線。詆毀薩普的人，把自己歸類為生物學右派，對他們而言，必定存在明確的個體。現代資本主義思想立基於理性個體為了自身利益而行動的概念。少了個體，一切都會分崩離析。以薩普的角度來看，他的論點暗藏著對集體的熱愛，以及隱含的社會主義者傾向。薩普大笑。「有些人只是喜歡做出人工的二分法[23]。」

研究共生互動

《編織聖草》（*Braiding Sweetgrass*）中，生物學家羅賓．沃爾．基默爾寫到美國原住民波塔瓦托米人（Potawotomi）的語言裡有個詞，**普波威**（puhpowee）。**普波威**的意思是「使蕈類一夜間從土裡竄出的力量」。基默爾回憶道，她後來得知「**普波威**不只用於蕈類，也用於另外某種在夜裡立起的棍狀物」。用形容人類男性性興奮的語彙，來描述蕈類冒出頭這種事，算是擬人化嗎？或者該說，用形容蕈類生長的語彙來描述人類男性性興奮，是擬菇化？這個箭頭究竟指向哪一方？如果說植物「學習」、「決定」、「溝通」或是「記憶」，這是把植物人性化，還是把一系列的人類概念給植物性化？人類概念套用在植物上，可能產生新的意義；就像植物的概念套用在人類身上時，可能產生新的意義——像是綻放、盛開、健壯、根柢、長青、基進[24]……

人類學家娜塔莎．邁爾斯引用內捲化這個詞，描述生物彼此建立關係的傾向。她指出，查爾斯．達爾文似乎很樂於把自己植物化，進行「擬植物化」（phytomorphism）。達爾文在一八六二年寫到蘭花：「這瓢唇蘭天線的位置可以類比成一個男人的左手臂舉起彎曲，讓手立在他的胸前，右手臂向下橫過身軀，手指凸出於他的身體左側。[25]」

達爾文是把花變得人性化，還是他被花變得植物性化了？他用人類用語來形容植物特徵，這是擬人化的明確跡象。但他也以花的方式重新想像男性身體（包括他自己的身體），表示他願意以花朵自己的方式來探索花朵的解剖學。這是老話了。要理解某件事物，自己身上很難不沾染到一些。有時候這是刻意的結果。比方說，基進真菌學是一個缺乏明確結構的組織。這並非偶然。基進真菌學的創立者彼得．麥考伊指出，真菌能改變我們思考、想像的方式。樹木隨處可見，從我們描述系譜學和關係（不論是人類、生物學或語系）、計算機科學的樹狀資料結構，到神經系統的「樹突」（dendrite，字源是希臘文 *dendron*，也就是樹）。那麼菌絲體為何不能這樣？基進真菌學組織正是用菌絲體去中心化的邏輯來組織自己。區域網絡和較大的運動之間，有著鬆散的關聯。基進真菌學組織的網絡，週期性地合併為一個子實體，例如我在奧勒岡州參加的基進真菌學年會。如果我們眼中「典型」的生命形態是真菌（而不是動、植物），我們的社會和體制會有多大的不同[26]？

有時候，我們會不自覺地模仿這世界。狗主人常常像他們養的狗；生物學家的行為逐漸像他們的研究主題。自從法蘭克在十九世紀末造出「共生」這個詞以來，研究生物間這種關係的學者就受到誘使，建立不尋常的跨領域合作。薩普向我指出，不願大膽越過體制界線，多少導致幾乎整個二十世紀都忽視共生關係。科學愈來愈專業化的同時，領域之間的鴻溝隔開了遺傳學家和胚胎學家、植物學家和動物學家、微生物學家和生理學家。

然而共生互動跨越物種的界線；研究共生互動，就必須跨越領域之間的界線。這種情形至今仍不見改善。二〇一八年菌根生物學國際研討會的一份記錄開頭這麼寫道：「為了共同利益而共享資源：領域之間的對話強化了我們對菌根共生的理解……」研究菌根菌，需要真菌學家和植物學家之間建立學術的共生。研究生長在真菌菌絲中的細菌，需要真菌學家和細菌學家之間的共生交互作用[27]。

我從來沒像我調查真菌的時候，表現得那麼像真菌，迅速進入以交換人情和資料為基礎的學術互利共生狀態。我在巴拿馬表現得像菌根菌絲體的生長尖，一連幾天手肘以下都埋在紅泥裡。我焦急地讓幾個大型冰櫃的樣本通過海關、X光檢查和緝毒犬檢查，運到其他國家。我在德國透過顯微鏡觀察，在瑞典沉浸於真菌的酯質組成，在英國萃取、排序真菌的DNA。我把劍橋一臺機器擠出的幾Gb資料傳到瑞典去處理，然後傳給美國和比利時的合作者。如果我移動時在後面留下一道蹤跡，應該可以追溯到一個複雜的網絡，加上資訊和資源的雙向移動。我在瑞典與德國的合作者就像植物，和我建立關係，而有更大量的泥土可以取用。他們無法親自跑去熱帶，所以我拓展了他們的可及範圍。而我就像真菌一樣得到回報，取得原本無法得到的資金和技術。我在巴拿馬的研究者，因為我英國同事的技術專長和補助而受益。同樣的，我的英國同事因為我巴拿馬合作者的補助和專長而受益。要研究一個彈性網絡，就必須建立一個彈性網絡。這主題反覆出現——你注視網絡，網絡就會開始回望你。

醉猴子假說

法國理論家吉爾・德勒茲（Gilles Deleuze）寫道，「酒醉是植物在我們體內歡欣鼓舞的爆發。」其實也是真菌在我們體內歡欣鼓舞的爆發。醺醉能讓我們在真菌世界中重新發現一部分的自己嗎？有辦法鬆動我們對人性的掌握，或在我們的人性中找到一些其他東西、一些真菌化的東西，因而了解真菌嗎？這些東西可能是我們從前和真菌關係更緊密時，殘存的那麼點碎片。或是我們和這些奇妙生物共處的漫長、糾葛歷史中學到的某些事[28]。

大約一千萬年前，我們體內用來解毒酒精的酵素（乙醇脫氫酶〔alcohol dehydrogenase〕，又稱ＡＤＨ４）經過一次突變，效力比原來高了四十倍。突變發生於我們和大猩猩、黑猩猩、巴諾布猿共有的最後祖先。少了改良過的ＡＤＨ４，即使少量的酒精也有毒。有了改良過的ＡＤＨ４，就能安全攝取酒精，當成人體的能量來源。早在我們祖先演化成人類的很久以前、我們為了在文化和心靈上理解酒精以及產生酒精的酵母菌而發展出故事的很久以前，我們就發展出酵素，在代謝上理解了它們[29]。

代謝酒精的能力，為什麼產生在人類發展出發酵技術前的好幾百萬年前？研究者指出，ＡＤＨ４升級，發生於我們靈長類祖先減少花在樹上的時間，適應地面生活的時候。他們推測，代謝酒精的能力對靈長類在林地上討生活的能力扮演了關鍵角色，開啟了一個新的食性棲位，能吃樹下掉落的過熟、發酵水果。

ＡＤＨ４突變支持「醉猴子假說」；這假說由生物學家羅勃特．達德利（Robert Dudley）提出，用來解釋人類喜愛酒精的淵源。從這樣看來，人類受酒精吸引，是因為我們的靈長類祖先也受酒精吸引。酵母菌產生的酒精氣味是可靠的線索，可以藉著這氣味找到在地面腐爛的成熟水果。我們人類受酒精吸引，以及看顧發酵和醉酒的一整個生態系的男神女神，都是遠較為古老的吸引力遺跡[30]。

受酒精吸引的動物不只有靈長類。馬來西亞樹鼩（有著毛茸茸尾巴的小動物）會爬到巴登棕櫚上，喝發酵的花蜜，牠們喝下的份量按體重比例換算，會讓人類醉倒。酵母菌產生的酒精蒸氣把樹鼩吸引向棕櫚花。巴登棕櫚靠著樹鼩幫忙授粉，花芽發展出特化的發酵器——這樣的構造裡藏有酵母菌菌落，促使花蜜迅速發酵，甚至會產生氣泡和泡沫。至於樹鼩，牠們演化出一種非凡的能力來解酒精的毒，似乎沒有任何酒醉的負面影響[31]。

ＡＤＨ４突變，幫我們的靈長類祖先從酒精得到能量。醉猴子假說有個轉折——人類繼續想辦法從酒精中得到能量，不過我們是把酒精當生質燃料加入內燃機燃燒，而不是當作我們體內的代謝燃料。美國的玉米和巴西的甘蔗，每年生產出數十億加侖的酒精生質燃料。美國用來種植玉米的土地面積比英格蘭還大，玉米經過處理，餵給酵母菌。以土地覆蓋的比例來看，巴西、馬來西亞和印尼草原轉換成生質燃料作物的速率，相當於森林除伐的速率。生質燃料熱潮的生態後果十分深遠。需要大量的政府補貼；草原變為農地，會把大量的碳釋放到空氣中；大量的肥料逕流到河川溪流中，形成墨西哥灣的死亡海域。酵母菌和它們產生的酒精那種亦正亦邪的能力，參與了人類的農業轉型[32]。

＊＊＊

我受到醉猴子假說啟發，決定發酵一些過熟的水果。這樣才能讓敘事完整，修正我對這世界的認知，在受影響的狀態下做出決定，並且因而醺醉。喝醉酒或許是真菌在我們體內爆發；而這會是真菌故事的爆發。故事改變我們的感知是多麼尋常的事，而我們多常視而不見。

劍橋植物園的迷人主任帶我參觀時，我腦中浮現這個想法。在主任的陪伴下，即使最不起眼的灌木，也散發出一陣陣的故事。有棵植物很醒目——是入口旁的一大棵蘋果樹。聽說那棵蘋果樹是從艾薩克．牛頓（Isaac Newton）家族伍爾索普莊園（Woolsthorpe Manor）園子裡一棵四百歲的蘋果樹扦插而來。那裡只長著那棵蘋果樹，而且歲數夠大，因此牛頓發展出他的萬有引力理論時，那棵樹應該也在那裡。如果有哪棵樹掉了一粒蘋果，啟發了牛頓，想必就是那一棵。

主任提醒我們，我們面前這棵樹是扦插長成的，所以是那棵名樹的複製品。這棵樹和掉蘋果啟發牛頓的那棵樹，可以說是同一棵樹（至少以遺傳來看）。應該說，前提是確有其事。主任急忙向我們保證，由於蘋果故事沒有確切的根據，蘋果不大可能真的和引力理論有任何關係。儘管如此，那仍然最可能是沒掉蘋果而啟發引力理論的那棵樹。

而這棵樹並不是唯一的複製品。主任告訴我們，另外還有兩棵——一棵在三一學院前，牛頓煉金實驗室的原址；另一棵在數學系外（後來發現還有更多棵——其中一棵在麻省理工學院的總統園）。這迷思強烈到足以讓三個學術委員會（以行事謹慎、搖擺不定聞名）決定在城裡各種好位置種下那棵樹。在此同時，官方的立場仍然不變——牛頓蘋果的故事出處不詳，沒有確切根據。

以植物學的劇場而言，這樣沒好多少。一棵植物是否參與西方史上最重要的理論突破，既受到肯定，又受到否認。這種模稜兩可的態度中長出了實際的樹、結著實際的蘋果，落到地上，腐爛成刺鼻帶酒味的一團混亂。

牛頓蘋果的故事出處不詳，是因為牛頓本人不曾親筆描述。然而，牛頓當代的人記錄了這故事的幾個版本。最詳細的描述出自威廉·史托克利（William Stukeley），他是皇家學會的年輕會員，也是古物研究者，今日最知名的是他對不列顛巨石陣的研究。史托利克回憶道，一七二六年，他和牛頓在倫敦一起用餐：

> 午餐後，天氣溫暖，我們去園子裡，在某棵蘋果樹的樹蔭下喝茶；只有我和他……談話間他告訴我，他之前想到引力的概念時，正是在同樣的狀況下。他暗自思索，為何蘋果總是垂直落地；他坐著沉思時，因為一棵蘋果落下而想到這個問題。為何蘋果不會往旁邊掉，或是往上掉，而總是落向地心？原因當然是因為地球會吸引蘋果。想必有一種吸引力在運作[33]。

牛頓蘋果故事的現代版本就是有關於牛頓說了什麼的故事。所以那棵樹才會擁有豐富的敘事。不論真假，故事都無從求證。學術界面對這窘境的反應，像在說這故事既假又真。故事在傳說的邊緣徘徊。那些樹肩負著不可思議的敘事，體現了非人生物如何將我們領域之間的縫線拉扯到幾乎破裂。是否有一粒蘋果啟發了牛頓，讓他推導出引力理論，早就不重要了。蘋果樹長呀長；故事不斷壯大。

我禮貌地詢問主任，我能不能撿那棵樹的蘋果，我沒想到這可能是問題。我們之前聽說，那些蘋果（屬於很罕見的品種，肯特郡之花〔Flower of Kent〕）出名地難吃。主任解釋道，這和酸苦味的獨特組合有關，有人把這樣的組合比作牛頓晚年的脾氣。沒想到我被斷然拒絕，我問他為什麼。主任抱歉地承認：「要讓遊客看著這些蘋果落到地上，讓這迷思多點真實感。」

到底是誰在跟誰開玩笑？怎麼能有那麼多可敬的人士對一個故事那麼著迷、受到安慰、約束、陶醉其中，因此盲目呢？話說回來，這也是情有可原。說故事，是為了修飾我們對世界的感知，所以故事很少不對我們做出那些事。然而很少遇到那麼清清楚楚的荒唐場面，毫不遮掩地迫使植物替我們扮演小丑。我撿起一粒已經落下、正在分解的蘋果，聞一聞酒味，決定這就是我的腐爛水果。

問題是，我沒辦法把蘋果榨成汁。我上網去查，讀到劍橋郊區一個社區受到蘋果問題危害的事。居民的蘋果樹枝條伸到路上方，蘋果落在馬路上。當地的青少年把蘋果當飛彈，砸破了窗戶，砸凹了汽車。一個居民協會靈機一動，發揮政治手腕，提供社區蘋果榨汁機來解決問題、減少浪費。結果似乎奏效了。社區暴力被榨成了汁。而蘋果汁發酵成蘋果酒，喝下蘋果酒，匯聚了社區精神。沒有違背原則。真菌消解了人類危機。人類又用了另一種方式組織自己，用廢料滿足真菌的胃口。而真菌的代謝作用則回報人類的生活和文化。啤酒、盤尼西林、裸蓋菇鹼、LSD、生質燃料……這樣的事發生過多少次了？

我聯絡了榨汁器的保管機構，想要借用。結果榨汁機很熱門，必須直接在借用者之間轉手。機構請我聯繫一位當地的教區牧師，對方兩天後，開著一輛破破爛爛的富豪汽車帶著榨汁機過來。有個模樣恐怖的齒輪把蘋果壓成果泥，一大根螺絲用來加壓，還有個出水口讓果汁流出來。

我和一個朋友趁夜背著登山大背包去採牛頓的蘋果。我們為了迷思著想，在樹上留了些蘋果，不過說來遺憾，我們把大部分的都摘走了。後來發現，我們在「偷提」——這是英國西郡的方言，原本是指收集風吹落的落果，之後用來指未經同意採果實。差別是，在西郡，蘋果等於蘋果酒，而蘋果酒有價值——地主會把每日一份蘋果酒當作工人一部分的薪資，這是酵母菌用代謝作用回饋讓它們棲身的農業系統。不過牛頓樹下的蘋果等於混亂，也等於園丁的麻煩。榨汁機發揮了妙用。廢物壓成了果汁，果汁發酵成蘋果酒。這是雙贏。

榨蘋果很辛苦，需要二、三人穩住榨汁機，一個人壓下把手。在壓爛蘋果的當兒，還有兩人負責洗、切。就這樣形成了生產線。房裡充滿壓爛的蘋果那種刺激、黴黴的味道。到處都有蘋果，狀況各異。我們頭髮裡有蘋果泥，衣服溼透了。地毯又溼又黏，牆上染了汙漬。那天最後，榨出了三十公升的蘋果汁。

發酵蘋果酒的時候，你會面臨一個選擇。要不是加進包裝販售的酵母菌種，要不就是什麼都不加，讓住在蘋果皮上的酵母菌扛起這項任務。不同的蘋果品種，表皮上有自己特有的酵母菌種，各以不同的速度發酵，按自己的喜好來保存、轉變蘋果風味中的不同要素。而這就像所有的發酵，有著微妙的界線。如果長出酵母雜菌或細菌，蘋果酒就壞了。包裝中單一培養品系的酵母菌製作的蘋果酒，比較不會走味腐敗，但就無法代表蘋果自己的酵母菌種。野生酵母菌無疑得負責這個工作。牛頓的蘋果上已經布滿了牛頓的酵母菌。我無從確定哪些酵母菌品系最後會主導釀造，不過人類歷史上幾乎都是這樣。

蘋果汁在大約兩星期後發酵，變成渾濁、刺鼻的液體，我裝了瓶。過了幾天，等內容物沉澱之後，我給自己倒了一杯。沒想到還滿好喝。蘋果的苦和酸轉變了。味道細緻而帶花香，不甜，有微微的氣泡。喝多了，給人喜悅和輕微欣快的感覺。倒是不像一些蘋果酒，喝完會心情灰暗。我也不覺得會變笨拙，不過酵母菌絕對讓我成了傻子——我為一個故事而陶醉、受安慰、約束、受感動，因此不省人事、憂心忡忡。我把那批蘋果酒取名為「引力」，我在酵母菌驚人的代謝作用影響下重重躺倒，感到天旋地轉。

後記　這堆堆肥

我們的手會像根一樣吸納，
所以我把手放在這世界美好的事物上[1]。
——亞西西的聖方濟各（Saint Francis of Assisi）

我小時候很愛秋天。高大的栗樹飄落樹葉，在園子裡聚成一攤攤。我把樹葉耙成一堆，小心照料，隨著一週週過去，逐漸加入新的一簍簍葉子。不久，那些落葉堆已經大到足以裝滿幾個浴缸了。我一次又一次從栗樹下層的枝條跳進落葉堆。掉進去之後，我扭來扭去，直到整個人都埋在落葉堆裡，埋在窸窸窣窣之中，沉醉在奇妙的氣味裡。

我父親鼓勵我勇往直前，浸淫在這個世界。他以前會讓我坐在他肩膀上，帶我到處走，讓我像蜜蜂一樣把臉埋在花裡。我們在植物間穿梭，想必替無數的花授了粉；我的臉頰染上黃、橙，臉擠得變形，變得更吻合花瓣形成的篷子。顏色、氣味和一團混亂，令我們倆開心極了。

我的落葉堆既是藏身處，也是讓我探索的世界。然而，一月月過去，落葉堆逐漸縮小。愈來愈難整個人埋在裡面。我著手調查，鑽進落葉堆最深處，挖出一把把潮溼的東西，那些東西愈來愈不像葉子，愈來愈像土。開始有蠕蟲出現了。是蠕蟲把土帶進落葉堆裡，還是把葉子帶進土裡？我一直不確定。我感覺那堆落葉正在沉沒，但如果是在沉沒，又是沉進哪裡？土壤有多深？是什麼讓這世界漂浮在這片土壤之海上？

我問父親，他給了我一個答案。我的回應是另一個「為什麼」。不論我問多少次「為什麼」，他總是有答案。這些「為什麼」的遊戲不斷繼續，直到我精疲力竭。我就是在這些瘋狂提問中，第一次知道分解這回事。我努力想像吃掉所有落葉的不可見生物，以及那樣的小東西怎麼會有那麼驚人的胃口。我埋在其中，努力想像它們會怎麼吞噬我的落葉堆。我為什麼沒料到呢？如果它們那麼飢餓，我埋在落葉堆裡，安安靜靜躺在那邊的時候，應該能當場逮住它們才對。它們總是逃開我的注意。

我父親提議做個實驗。我們切掉一個乾淨塑膠瓶的頂部，在瓶裡輪流加進一層層泥土、沙子、枯葉，最後是幾隻蚯蚓。接下來幾天，我看著蚯蚓在一層層之間蜿蜒鑽爬。蚯蚓攪拌、翻弄。一切都不會固定不動。沙子鑽進泥土裡，葉子鑽進沙子中。一層層之間明確的界線彼此交融。我父親解釋道，蟲子或許看得見，不過還有許多生物有類似的行為，只是你看不見。有細小的蠕蟲，還有比小蠕蟲還要小的生物，以及更小更小的生物，這些生物看起來不像蠕蟲，但是能像那些蠕蟲一樣，把一個東西混合、攪拌、溶到另一個東西之中。創作者創造音樂，這些則是分解者，拆解生命的片段。少了分解者，什麼都不會發生。

這概念十分有用。感覺好像讓我知道如何反過來，如何倒著思考。現在有箭頭同時指向兩個方向了。創作者製造；分解者拆解。除非分解者拆解東西，否則創作者就沒有材料可用。這想法改變了我理解世界的方式。而我對真菌的興趣就是出自這想法、出自我對分解者的著迷。

而這本書正是自我創造於這個疑問與癡迷的堆肥堆。疑問那麼多，答案那麼少——真是令人興奮。模稜兩可不再像從前那麼難耐；我現在比較容易抵抗誘惑，不再老是用確定來糾正不確定。我和研究者與愛好者對話時，發現自己成了不自覺的中間人，回答真菌學探究中，人們在遙遠的不同領域裡做什麼，有時候把幾粒砂帶進土裡，有時帶著幾塊泥土到砂子中。我臉上沾的花粉比一開始更多了。新的疑問疊到舊的疑問上。有更深的一堆東西可以跳進去，那堆東西聞起來和當初一樣神祕，不過變得更潮溼，有更多空間讓我埋身其中，有更多可以探索。

真菌或許會長成菇，不過首先真菌得分解別的東西。既然這本書已然完成，我就能交給真菌去分解了。我把一本樣書弄溼，接種鮑魚菇的菌絲體。等它吃穿了文字、書頁和蝴蝶頁，從封面上冒出鮑魚菇時，我會吃了那些菇。我會拆了另一本樣書的紙頁，打成糊，用弱酸把紙張裡的纖維素分解成醣類，然後在這糖溶液裡加進一種酵母菌，發酵成啤酒之後，我會喝下啤酒，完成這個循環。

真菌造就世界，卻也會瓦解世界。有許多辦法可以當場逮到真菌：烹煮或吃下蕈菇湯的時候；出去採集或購買蕈類的時候；發酵酒精、栽種植物，或只是把手埋進土裡的時候。不論你是讓真菌進入你的腦海，或是讚歎真菌進入其他人的腦海；不論你被真菌治好，或是看著真菌治好別人；不論你是靠真菌建立家園，或開始在家裡栽培真菌，真菌都會當場逮到**你**。只要你還活著，真菌就已經逮到你了。

致謝

若不是許多專家、學者、研究者和愛好者的指導、教誨和耐心的協助，我無法想像這本書能成書。我想特別感謝 Ralph Abraham、Andrew Adamatzky、Phil Ayres、Albert-László Barabási、Eben Bayer、Kevin Beiler、Luis Beltran、Michael Beug、Martin Bidartondo、Lynne Boddy、Ulf Büntgen、Duncan Cameron、Keith Clay、Yves Couder、Bryn Dentinger、Julie Deslippe、Katie Field、Emmanuel Fort、Mark Fricker、Maria Giovanna Galliani、Lucy Gilbert、Rufino Gonzales、Trevor Goward、Christian Gronau、Omar Hernandez、Allen Herre、David Hibbett、Stephan Imhof、David Johnson、Toby Kiers、Callum Kingwell、Natuschka Lee、Charles Lefevre、Egbert Leigh、David Luke、Scott Mangan、Michael Marder、Peter McCoy、Dennis McKenna、Pål Axel Olsson、Stefan Olsson、Magnus Rath、Alan Rayner、David Read、Dan Revillini、Marcus Roper、Jan Sapp、Carolina Sarmiento、Justin Schaffer、Jason Scott、Marc-

André Selosse、Jason Slot、Sameh Soliman、Toby Spribille、Paul Stamets、Michael Stusser、Anna Tsing、Raskal Turbeville、Ben Turner、Milton Wainwright、Håkan Wallander、Joe Wright 和 Camilo Zalamea。

我的經紀人Jessica Woollard、我在包德萊赫德出版社（Bodley Head）的編輯 Will Hammond 和藍燈書屋的編輯 Hilary Redmon 不斷為我鼓勵、提供明確的展望和睿智的建言，我由衷感激。我在包德萊赫德／經典出版社，有幸和 Graham Coster、Suzanne Dean、Sophie Painter 與 Joe Pickering 合作，在藍燈書屋則有支個傑出的團隊，包括 Karla Eoff、Lucas Heinrich、Tim O'Brian、Simon Sullivan、Molly Turpin 和 Ada Yonenaka。Collin Elder 實驗用毛頭鬼傘製成墨汁，畫出一組美麗的真菌插畫。感謝 Xavier Buxton、Simi Freund、Julia Hart、Pete Riley 和 Anna Westermeier 替我翻譯的各種文字。Pam Smart 在抄本部分提供了寶貴的幫助，《孢子的反思》（*Spores for Thought*）線上廣播節目的 Chris Morris 收集了孢子印。攝影師 Christian Ziegler 和我進入巴拿馬的森林，捕捉了真菌異營植物的奇特魔力。

我極度感謝這本書寫作的各個階段裡讀到部分或全書的人：Leo Amiel、Angelika Cawdor、Nadia Chaney、Monique Charlesworth、Libby Davy、Tom Evans、Charles Foster、Simi Frund、Stephan Harding、Ian Henderson、Johnny Lifschutz、Robert Macfarlane、Barnaby Martin、Uta Paszkowski、Jeremy Prynne、Jill Purce、Pete Riley、Erin Robinsong、Nicholas Rosenstock、Will Sapp、Emma Sayer、Cosmo Sheldrake、Rupert Sheldrake、Sara Sjölund、Teddy St. Aubyn、Erik

Verbruggen 和 Flora Wallace。少了他們的洞見和感性，我一定辦不到。

至於一路上我遇到的許多種幽默、關愛和啟發，我要感謝 David Abram、Mileece Abson、Matthew Barley、Fawn Baron、Finn Beames、Gerry Brady、Dean Broderick、Caroline Casey、Udavi Cruz-Márquez、Mike de Danann Datura、Andréa de Keijzer、Lindy Dufferin、Sara Perl Egendorf、Zac Embree、Amanda Feilding、Johnny Flynn、Viktor Frankel、Dana Frederick、Charlie Gilmour、Stephan Harding、Lucy Hinton、Rick Ingrasci、James Keay、Oliver Kelhammer、Erica Kohn、Natalie Lawrence、Sam Lee、Andy Letcher、Jane Longman、Luis Eduardo Luna、Vahakn Matossian、Sean Matteson、Tom Fortes Mayer、Evan McGown、Zayn Mohammed、Mark Morey、Viktoria Mullova、Misha Mullov-Abbado、Charlie Murphy、Dan Nicholson、Richard Perl、John Preston、Anthony Ramsay、Vilma Ramsay、Paul Raphael、Steve Rooke、Gryphon Rower-Upjohn、Matt Segall、Rupinder Sidhu、Wayne Silby、Paulo Roberto Silva e Souza、Joel Solomon、Anne Stillman、Peggy Taylor、Robert Temple、Jeremy Thres、Mark Vonesch、Flora Wallace、Andrew Weil、Khari Wendell-McClelland、Kate Whitley、Heather Wolf 和 Jon Young。我受惠於許多優秀的老師和指導者，他們在這些年間幫助了我，尤其是 Patricia Fara、William Foster、Howard Griffiths、David Hanke、Nick Jardine、Mike Majerus、Oliver Rackham、Fergus Read、Simon Schaffer、Ed Tanner 與 Louis Vause。

我很感謝幾個機構的支持：克萊爾學院（Clare College）、劍橋大學、劍橋大學植物學系，以及歷史與科學哲學系，我在那裡待了令人興奮的好幾年；感謝史密森尼熱帶研究所，在我住在巴拿馬時給了我支持，並且持續照顧巴羅科羅拉多自然遺產保護區（Barro Colorado Nature Monument）；感謝英屬哥倫比亞的蜀葵學習成長中心（Hollyhock）提供我冬天可以工作的美麗地方。

無數小時的音樂，幫助我在寫作本書的過程中一邊思考、摸索。特別重要的是 Johann Sebastian Bach、William Byrd、Miles Davis、João Gilberto、Billie Holiday、Charles Mingus、Thelonius Monk、Moondog、Bud Powell、Thomas TallisFats Waller 和 Teddy Wilson 的音樂。為這本書誕生引路的兩個主要地點，是漢普斯特公園（Hampstead Heath）和柯提斯島（Cortes Island）。這些地方，以及住在那裡、保護那裡的所有人，你們惠我良多，多到無法用言語形容。最重要的是，我要感謝 Erin Robinson、Cosmo Sheldrake 和我父母 Jill Purce、Rupert Sheldrake 給我的靈感與愛，還有他們的才學、智慧、慷慨與無限的耐心。

注釋

序：身為真菌是什麼情況

1. 哈菲茲（1315–1390），引用自 Ladinsky（2010）。
2. Ferguson et al.（2003）。還有許多其他關於蜜環菌龐大網絡的報導。Anderson et al.（2018）發表的一則研究，調查了美國密西根州的一個菌絲網絡，估計有二千五百歲，至少重達四百公噸，蔓延的範圍超過七十五公頃。研究者發現，真菌的遺傳突變率非常低，顯示真菌有辦法保護自己的 DNA 不受損害。真菌究竟是如何保持那麼穩定的基因組，目前還是未知，不過這或許能解釋真菌為什麼能活那麼久。除了蜜環菌，超大形的生物還有自我複製的巨型海藻（Arnaud–Haond et al. [2012]）。
3. Moore et al.（2011）第 2.7 章；Honeggeret al.（2018）。原杉藻屬的化石化遺跡在北美、歐洲、非洲、亞洲和澳洲都曾發現。自從十九世紀中，生物學家對於原杉藻究竟是什麼就一直百思不解。最初認為原杉藻是腐爛的樹木。不久之後，原杉藻被提升到巨大海藻的地位，但並未考量到有大量證據顯示原杉藻生長在陸地上。數十年的爭論之後，二〇〇一年有人主張原杉藻其實是一種真菌的子實體。這個論點很有說服力——原杉藻是由菌絲交纏成粗索狀而形成，比什麼都像真菌菌絲。碳同位素分析顯示，原杉藻是靠著攝取周圍養分而活，而不是光合作用。近年，Selosse（2002）認為比較合理的狀況是，原杉藻是巨大的類地衣結構，由真菌和光合藻類結合形成。他認為，原杉藻太巨大，無法只靠著分解植物維生。如果原杉藻是部分光合作用型，就能靠著光合作用得到的能量，補充它們以植物殘骸為食的飲食。這麼一來，原杉藻既有辦法、也有動機長成比周圍一切更高的結構。更重要的是，原杉藻含有當時藻類中具有的堅韌聚合物，顯示藻類細胞和真菌菌絲交纏而生。

地衣的假說也有利於解釋為什麼原杉藻會絕種。稱霸全球四千萬年之後，就在植物演化為樹木和灌木時，原杉藻神祕地滅絕了。這項觀察符合原杉藻是類地衣的生物的假設，因為植物愈多，光線就愈少。

4. 真菌多樣性和分布的廣泛討論，見 Peay（2016）；海洋真菌見 Bass et al.（2007）；內生真菌見 Mejía et al.（2014）、Arnold et al.（2003）和 Rodriguez et al.（2009）。此外在釀酒廠發現一種專門的真菌，靠著威士忌陳化過程中木桶蒸發的酒精蒸氣而大肆生長，見 Alpert（2011）。

5. 會消化岩石的真菌，見 Burford et al.（2003）和 Quirk et al.（2014）；消化塑膠和 TNT 炸藥的真菌，見 Peay et al.（2016）、Harms et al.（2011）、Stamets（2011）和 Khan et al.（2017）；抗輻射的真菌見 Tkavc et al.（2018）；以輻射能為生的真菌，見 Dadachova and Casadevall（2008）、Casadevall et al.（2017）。

6. 孢子噴發見 Money（1998）、Money（2016）及 Dressaire et al.（2016）。孢子團與對天氣的影響，見 Fröhlich–Nowoisky et al.（2009）。Roper et al.（2010）和 Roper and Seminara（2017）回顧了真菌為了因應孢子傳播的問題，發展出形形色色的解決方式。

7. 電流部分見 Roper and Seminara（2017），電脈衝見 Harold et al.（1985）、Olsson and Hansson（1995）。酵母菌占了真菌界的百分之一，靠著「出芽」生殖（一分為二）來繁殖。有些酵母菌在特定的條件下，會形成菌絲構造（Sudbery et al. [2004]）。

8. 真菌鑽出柏油路面、舉起鋪路磚的描述，見 Moore（2013b）第 3 章。

9. 切葉蟻不只栽培、餵養牠們的真菌，也會替真菌治療。切葉蟻的真菌園是單一栽培，只有一類真菌。這些真菌非常脆弱，就像人類單一栽培作物的情形。最危險的是一類專門寄生的真菌，這類真菌可以毀掉整個真菌園。切葉蟻角質層中的精巧空洞中藏有細菌，以切葉蟻的特化腺體為食。每個蟻巢都培養了特別品系的細菌，相較於其他品系（甚至是親源相近的品系），切葉蟻會辨識、偏好那個品系。這些馴養的細菌會產生強力抗生素，抑制寄生真菌，促進栽培的真菌生長。少了這些真菌，切葉蟻的蟻群就無法成長到那麼驚人的大小。見 Currie et al.（1999）、Currie et al.（2006）及 Zhang et al.（2007）。

10. 羅馬神祇羅比格斯參見 Money（2007）第 6 章，以及 Kavaler（1967）第

1 章。超級真菌見 Fisher et al.（2012, 2018）、Casadevall et al.（2019）及 Engelthaler et al.（2019）；兩棲類的真菌病害，見 Yong（2019）；香蕉病害見 Maxman（2019）。在動物之中，細菌導致的疾病比真菌導致的疾病造成更多威脅。相較之下，在植物之中，真菌導致的疾病比細菌導致的疾病造成更多威脅。這個模式不論生病或健康都適用——動物的微生物群系通常是由細菌為主，植物的微生物群系則通常是真菌為主。但動物並非不會受真菌病害所苦。Casadevall（2012）假設，讓恐龍絕跡的滅絕事件——白堊紀－第三紀滅絕事件（Cretaceous–Tertiary [K–T] extinction）之後，爬蟲類衰亡、哺乳類崛起，是因為哺乳類能抵抗真菌病害的關係。哺乳類和爬蟲類相較之下，有些不利——身為溫血動物要消耗很多能量，而產生乳汁、親代提供密切的照顧，代價更是高昂。但哺乳類或許正是因為體溫較高，才能取代爬蟲類，成為稱霸陸地的動物。有假說主張，白堊紀－第三紀滅絕事件期間，大量的森林枯梢，之後產生的「全球堆肥堆」（global compost heap）導致真菌病原體劇增，而哺乳類體溫較高，有助於防止真菌病原體生長。直到今日，哺乳類仍然比爬蟲類和兩棲類更能抵抗一般的真菌病害。

11. 尼安德塔人的研究，見 Weyrich et al.（2017）；關於冰人，見 Peintner et al.（1998）。雖然無法確定冰人如何使用樺樹多孔菌（*Fomitopsis betulina*），不過樺樹多孔菌帶苦味，是無法消化的軟木質，因此一般來說顯然不「營養」。冰人悉心準備這些真菌（像鑰匙圈一樣套在皮帶上），顯示對這些真菌的價值和應用已有充分的知識。

12. 關於黴菌藥物，見 Wainwright（1989a, 1989b）。埃及、蘇丹和約旦大約西元四百年考古遺址中的人類遺骸，在骨骼中發現高濃度的抗生素——四環黴素（tetracycline），顯示長期持續服用，非常可能是作為治療之用。四環黴素並非來自真菌，而是由細菌產生，不過可能的來源是發黴的穀物，很可能是用來製造藥用啤酒（Bassett et al. [1980] 及 Nelson et al. [2010]）。從弗萊明首度的觀察，到盤尼西林登上世界舞臺的旅程並不平順，需要不少人的努力——實驗、工業的應用知識、投資和政治支持。首先，弗萊明很難說服任何人對他的發現產生興趣。米爾頓．溫萊特（Milton Wainwright）是微生物學家，也是科學史學家，引述他的說法，弗萊明怪里怪氣，是「到處胡鬧之徒」。「他是出名的怪人，專做些蠢事，像是用不同的細菌菌種，在培養皿上畫出女王像。」弗萊明首度觀察到的十二年後，盤尼西林的治療價值才受到戲劇化的證實。一九三〇年代，牛津的一支研究團隊發展出一種方法來萃取、純化盤尼西林，並且在一九四〇年進行試驗，證實了盤尼西林對抗感染的驚人效力。然而盤尼西林仍然很難製造。少了能普遍取得的產品，因此醫學刊物上發表了如何培養這種黴菌的指南。一些醫生用「廚房水槽」的粗製萃取物和消毒紗布上切碎的菌絲體（菌絲體敷墊）來治療感染，經過觀察，療效非常顯著（Wainwright [1989a, 1989b]）。而盤尼西林的生產是在美國工業化。這有部分是因為美國有發展健全的做法，可以在工業發酵槽中培養黴菌，一部分則是因為發現了產量高的青黴菌品系，這些品系之後藉著多次突變，進一步強化。盤尼西林工業化，促使研究者大力尋找新的抗生素，篩檢了數以千計的真菌和細菌。

13. 關於藥物，見 Linnakoski et al.（2018）、Aly et al.（2011）及 Gond et al.（2014）。關於裸蓋菇鹼，見 Carhart–Harris et al.（2016a）、Griffiths et al.（2016）及 Ross et al.（2016）。關於疫苗和檸檬酸，見《全球真菌現況報告》（*State of the World's Fungi*, 2018）。關於食用與藥用真菌市場，見 www.knowledge–sourcing.com/report/global–edible–mushrooms–market（檢索於 2019 年 10 月 29 日）。一九九三年，《科學》期刊發表的一則研究指出，紫杉醇（paclitaxel，上市的藥名為汰癌勝〔Taxol〕）是由太平洋紫杉樹皮上分離出的一種內生真菌製成（Stierle et al. [1993]）。之後發現，產生紫杉醇的真菌遠比植物普遍——會產生紫杉醇的內生真菌大約有兩百種，分散於數個不同的科（Kusari et al. [2014]）。紫杉醇是強力的抗真菌劑，扮演了重要的防禦角色——能產生紫杉醇的真菌就能抑制其他真菌。紫杉醇對真菌的作用和對癌症一樣，是干擾細胞分裂。產生紫杉醇的真菌不受紫杉醇影響，而紫杉上的其他內生真菌也一樣（Soliman et al. [2015]）。一些其他的真菌抗癌藥物也進入了主流的藥學應用。蘑菇多醣（lentinan）是來自香菇的一種多醣，經發現可以刺激免疫系統對抗癌症的能力，在日本經過醫學核准，可以治療胃癌和乳癌（Rogers [2012]）。多醣多肽（PSK，又稱雲芝素、雲芝多醣）是從雲芝分離出的物質，可以延長多種癌症患者的存活時間，在中國和日本搭配傳統癌症療法施用（Powell [2014]）。

14. 關於真菌黑色素，見 Cordero（2017）。

15. 關於真菌種類的數目，見 Hawksworth（2001）及 Hawksworth and Lücking（2017）。

16. 在神經科學，我們認知時抱著預期的這種現象稱為由上而下的影響（top–down influence），又稱貝氏推論（Bayesian inference，這個命名是為了紀念湯馬斯．貝葉斯〔Thomas Bayes〕這位數學家，他對於機率數學有著開創性的貢獻，被稱為「機率之父」）。見 Gilbert and Sigman（2007）及 Mazzucato et al.（2019）。

17. Adamatzky（2016）、Latty and Beekman（2011）、Nakagaki et al.（2000）、Bonifaci et al.（2012）、Tero et al.（2010）以及 Oettmeier et al.（2017）。在《黏菌機器的進展》（*Advances in Physarum Machines*, Adamatzky [2016]）一書中，研究者詳細介紹了黏菌的許多驚人特性。有些人用黏菌做決策閘和振盪器，有些人模擬了歷史上的人類遷徙、模擬人類未來在月球上遷徙的可能模式。黏菌啟發的數學模型包括肖爾（Shor）因子分解（factorization）中的非量子實現、最短路徑計算和供應鏈網絡的設計。Oettmeier et al.（2017）指出，昭和天皇（日本天皇，在位期間一九二六至一九八九）深受黏菌吸引，在一九三五年出版一本以此為主題的著作。從此以後，黏菌在日本就是極受重視的研究主題。

18. 林奈發明的分類系統發表在他一七三五年的著作《自然系統》（*Systema Naturae*）中，將這種階層體系擴展到人類；這系統的改良版持續使用至今。在人類名次表的表格頂端是歐洲人——「很聰明、創造力強。衣著厚實。依循法律」。接著是美洲人——「依循習俗」。然後是亞洲人——「依循見解」。最後是非洲人——「行動緩慢、懶惰……（狡）詐，慢吞吞，粗心。渾身汙垢。依循突發的奇想」（Kendi [2017]）。那個階層式分類系統排序不同物種的方式，擴大來看，可以視為是物種種族歧視。

19. 關於人體不同部位的微生物群落，見 Costello et al.（2009）及 Ross et al.（2018）。和銀河系裡星星的比較，見 Yong（2016）第 1 章。英國詩人 W．H．奧登（W. H. Auden）在他的長詩〈新年書簡〉（New Year Greeting）中，將他體內的生態系獻給他的微生物居民：「願給你這小小生物／選擇棲地的自由／就在最適合你之處／落腳吧，在我毛孔／之池，或腋窩、胯下的／熱帶雨林，我前臂／的沙漠，或我頭皮／上涼爽的林子。」

20. 關於器官移植和人類細胞培養，見 Ball（2019）。關於我們微生物群系大小的估測，見 Bordenstein and Theis（2015）。關於病毒內的病毒，見 Stough et al.（2019）。微生物群系的概述，見 Yong（2016）及《自然》期刊關於人類微生物群系的特輯（2019 年 5 月）：www.nature.com/collections/abfcjb（檢索於 2019 年 10 月 29 日）。

21. 某方面來說，所有生物學家現在都是生態學家了——不過生態學科的學者領先一步，他們的做法逐漸滲透到新的領域——一些生物學家開始要求把生態方法應用在非生態的生物領域。見 Gilbert and Lynch（2019）和 Venner et al.（2009）。在真菌體內生活的微生物會造成連鎖反應，有一些例子。Márquez et al.（2007）在《科學》期刊發表的一則研究描述了「植物中一種真菌中的一種病毒」。這種植物是熱帶草本植物，自然生長在土溫高的地方。不過少了生長在葉片內的真菌同伴，這種草無法在高溫下生存。這種真菌在沒有這種植物的情況下獨自生長時也差不多，無法生存。然而，原來並不是這種真菌賦予植物在高溫下生存的能力。其實是一種住在真菌體內的病毒，賦予了耐熱性。少了病毒，植物或真菌都無法在高溫下存活。換句話說，真菌的微生物群系，決定了真菌在植物微生物群系中扮演的角色。結果很明確——不是活，就是死。微生物住在微生物體內最誇張的一個例子，是惡名昭彰的稻熱病菌——小孢根黴（*Rhizopus microsporus*）。根黴菌（*Rhizopus*）使用的主要毒素，其實是由菌絲中的一種細菌產生。根黴菌不只需要這種細菌才能致病，也需要這種細菌才能繁殖；這戲劇化地展現了真菌和它們細菌同伴的命運多麼密不可分。實驗性地「治好」根黴菌，殺掉細菌房客，會阻礙根黴菌產生孢子的能力。根黴菌生活方式最重要的一些特色（從進食到生殖習性），都仰賴這種細菌。見 Araldi–Brondolo et al.（2017）、Mondo et al.（2017）及 Deveau et al.（2018）。

22. 關於失去自我認同，見 Relman（2008）。「人類」一詞在英文是單數或是複數的問題，並不新鮮。十九世紀的心理學認為，多細胞生物的身體是由細胞群落組成，每個細胞都是一個獨立個體，類似一個民族國家裡的個別人類成員。微生物學的發展，使這些問題更複雜了；因為你體內的大量細胞彼此之間（例如一般肝細胞和一般腎臟細胞之間），未必會有嚴謹的關係。見 Ball（2019）第 1 章。

第一章　真菌的迷人誘惑

1. Prince, “Illusion, Coma, Pimp & Circumstance,” *Musicology*（2004）.
2. 阿姆斯特丹可以買到具有精神作用物質的「松露」，但名不副實，並不是子實體，而是儲藏器官「核菌」（sclerotia），因為外觀相似，所以被稱為「松露」。
3. 關於一兆種氣味，見 Bushdid et al.（2014）；關於嗅覺導航，見 Jacobs et al.（2015）；關於瞬間嗅覺經歷重現和人類嗅覺能力的一般討論，見 McGann（2017）。有些人被歸類為擁有「超級嗅覺」，或嗅覺過敏的人。

Trivedi et al.（2019）發表的一則研究指出，擁有超級嗅覺的人光靠他們的嗅覺，就能偵測出帕金森氏症。

4. 關於不同化學鍵的氣味討論，見 Burr（2012）第 2 章。
5. 這些受體屬於一大類，稱為 G 蛋白偶聯受體（G–protein coupled receptor, GPCR）。關於人類嗅覺敏感度的研究，見 Sarrafchi et al.（2013），作者指出，人類可以偵測到濃度一兆分之零點零零一的氣味。
6. 關於 *turmas de tierra*（直譯為「土裡的睪丸」），見 Ott（2002）。據亞里斯多德所言，松露是「獻給阿芙蘿黛蒂的果實」。松露據說被拿破崙和薩德侯爵（Marquis de Sade）當作催情藥，十九世紀法國女作家喬治・桑（George Sand）稱之為「愛的黑魔法蘋果」。法國美食家尚・安特爾姆・布里亞薩瓦蘭（Jean Anthelme Brillat–Savarin）曾經記載，「松露可以引發性的愉悅」。一八二〇年代，他著手調查這種普遍的看法，開始對女士和男士做了一系列的諮詢（從女士「收到的回應都語帶諷刺或含糊其辭」，男人則「由於他們的表白而受到特別的信任」。他的結論是，「松露並不是真正的催情藥，而是在某些情境下能讓女人更深情，男人更殷勤」（Hall et al. [2007]，頁 33）。
7. 關於羅倫・朗博，見 Chrisafis（2010）。記者雷恩・賈柏（Ryan Jacobs）記錄了松露供應鏈上的種種弊端。有些下毒者在肉丸子裡攙入番木　鱉（strychnine）；有些在森林的池塘裡下毒，這麼一來，即使狗戴著嘴套，還是會中毒；有些在肉裡插進碎玻璃；有些則是用老鼠藥或抗凍劑。根據獸醫報告，每年松露季都有數以百計的狗中毒就醫。當局採取的措施是用嗅毒犬巡邏某些林子（Jacobs [2019]，頁 130–34）。二〇〇三年，英國《衛報》（*The Guardian*）報導一位法國的松露專家米歇爾・圖奈赫（Michel Tournayre）的松露犬被偷。圖奈赫懷疑，竊賊並沒有把那隻狗賣掉，而是用狗在其他人的土地上偷松露（Hall et al. [2007]，頁 209）。偷松露時用偷來的狗，或許是最好的辦法吧？
8. 鼻子流血的駝鹿，見 Tsing（2015）, “Interlude. Smelling”；關於蠅類授粉的蘭花，見 Policha et al.（2016）；關於收集複雜芳香族化合物的蘭花蜂，見 Vetter and Roberts（2007）；關於類似真菌化合物的情形，見 Jong et al.（1994）。蘭花蜂會分泌一種脂質，塗抹到散發氣味的物體上。脂質吸收氣味之後，蘭花蜂就刮下酯質，儲存在後腿的囊袋裡。這種方式和油萃法（enfleurage，又稱吸脂法）原理相同，而人類從數百年前就開始使用油萃法捕捉茉莉花之類的香氣，這些香氣太細緻，無法靠用熱萃取（Eltz et al. [2007]）。

9. Naef（2011）。

10. 關於波爾多，見 Corbin（1986），頁 35。

11. 關於破記錄的松露，見 news.bbc.co.uk/1/hi/ world/europe/7123414.stm（檢索於 2019 年 10 月 29 日）。

12. 松露微生物群系產生氣味的討論，見 Vahdatzadeh et al.（2015）。我和丹尼爾與帕里德去野外時，發現一條河附近粉質砂土挖出的一顆松露，聞起來和河谷更上游黏土含量比較高的土壤裡找到的非常不同。這些差異對於飢餓的鼩鼱而言，不大可能有什麼區別。不過在義大利阿爾巴（Alba）找到的白松露售價會是波隆那附近找到的白松露的四倍（雖然有些松露商經常拿波隆那松露冒充阿爾巴的松露，由此可見，不是所有人都能分辨差異）。已有正式研究確認了松露中的揮發性物質有區域差異（Vita et al. [2015]）。

13. 關於松露產生雄甾烯醇的原始報告，見 Claus et al.（1981）；九年後的追蹤研究，見 Talou et al.（1990）。

14. 這些年來，隨著檢測法的靈敏度提高，單一種松露產生的揮發性物質種類也持續增加。這些檢測法的靈敏度仍然不如人類的鼻子，而松露中揮發性物質的種類未來仍然可能進一步增加。關於松露的揮發性物質，見 Pennazza et al.（2013）和 Vita et al.（2015）；其他菌種的，見 Splivallo et al.（2011）。把松露的魅力全歸於單一化合物，不大可靠，原因如下：在 Talou et al.（1990）的研究中，取樣的動物不多，只在單一地點的單一深度測試了一種松露。揮發物質組成中不同的子集合，可能在不同深度或不同地方比較突出。況且在野外，從野豬、田鼠到昆蟲，有許多動物會被松露吸引。松露產生的揮發物質大雜燴中，不同的要素可能會吸引不同動物。雄甾烯醇對動物的影響可能更微妙。雄甾烯醇甚至可能像研究中的情形，本身不具有效力，需要和其他化合物同時存在。另外，在動物的經驗而言，找到松露或許不像吃下松露那麼重要。其他毒松露的資訊，見 Hall et al.（2007）。除了高腹菌屬，曲脈豬塊菌（*Choiromyces meandriformis*）這種塊菌據說聞起來「難以忍受、令人作嘔」，義大利人認為有毒（不過在北歐很受歡迎）。普通膠樅塊菌（*Balsamia vulgaris*）是另一種認為具有輕微毒性的塊菌，不過狗似乎喜歡那種「脂肪腐敗」的香氣。

15. 松露外銷與包裝，見 Hall et al.（2007），頁 219、227。

16. 在探索菌絲體的區域裡，菌絲通常會朝沒有其他菌絲的方向生長，從不互相接觸。菌絲體比較成熟的部分，菌絲的傾向會改變。這時的生長頂點受到彼此吸引而開始「歸家」（Hickey et al. [2002]）。菌絲如何彼此相吸、相斥，至今仍然所知不多。模式生物——紅麵包黴（*Neurospora crassa*）的研究開始提供了一些線索。每個菌絲尖端會輪流釋放費洛蒙，吸引、「激發」彼此。透過這種你來我往（一則研究的作者寫道，「就像在丟球」），菌絲就能找到規律，和彼此同步、瞄準彼此。正是這種振盪（化學的拉力賽）讓菌絲不用刺激到自己，就能引誘對方。菌絲在發送費洛蒙的時候，自己無法偵測到。其他菌絲分泌費洛蒙時，它們則受到刺激（Read et al. [2009] 和 Goryachev et al. [2012]）。

17. 關於裂褶菌配對型的討論，見 McCoy（2016），頁 13；生殖不親和的菌絲之間的融合，見 Saupe（2000）和 Moore et al.（2011）第 7.5 章。「營養親和性」（vegetative compatibility）決定了菌絲和彼此融合的能力。一旦菌絲融合，另一個配對型系統就會決定哪些細胞核可以進行有性重組。這兩個系統受到不同的調控，不過有性重組發生的前提是菌絲和彼此融合，分享遺傳物質。不同菌絲體網絡之間營養融合的結果，可能複雜而難以預測（Rayner et al. [1995] 和 Roper et al. [2013]）。

18. 松露的生殖細節，見 Selosse et al.（2017）、Rubini et al.（2007）及 Taschen et al.（2016）；動物界的間性現象（intersexuality），見 Roughgarden（2013）。如果松露的栽培者真的想要了解如何破解松露栽培，就必須了解松露的性。問題是，松露沒有性。從來沒人看過松露授精的過程。或許以松露難以親近的生活方式來看，這沒那麼奇怪。更怪的是，從來沒人找到過父系菌絲（paternal hypha）。研究者尋尋覓覓，只找到在樹根和土壤中生長的母系菌絲（maternal hapha），不論是正或負的交配型。父系的松露似乎壽命不長，授精之後就消失——「出生，體驗一點點性，然後就沒了」（Dance [2018]）。

19. 某些類的菌根菌，菌絲可以退回孢子裡，日後再重新萌發（Wipf et al. [2019]）。

20. 關於真菌對植物根部的影響，見 Ditengou et al.（2015）、Li et al.（2016）、Splivallo et al.（2009）、Schenkel et al.（2018）以及 Moisan et al.（2019）。

21. 討論菌根共生的溝通演化（包括暫停免疫反應），見 Martin et al.（2017）；植物與真菌的訊息傳遞與其遺傳基礎，見 Bonfante（2018）；其他類菌根關係的植物與真菌溝通，見 Lanfranco et al.（2018）。真菌釋出的化學命題差異微妙，範圍寬廣多變。用來和植物溝通的揮發性物質，也可能用來和周圍的細菌菌落溝通（Li et al. [2016] 和 Deveau et al. [2018]）。真菌用揮發性物質阻礙真菌競爭者；植物用揮發性物質阻礙不想要的真菌（Li et al. [2016] 和 Quintana–Rodriguez et al. [2018]）。同樣的揮發物質在不同濃度，對植物有不同影響。一些松露為了操控寄主生理而產生的植物荷爾蒙，濃度高的時候可能殺死植物，可能用作競爭武器，阻礙和自己植物夥伴競爭的植物對手（Splivallo et al. [2007, 2011]）。有些種類的松露會因為其他真菌而寄生化，可能是受到那些真菌的化學公告吸引。塊菌的寄生真菌頭狀彎頸黴（*Tolypocladium capitata*）是蛇形蟲草屬（*Ophiocordyceps*）真菌的親戚。蛇形蟲草屬真菌會寄生在昆蟲身上，已知會寄生某些種的塊菌，例如大團囊菌屬（英文俗稱鹿松露〔deer truffle〕，*Elaphomyces*）（Rayner et al. [1995]；照片見 mushroaming.com/cordyceps–blog〔檢索於 2019 年 10 月 29 日〕）。

22. 不列顛群島首度刊登黑松露結實的消息（可能是氣候變遷所致）見 Thomas and Büntgen（2017）。培養黑松露的「現代」方法直到一九六九年才發展出來，並在一九七四年得到了第一批人工接種的松露。在樹苗的根部培養黑松露的菌絲體，等到根部徹底長滿這種真菌之後，再將樹苗定植。幾年之後，只要環境適當，這種真菌就會開始產生塊菌松露。松露栽培的土地面積持續增加（全球超過四萬公頃），從美國到紐西蘭等國家，都有黑松露園成功地結實（Büntgen et al. [2015]）。雷菲福爾解釋過，即使他一一記下他的做法，別人要得到同樣的結果，仍然很困難。有太多直覺性的知識難以傳達、記住。最芝麻蒜皮的細節（從變化莫測的季節到栽培場的環境條件）都可能造成很大的差異。保密也是個問題。松露栽培者大部分時間都花在不確定的迷霧中，小心避開易妒的「所有者的洞察力」。班根告訴我：「採菇有個由來已久的傳統。很多人進林子裡採菇，但他們什麼都不告訴你。如果你問他們今天過得如何，而他們說，『喔我找到一大堆！』他們很可能什麼都沒找到。這種態度一代傳一代，導致研究速度緩慢。」雖然白松露難以捉摸，但雷菲福爾不屈不撓，每年仍然種下一些含有白松露菌絲體的樹木，希望某些因素不知怎麼地促使這些松露結實。雷菲福爾抱著同樣的樂觀，繼續將歐洲松露和美洲樹種配對（結果白松露和楊樹發展出了健康〔可惜沒結果〕的合作關係）。其他栽培者從松露中分離出細菌，希望這些細菌能促進松露菌絲體成長（有些類的細菌似乎確實有幫助）。我問他，是不是很多人買了他的白松露樹，種在他們的松露園。「不多。」他答道。「但我們賣樹的精神是，如果沒人嘗試，就不會有人成功。」

23. 和化學竊聽有關的討論，見 Hsueh et al.（2013）。

24. Nordbring–Hertz（2004）及 Nordbring–Hertz et al.（2011）。

25. Nordbring–Hertz（2004）。

26. 今日，擬人化的爭議最熱烈的生物學領域，研究的是植物本身，以及植物如何感覺、反應環境。二〇〇七年，三十六名傑出的植物學家簽署了一封信件，駁斥「植物神經生物學」這個新興的領域（Alpi et al. [2007]）。提出這個名詞的人，主張植物有電與化學的訊息傳遞系統，相當於人類與其他動物身上的情況。那封信的三十六名作者認為，這些是「膚淺的類比、有問題的外推」。隨之而來的是場激烈的辯論（Trewavas [2007]）。從人類學的角度來看，這些爭論十分有趣。加拿大約克大學（York University）的人類學家娜塔莎·邁爾斯訪問了一些植物學家，詢問他們如何理解植物的行為（Myers [2014]）。她敘述了擬人化的麻煩政治，以及研究者處理這個議題的不同方式。

27. Kimmerer（2013）, “Learning the Grammar of Animacy”。

28. 雷菲福爾解釋道：「我們對真菌和寄主樹木的關係所知甚少。即使在松露產量很高的地方，樹根長有真菌的比例也常常極低。這表示產量不能用真菌從寄主樹木得到的能量多寡來解釋。」

29. 氣味和相似味道，見 Burr（2012）第 2 章。人類學家安清（Anna Tsing）寫道，在日本的江戶時代（一六〇三至一八六八），松茸的香氣成為俳句的熱門主題。採松茸的行程演變成等同於春季賞櫻的秋日盛宴，「秋日芬芳」或「松茸之香」成為耳熟能詳的詩趣（Tsing [2015]）。

第二章　活生生的迷宮：菌絲體網絡

1. Cixous（1991）。

2. 關於真菌走迷宮，見 Hanson et al.（2006）、Held et al.（2009, 2010, 2011, 2019）。精采的影片，見 Held et al.（2011）的補充資料 www.sciencedirect.com/science/article/pii/S1878614611000249（檢索於 2019 年 10 月 29 日）與 Held et al.（2019）的補充資料 www.pnas.org/content/116/27/13543/tabgures–data（檢索於 2019 年 10 月 29 日）。

3. 關於海洋真菌，見 Hyde et al.（1998）、Sergeeva and Kopytina（2014）及 Peay（2016）；關於灰塵中的真菌，見 Tanney et al.（2017）；土壤中的真菌菌絲長度估計，見 Ritz and Young（2004）。

4. 這現象很常見。見 Boddy et al.（2009）及 Fukusawa et al.（2019）。

5. Fukusawa et al.（2019）。是新的木塊導致網絡各處的基因表現或化學物質濃度變化？或菌絲體迅速在原本的木塊中重新分布，導致更容易朝一方向重新生長。巴迪和她的同事不大確定。用迷你迷宮挑戰真菌的研究者觀察到，真菌生長頂點內的結構，表現得像內部陀螺儀，提供指向性記憶給菌絲，讓菌絲因為障礙而繞道之後，恢復原本的生長方向（Held et al. [2019]）。然而，這種機制不大可能導致巴迪和她同事觀察到的效應，因為所有菌絲（包括菌絲的生長頂點）都取自原本的木塊，放進新的培養皿。

6. 真菌菌絲不像動物或植物體內的細胞；動植物的細胞（通常）有明顯的界線。其實嚴格來說，菌絲不該稱為細胞。許多真菌的菌絲之中有間隔，也就是「隔壁」（septum），不過隔壁可以開關。菌絲隔壁打開時，菌絲的內容物可以在「細胞」之間流動，這時稱菌絲體網絡在「超級細胞」狀態（Read [2018]）。一個菌絲體網絡可以和其他許多菌絲體網絡融合，形成蔓延的「同功群」（guild），其中一個網絡的內容物可能和其他網絡分享。一個細胞是從哪裡開始，到哪裡結束？一個網路的邊界在哪裡？這些問題常常無解。近期對群集的研究，見 Bain and Bartolo（2019），以及 Ouellette（2019）的評注。這個研究把群集本身視為實體，而不是依據局部規則而行動的個別行為者的集合。把群集視為一個流體流動的模式，就能更有效地模礙群集的行為。比起根據局部互動規則建立的群集模式，這些從總體到細節的「流體動力學」模式可能更有效地模擬菌絲尖生長。

7. 關於黏菌，見 Tero et al.（2010）、Watanabe et al.（2011）及 Adamatzky（2016）；關於真菌，見 Asenova et al.（2016）及 Held et al.（2019）。

8. 菌絲體的取捨，見 Bebber et al.（2007）。

9. 關於菌絲體網絡中連結受到天擇的討論，見 Bebber et al.（2007）。

10. 關於真菌生物發光和昆蟲散播孢子的討論，見 Oliveira et al.（2015）；關於鬼火和海龜號，見 www.cia.gov/library/publications/intelligencehistory/intelligence/intelltech.html（檢索於 2019 年 10 月 29 日）及 Diamant（2004），頁 27。一八七五年出版的一本真菌指南中，莫迪凱．庫克寫道，生物發光

的真菌常見於煤礦用的木頭支柱上。礦工「很熟悉發出磷光的真菌，他們說亮度足以『照亮他們的手』。多孔菌（*Polyporus*）的樣本在黑暗中亮到二十碼外都看得見」。

11. 奧森的影片，見 doi.org/10.6084/m9.gshare.c.4560923.v1（檢索於 2019 年 10 月 29 日）。

12. Oliveira et al.（2015）發表的一則研究，發現生物發光的嘉德納新假革菌（*Neonothopanus gardneri*）菌絲體受到生物時鐘調節，而生物時鐘又受到溫度調節。作者假設真菌在夜晚增加生物發光，更能吸引昆蟲來散播孢子。奧森觀察到的現象無法用晝夜節律為基礎來解釋，因為這現象在幾星期之間只發生一次。

13. 關於菌絲的直徑，見 Fricker et al.（2017）。生態學家羅伯特．惠特克（Robert Whittaker）觀察到，動物演化是「改變與滅絕」的故事，而真菌演化則是「保守主義與連續性」的故事。化石記錄中，動物的身體藍圖多樣很高，顯示動物找到許多方式吸取牠們世界中的特性。但真菌卻不同。絲狀真菌演化的時間遠比許多生物更長，但遠古化石化的真菌和今日存活的真菌極其相似。看來以網絡的形式生存，只有那麼幾種方法。見 Whittaker（1969）。

14. 捕捉落葉的菌絲體網子，見 Hedger（1990）。

15. 關於量測稻熱病菌造成的壓力，見 Howard et al.（1991）；八噸重的校車和侵入性真菌生長的一般討論，見 Money（2004a）。要產生那麼大的壓力，具有穿透力的菌絲必須黏到植物體上，以免自己從植物體表面脫離。解決辦法是產生黏著劑，對抗超過一千萬帕的壓力（強力膠可以對抗一千五百萬到兩千五百萬帕的壓力，不過在植物葉片的蠟質表面上可能行不通（Roper and Seminara [2017]）。

16. 這些細胞「囊」稱為「囊泡」（vesicle）。真菌尖端的生長是由一種細胞構造（或稱「胞器」）來管理（稱為頂體〔spitzenkörper〕）。頂體不同於大部分的胞器，沒有明確的邊界。頂體不是細胞核那樣的單一結構，只是移動時看似一體。頂體被視為「囊泡供應中心」，從菌絲內部接收囊泡，加以分類，分配到菌絲尖。頂體不只引導自己，也引導它的菌絲。頂體分裂時，會觸發菌絲分枝。生長停止時，頂體就會消失。如果改變生長頂點內的頂體位置，就能讓菌絲轉向。頂體既能創造，也能破壞，會融解菌絲壁，促使菌絲體網絡的不同部位融合。頂體和「每秒六百個囊泡」，見 Moore（2013a）第 2 章；頂體的進一步討論，見 Steinberg（2007）；某些種類的菌絲能即時延長的現象，見 Roper and Seminara（2017）。

17. 法國哲學家亨利・柏格森（Henri Bergson）描述時間流逝的用詞，讓人想起真菌菌絲：「期間是過去在繼續進展，侵蝕向未來，一邊前進一邊擴張（Bergson [1911]，頁 7）。對於生物學家 J・B・S・霍爾登（J.B.S. Haldane）而言，生命並未充斥著各種東西，而是充斥著穩定的過程。霍爾登甚至認為，「『物體』或物質單位的概念」在生物學的思維下「沒有意義」（Dupré and Nicholson [2018]）。過程生物學的概括介紹，見 Dupré and Nicholson（2018）；貝特森的引文，見 Bateson（1928），頁 209。

18. 穿透瀝青而生長的鬼筆，見 Niksic et al.（2004）；關於庫克，見 Moore（2013b）第 3 章。真菌之外的其他生物也有頂端生長，不過頂端生長是例外，並不是通則。動物的神經細胞生長方式是尖端延長，一些類別的植物細胞（例如花粉管）也是。不過這兩種都無法無止境地伸長，但真菌菌絲在恰當的條件下卻可以（Riquelme [2012]）。

19. 法蘭克・杜根（Frank Dugan）稱改革歐洲的「藥婆」或「女智者」為現代真菌學的「助產婦」（Dugan [2011]）。許多證據顯示，擁有真菌知識的主要是女性。當時包括植物學家卡羅盧斯・克魯修斯（Carolus Clusius, 1526–1609）和法蘭西斯・馮・史特畢克（Francis van Sterbeeck, 1630–1693）等等男性學者描述的大部分蕈類資訊，其實正是來自那樣的女性。一些繪畫也描繪了女性處理蕈類的情形，例如費利斯・柏塞里（Felice Boselli, 1650–1732）的〈販菇人〉（The Mushroom Seller），卡米耶・畢沙羅（Camille Pissarro, 1830–1903）的〈採菇的女人〉（Women Gathering Mushrooms），以及菲利克斯・史列辛格（Felix Schlesinger,1833–1910）的〈採菇人〉（The Mushroom Gatherers）。許多十九、二十世紀歐洲旅行者曾經描述女人販賣或摘採蕈類。

20. 複音音樂的討論與廣義定義，見 Bringhurst（2009）第 2 章，"Singing with the frogs: the theory and practice of literary polyphony"。

21. 菌索和根狀菌絲束中的流速估算，見 Fricker et al.（2017）。一般認為，真菌利用化學物質協調自己的發展，不過我們對這些生長調節物質所知甚少（Moore et al. [2011] 第 12.5 章和 Moore [2005]）。均質的一堆菌絲束，如何形成這麼明確的外形？動物的指頭形態精巧。不過那是不同種細胞繁複組合而成，含有血球、骨細胞、神經細胞等等。蕈類也擁有精巧的外形，但它們是由一種細胞——菌絲雕塑而成。真菌如何形成菇體，一向是個謎。一九二一年，俄國發展生物學家亞歷山大・葛維奇（Alexander Gurwitsch）就為了菇類的發展而百思不解。蕈類的菌柄、菌柄周圍的菌環以及菌蓋，都是由菌絲組成，像「沒梳的蓬亂頭髮」一樣亂糟糟。他因此困惑不已。完全只靠菌絲形成菇體，就像想要只靠著肌肉細胞來做出一張臉。對葛維奇來說，菌絲如何一同生長、形成複雜形態的情形，是發展生物學的核心謎題。動物的結構在發展最初期就已經規畫好了。動物形態是由高度組織化的部分構成；規律會造成進一步的規律。不過蕈類的形態來自沒那麼組織化的部分。規則的形態來自不規則的材質（von Bertalanffy [1933]，頁 112–17）。葛維奇多少由蕈類生長得到靈感而提出了假設——生物的發展是由場域影響。鐵屑可以藉著磁場而重新排列。葛維奇提出，同樣的，影響形態的生物場域，會塑造生物體內細胞和組織的排列。葛維奇的場域發展理論被一些當代的生物學家採納。邁克・勒凡（Michael Levin）是美國波士頓塔夫茨大學的研究人員，他描述了所有細胞是如何沉浸在「豐富的資訊場中」，而這個資訊場可能是由物理、化學或電學訊號構成。這些資訊場有助於解釋為何能產生複雜的形態（Levin [2011, 2012]）。二〇〇四年發表的一則研究，建立了一個可以刺激真菌菌絲體生長的數學模式——「網絡真菌」（cyberfungus）（Meskkauskas et al. [2004], Money [2004b] 和 Moore [2005]）。在這模式中，每個菌絲尖都能影響其他菌絲尖的行為。這則研究指出，所有菌絲尖都依循同樣的生長規律時，就能形成菇狀的形體。這些發現意味著，蕈類的形態可以由菌絲的「群體行為」造成，不需要動、植物那種由上而下的發展協調。不過這要成功，數以萬計的菌絲尖必須同時遵從同一套規律，並且同時切換到另一套規律——這是葛維奇之謎的現代版。創造網絡真菌的研究者假設，發展的變化必須用一個細胞「鐘」來協調，不過目前還未找到那樣的機制，而活的真菌是怎麼協調發展，至今仍然是個謎。

22. 關於微管馬達（microtubule motor），見 Fricker et al.（2017）；哈頓莊園的乾腐菌，見 Moore（2013b）第 3 章；細胞流在真菌發展扮演的角色，見 Alberti（2015） 和 Fricker et al.（2017）。真菌菌絲裡的流速是每秒三到七十微米，有時候比被動的擴散作用快上一百倍（Abadeh and Lew [2013]）。艾倫・雷納對河流的類比很著迷，因為河流是「受到地景塑造、也塑造地景的系統」。河在河岸之間流動。在這過程中，河會塑造它流過的河岸。艾倫・雷納認為菌絲就像斷尾河，在為自己建造的兩岸之間流動。而在任何流體系統中，最重要的就是壓力。菌絲會從周圍吸收水分。水向內流，提高網絡內的壓力。不過壓力本身並不會引起流動。物質要在菌絲體中流動，菌絲就必須製造空間，讓物質流過去。菌絲的生長就是這麼回事。菌絲的內容物流向菌絲的生長頂點。水經由菌絲體網絡，流向持續膨大的菇體。如果反轉壓力梯度，就會反轉流動的方向（Roper et al. [2013]）。不過菌絲似乎可能更精準地調節流動。二〇一九年發表的一則研究，即時追蹤了養分和訊息傳遞物質在菌絲中的移動。某些大型的菌絲中，細胞液的流動每幾個小時就改變方向，使得訊息傳遞物質和養分沿著網絡往雙向流動。在大約三小時內，是朝著一個方向流動。接下來的三小時，又朝相反的方向流動。菌絲如何控制菌絲內的物質流動，目前仍然未知，不過藉著有規律地改變細胞流的方向，物質就能更有效率地在網絡之中散布。作者推測，菌絲孔是調節運輸菌絲中雙向流動的「主要因素」（Schmieder et al. [2019]，並見 Roper and Dressaire [2019] 的評論）。「伸縮泡」是真菌可能引導真菌中流動的另一種方式。菌絲中有些管道可以傳遞一波波的收縮，而這種收縮據說在菌絲體網絡的運輸扮演某種角色（Shepherd et al. [1993], Rees et al. [1994], Allaway and Ashford [2001], and Ashford 和 Allaway [2002]）。

23. Roper et al.（2013）、Hickey et al.（2016）和 Roper and Dressaire（2019）。見 YouTube 的影片："Nuclear dynamics in a fungal chimera"， www.youtube.com/watch?v=_FSuUQP_BBc（檢索於 2019 年 10 月 29 日）；"Nuclear traffic in a filamentous fungus"，www.youtube.com/watch?v=AtXKcro5o30（檢索於 2019 年 10 月 29 日）。

24. Cerdá–Olmedo（2001）和 Ensminger（2001）第 9 章。

25. 關於「最聰明的」，見 Johnson and Gamow（1971）和 Cohen et al.（1975）。

26. 菌絲體生活的許多面向都受到光的影響，例如菇體發展、和其他生物建立關係——惡名昭彰的稻熱病菌只會在夜間感染植物寄主（Deng et al. [2015]）。關於真菌感應光，見 Purschwitz et al.（2006）、Rodriguez–Romero et al.（2010）及 Corrochano and Galland（2016）；關於感應表面地形，見 Hoch et al.（1987）及 Brand and Gow（2009）；關於感應重力，見 Moore（1996）、Moore et al.（1996）、Kern（1999）、Bahn et al.（2007） 及 Galland（2014）。

27. Darwin and Darwin（1880），頁 573。支持「根腦」假說的論點，見 Trewavas（2016）及 Calvo Garzón and Keijzer（2011）；反對腦子類比的論點，見 Taiz et al.（2019）；「植物智能」爭論的簡介，見 Pollan，"The Intelligent Plant"（2013）。

28. 菌絲尖的行為，見 Held et al.（2019）。

29. 仙女環見 Gregory（1982）。

30. 有些研究者提出菌絲突然有收縮或抽搐的情形，可能是用於傳送訊息。不過這些情形不夠頻繁，在即時狀況不足以發揮效用。見 McKerracher and Heath（1986a and 1986b）、Jackson and Heath（1992） 和 Reynaga–Peña and Bartnicki–García（2005）。有些研究者認為，訊息可以藉著改變菌絲體網絡中的流動模式來傳送訊息，有時是以規律振盪的方式，來改變流向（Schmieder et al. [2019] 和 Roper and Dressaire [2019]）。這是很有希望的研究方向，把菌絲體想成一種「液態電腦」或許有幫助，現在已經建造了許多版本的液態電腦，應用範圍從噴射戰鬥機的系統到核子反應爐的控制系統（Adamatzky [2019]）。不過，菌絲體流的變化仍然太緩慢，無法解釋許多現象。代謝活動的規律脈動傳過菌絲體網絡，可能是菌絲體網絡協調行為的方式，但還是太緩慢，無法解釋許多現象（Tlalka et al. [2003, 2007]、Fricker et al. [2007a and 2007b, and 2008]）。網絡生物的典型物種是會走迷宮的黏菌。雖然黏菌不是真菌，卻也演化出種種方式協調它們蔓延擴張、變換形態的菌體，提供一個模式讓我們思考絲狀真菌要面對的挑戰和機會。黏菌生長得比真菌菌絲體更快，所以比較容易研究。黏菌的不同部位會利用規律脈動來溝通，這些脈動以一波波的收縮傳過網絡的分枝。發現食物的分枝，會產生一個訊息傳遞分子，增加收縮的力道。收縮得愈強烈，會讓愈大量的細胞內容物沿著網絡的那條分枝流動。以單一的收縮來看，通過較短路徑的物質會比通過較長路徑的物質更多。一條路徑通過的物質愈多，路徑就會愈強化。這種回饋循環讓黏菌可以改道到「成功」的路徑，放棄沒那麼「成功」的路徑。由網絡中不同部位傳來的脈動會互相結合、干擾、強化。就這樣，黏菌可以整合不同的分枝傳來的訊息，解開複雜的選路問題，而且不需要由特別的位置負責（Zhu et al. [2013]、Alim et al. [2017] 和 Alim [2018]）。

31. 一名研究者在一九八〇年代中期觀察到，「目前主流的生物學研究頂多只做到真菌電生物學的程度」（Harold et al. 1985）。不過在那之後，已經發現真菌受到電流刺激，會發生可能意想不到的反應。用一陣陣電流處理菌絲體，可以大幅增加菇類產量（Takaki et al. [2014]）。松茸這種珍貴的絲狀真菌至今仍然無法人工栽培，如果讓五十千伏特的電脈衝衝擊共生樹木周圍的土地，松茸的產量會幾乎加倍。松茸採集者報告遭雷擊地點的周邊區域在雷擊幾天之後，會有松茸豐收的情形，之後研究者才進行了這個研究（Islam and Ohga [2012]）。植物的動作電位，見 Brunet and Arendt（2015）；真菌動作電位的早期報告，見 Slayman et al.（1976）；真菌電生理學的一般討論，見 Gow and Morris（2009）；「電纜細菌」見 Pfeffer et al.（2012）；細菌菌落活動的類動作電位波，見 Prindle et al.（2015）、Liu et al.（2017）、Martinez–Corral et al.（2019）及 Popkin（2017）中的摘要。

32. 奧森靠著測定刺激和反應出現的時間差，來測量傳播的速度。因此估測的速度包括真菌感應到刺激所需的時間、刺激從甲處傳到乙處的時間，以及微電極偵測到反應的時間。所以電脈衝實際的傳播速度應該比這個估計值快多了。真菌菌絲體整體流動的最快速度，大約每小時一百八十公釐（Whiteside et al. [2019]）。奧森測量的類動作電位脈衝，每小時可以傳播一千八百公釐。

33. 見 Olsson and Hansson（1995）及 Olsson（2009）。奧森記錄的類動作電位活動改變，見 doi.org/10.6084/m9.gshare.c.4560923.v1（檢索於 2019 年 10 月 29 日）。

34. 歐尼．佩根（Oné Pagán）指出，腦子並沒有一般公認的定義。他認為比起根據特定的解部細節，用腦子**做什麼**來定義腦子更有道理（Pagán [2019]）。真菌網絡的隔膜孔調節，見 Jedd and Pieuchot（2012）及 Lai et al.（2012）。

35. Adamatzky（2018a and 2018b）。

36. 網路運算的範例，見 van Delft et al.（2018）及 Adamatzky（2016）。

37. Adamatzky（2018a and 2018b）。

38. 我問奧森，為什麼沒人繼續他一九九〇年代開始的研究。奧森說：「我在研討會上展示研究成果的時候，大家非常、非常有興趣。但他們覺得我的研究很怪。」我向研討者問起奧森的研究，他們一致興趣盎然，想知道更多。那之後，那則研究被引用了許多次。但奧森無法拿到進一步研究那題材的經費。他們認為那樣太容易徒勞無功——以技術的說法，就是「風險太高」。

39. 「過時的迷思」見 Pollan（2013）；腦部行為背後源遠流長的古老細胞過程，見 Manicka and Levin（2019）。「移動假說」假設腦部的演化和動物需要到處移動的需求互為因果。不到處移動的生物不會面臨這樣的挑戰，因此發展出不同類的系統，處理自己面臨的問題（Solé et al. [2019]）。

40. Darwin（1871），引用於 Trewavas（2014）第 2 章。「最低限度的認知」，見 Calvo Garzón and Keijzer（2011）；「生物體現認知」（biologically embodied cognition），見 Keijzer（2017）；植物認知見 Trewavas（2016）；

「基本」認知和認知的程度，見 Manicka and Levin（2019）；Westerhoff et al.（2014）討論了微生物智能。不同類的「腦」的討論，見 Solé et al.（2019）。

41.「網絡神經科學」見 Bassett and Sporns（2017）及 Barbey（2018）。讓我們可以在培養皿裡培養人腦（稱為腦的「類器官」）的科學優勢，讓我們對智能的理解更加複雜。這些技術引發的哲學和倫理問題（加上沒有明確答案）提醒了我們，我們對生物自我的限制仍然了解不多。二〇一八年，幾名頂尖的神經科學家和生物倫理學家在《自然》期刊發表了一篇文章，提出上述的一些問題（Farahany et al. [2018]）。接下來的幾十年，腦組織培養的進展讓我們能培養人造的「迷你腦」，更仔細模仿人腦的功能。作者群寫道，「隨著腦的替代品逐漸變大、變複雜，腦的替代品要擁有近似人類的感知能力，不再遙不可及。那樣的能力可能包括（某種程度）感覺喜悅、疼痛或痛苦的能力；能儲存、取回記憶；或許甚至多少能感覺自我的主體性或意識。」有些人擔心，腦的類器官有朝一日可能比我們聰明（Thierry [2019]）。

42. 扁蟲的經驗，見 Shomrat and Levin（2013）；章魚的神經系統，見 Hague et al.（2013）及 Godfrey–Smith（2017）第 3 章。

43. Bengtson et al.（2017）及 Donoghue and Antcliffe（2010）。班森（Bengtson）和同事刻意謹慎地指出，他們的樣本可能其實不是真菌，而是屬於另一支系的生物，在外觀可以觀察到的所有方面都和現代真菌相似。他們有所遲疑，也情有可原。作者群指出，如果這些菌絲體化石確實是真菌，會「推翻」我們目前對真菌最初如何演化的理解。真菌化石化的效果不大好，而真菌究竟是何時從生命之樹分枝出去，還有爭議。以 DNA 為基礎的方式（利用所謂的「分子鐘」）顯示，最早的真菌大約在十億年前分枝出來。二〇一九年，研究者發表了在北極頁岩中找到的化石化菌絲體，年代距今大約十億年（Loron et al. [2019] and Ledford [2019]）。在那之前，公認最早的真菌化石距今大約四億五千萬年（Taylor et al. [2007]）。最早的傘菌化石距今大約一億二千萬年（Heads et al. [2017]）。

44. 關於芭芭拉．麥克林托克，見 Keller（1984）。

45. 同上。

46. Humboldt（1849），第 1 卷，頁 20。

第三章　地衣：最親密的兩個陌生人

1. Rich（1994）。
2. BIOMEX 生物學與火星計畫是太空生物學計畫之一。關於 BIOMEX，見 de Vera et al.（2019）；EXPOSE 暴露設備，見 Rabbow et al.（2009）。
3. 關於「極限與限制」的引文，見 Sancho et al.（2008）；送進太空的生物（包括地衣）回顧，見 Cottin et al.（2017）；將地衣當作太空生物學研究的模式生物，見 Meeßen et al.（2017）及 de la Torre Noetzel et al.（2018）。
4. Wulf（2015）第 22 章。
5. 施文德納和雙重假說，見 Sapp（1994）第 1 章。
6. Sapp（1994）第 1 章；「聳動的浪漫」，見 Ainsworth（1976）第 4 章。碧雅翠絲・波特的一些傳記作者認為，她是施文德納雙重假說的擁護者；她後來確實可能改變了想法。然而，一八九七年波特一封寫給查爾斯・麥金塔（Charles MacIntosh，是鄉下的郵差，也是業餘博物學家）的信中，她似乎對這問題表達了明確的立場，「其實呢，我們並不相信施文德納的理論，而以前的書上說，地衣會經由葉狀地衣逐漸變成地錢。我非常想要栽培任一種又大又平的地衣的孢子，以及真正地錢的孢子，比較兩種的萌發方式。名字不重要，只要我能把它們乾燥就好。天氣變的時候，如果你還能弄點地衣和地錢的孢子給我就太好了」（Kroken [2007]）。
7. 樹狀圖是現代演化理論創始的概念之一，也是達爾文《物種起源》（*On the Origin of Species*）著名的唯一插圖。達爾文絕對是最早使用這圖像的人。數百年來，分枝的樹狀圖在神學到數學等等的領域，為人類提供了思想的架構。或許最常見的是家譜樹，可以追溯到《舊約聖經》（耶西之樹）。
8. 關於施文德納描繪地衣的爭議，見 Sapp（1994）第 1 章和 Honegger（2000）；亞伯特・法蘭克和「共生」，見 Sapp（1994）第 1 章、Honegger（2000）和 Sapp（2004）。法蘭克最早是用「symbiotismus」這個字，直譯是「共生現象」的意思。
9. 綠海天牛（*Elysia viridis*）的祖先攝取了藻類，而藻類繼續存活在牠們的組織中。綠海天牛和植物一樣，從陽光得到能量。新的共生發現，見 Honegger（2000）；關於「動物地衣」，見 Sapp（1994）第 1 章；「微型地衣」見 Sapp（2016）。

10. 赫胥黎的引用，見 Sapp（1994），頁 21。

11. 百分之八的估計，見 Ahmadjian（1995）；比熱帶森林更大的面積，見 Moore（2013a）第 1 章；「像標籤符號一樣掛著」，見 Hillman（2018）；地衣棲地的多樣性，包括無規則的和長在昆蟲身上的地衣，見 Seaward（2008）；克努森的訪問，見 aeon.co/videos/how–lsd–helped–a–scientistnd–beauty–in–a–peculiar–and–overlooked–form–of–life（檢索於 2019 年 10 月 29 日）。

12. 「所有界石」的引用，見 twitter.com/GlamFuzz（檢索於 2019 年 10 月 29 日）；拉什莫爾山，見 Perrottet（2006）；復活節島的頭像，見 www.theguardian.com/world/2019/mar/01/easter–island–statues–leprosy（檢索於 2019 年 10 月 29 日）。

13. 關於地衣的風化方式，見 Chen et al.（2000）、Seaward（2008）及 Porada et al.（2014）；地衣和土壤形成，見 Burford et al.（2003）。

14. 胚種論和相關概念的歷史，見 Temple（2007）和 Steele et al.（2018）。

15. 美國太空總署為了因應賴德堡對於行星際感染的疑慮，發展出一些方法，在太空船離開地球之前進行消毒。這些方法不甚成功——國際太空站裡有不請自來、欣欣向榮的細菌和真菌群落（Novikova et al. [2006]）。一九六九年，阿波羅十一號任務第一次前往月球之後返回時，太空人在改裝的 Airstream 露營車裡嚴格隔離了三個星期（Scharf [2016]）。

16. 自從一九二〇年代佛瑞德列克．格里菲斯（Frederick Griffith）的成果之後，已經知道細菌能從周圍取得 DNA；之後在一九四〇年代初由奧斯華．埃弗里（Oswald Avery）和他的同事證實。賴德堡展示的是細菌能主動彼此交換遺傳物質——這個過程稱為「接合生殖」。關於賴德堡發現的討論，見 Lederberg（1952）、Sapp（2009）第 10 章及 Gontier（2015b）。病毒 DNA 對於動物的歷史有著深遠的影響——一般認為病毒的基因在卵生哺乳類演化到胎生哺乳類的過程扮演了關鍵的角色（Gontier [2015b] 和 Sapp [2016]）。

17. 動物的基因組中有細菌的 DNA（一般討論見 Yong [2016] 第 8 章）。植物和藻類的基因組中有細菌和真菌的 DNA（Pennisi [2019a]）。會形成地衣的藻類中，有真菌的 DNA（Beck et al. [2015]）。水平基因轉移在真菌之間十分普遍（Gluck–Thaler and Slot [2015]、Richards et al. [2011] 和 Milner et al.

[2019]）。人類的基因組中，至少百分之八最初存在於病毒中（Horie et al. [2010]）。

18. 關於外來 DNA 讓地球的演化「抄捷徑」，見 Lederberg and Cowie（1958）。

19. 太空中不適合居住的環境，見 de la Torre Noetzel et al.（2018）。

20. Sancho et al.（2008）。

21. 即使十八千戈雷的伽馬射線中，迴旋環繞衣樣本的光合活性只會降低百分之七十。二十四千戈雷下，光合活性降低百分之九十五，但不會完全消失（Meeßen et al. [2017]）。這是什麼意思呢？深海熱泉分離出的一種古細菌（命名為耐伽馬熱球菌〔*Thermococcus gammatolerans*〕，真是名副其實）是記錄中最耐輻射的物種之一，能承受高達三十千戈雷的伽馬射線（Jolivet et al. [2003]）。地衣的太空研究概要，見 Cottin et al.（2017）、Sancho et al.（2008）及 Brandt et al.（2015）；高劑量輻射對地衣的影響，見 Meeßen et al.（2017）、Brandt et al.（2017）及 de la Torre et al.（2017）；太空中的緩步動物，見 Jönsson et al.（2008）。

22. 有些領域時常受到地衣「告知」。地衣對某些形式的工業汙染極為敏感，所以被當成可靠的空氣品質指標——從都市地區往下風處延伸的「地衣沙漠」，可以用來畫出受到工業汙染影響的區域。有時候地衣也是更直接的指標。地質學家用地衣來判別岩石形成的年代（這個學科稱為地衣年代測定法〔lichenometry〕）。石蕊試紙是對酸鹼度很敏感的染劑做成的試紙，用於所有學校的科學部門都能看到，而染劑就是來自地衣。

23. 泰伊斯・艾提瑪（Thijs Ettema）和他在烏普薩拉大學（Uppsala University）的團隊最近的成果顯示，真核生物出自於古細菌。事件發生的實際次序還有很大的爭議（Eme et al. [2017]）。長久以來，一直認為細菌沒有內部細胞構造，也就是「胞器」。不過這個看法逐漸改變了。許多細菌似乎有類似胞器的構造，會執行特化的功能。相關討論，見 Cepelewicz（2019）。

24. Margulis（1999）；Mazur（2009），"Intimacy of Strangers and Natural Selection"

25. 「融合與合併」，見 Margulis（1996）；內共生的起源，見 Sapp（1994）第 4 與 11 章；史坦尼爾的引文，見 Sapp（1994），頁 179；「系列性內共生理論」，見 Sapp（1994），頁 174；昆蟲內的細菌內的細菌，見 Bublitz et al.（2019）；馬古利斯的原始論文（以薩根〔Sagan〕之名發表），見 Sagan

（1967）。

26.「十分類似」的引文，見 Sagan（1967）；「絕佳例子」的引文，見 Margulis（1981），頁 167。一八七九年，對於狄伯瑞而言，共生最重要的意義是可以造成演化上的創新（Sapp [1994]，頁 9）。「共生發源」（Symbiogenesis）是「一同生活而形成」之意，最早的俄國倡導者康士坦丁．馬瑞史考斯基（Konstantin Mereschkowsky,1855–1921）和包里斯．米哈伊洛維奇．科索波里安斯基（Boris Mikhaylovich Kozo–Polyansky, 1890–1957）創造的詞，指共生而產生新物種的過程（Sapp [1994]，頁 47–48）。科索波里安斯基在他的研究中引用了幾則地衣的參考文獻。「我們不該認為地衣只是某些藻類和真菌的簡單集合。地衣擁有許多藻類和真菌中都看不到的特定特徵……不論哪一點（其化學、外形、結構、生活、分布），複合的地衣都擁有其個別組成沒有的新的特徵」（Kozo–Polyansky trans. [2010]，頁 55–56）。

27. 道金斯和丹尼特的引文等等，見 Margulis（1996）。

28. 遺傳學家理察．路翁亭曾說，演化的「生命之樹」似乎不是正確的比喻。「或許我們應該把這想成精巧的繩結編織藝術」（Lewontin [2001]）。這對樹木不大公平。有些樹種的枝幹確實能彼此融合。這個過程稱為「吻合」（inosculation，來自拉丁文 osculare，是「親吻」之意）。不過看看你身邊的樹，通常分枝比融合多。大部分樹木的枝幹並不像真菌菌絲一樣，一天到晚彼此融合。樹木適不適合當作演化的象徵，已經爭論了數十年。達爾文本人擔心「生命之珊瑚」會不會是更適合的形象，不過他最後決定，那樣會讓事情「過度複雜」（Gontier [2015a]）。二〇〇九年，生命之樹問題最激烈的一陣浪潮中，《新科學人》（*New Scientist*）發表了一期刊物，封面宣告「達爾文錯了」。社論尖銳地表示：「達爾文之樹被連根拔起。」結果不出所料，掀起了激昂的回應（Gontier [2015a]）。在劇烈的反應中，丹尼爾．丹尼特的一封信特別突出：「你們做出俗豔的封面，宣告『達爾文錯了』的時候，究竟在想什麼……？」不難理解丹尼特為什麼大受冒犯。達爾文並沒有錯。只不過他是在我們知道 DNA、基因、共生融合和水平基因轉移之前，提出他的演化理論。這些發現改變了我們對生命歷史的了解。然而達爾文的中心論點（演化是天擇的結果）並未受到質疑——不過天擇是演化主要動力的程度還有爭議。共生和水平基因轉移提供了產生創新的新途徑；這些是新的演化**共同作者**。只是天擇仍然是編輯。話說回來，有鑑於共生融合和水平基因轉移，許多生物學家開始重新把生命之樹想像成網狀的網絡，隨著支系分枝、融合、與彼此交纏而形成——是「網絡」、「網路」、「網子」、「地下莖」或「蜘蛛網」（Gontier [2015a] 和 Sapp [2009] 第 21 章）。這些圖中的線條和彼此糾結、融合，連結生物不同的物種、界，甚至域。連結在病毒的世界裡彎進彎出，這些遺傳實體甚至不被視為有生命。如果有人想為演化找個新的代表生物，用不著費盡心思。這樣的生命形象比什麼都要像真菌的菌絲體。

29. 一些地衣有著特化的傳播構造，「粉芽」（soredia），其中含有真菌和藻類細胞。有時候，剛發芽的地衣真菌可能和不大符合需求的共生光合生物合夥，以「前葉體」（prethallus）這種「光合細胞團」的形式生存，直到真正適合的共生光合生物出現（Goward [2009c]）。有些地衣可以分解、重新結合，不產生孢子。如果把某種地衣放在培養皿中，給予適當的養分，夥伴就會分離、遠離彼此。分開之後，雙方可以重新建立關係（不過通常不那麼順利）。從這樣的角度來看，地衣是可逆的。至少有時候，水乳不一定一直交融。然而，目前只有細葉石果衣（*Endocarpon pusillum*）這種地衣的夥伴雙方可以分離，分開生長，重新結合之後形成地衣的各種階段，包括具有功能的孢子——這稱為「孢子對孢子」的再合成（Ahmadjian and Heikkilä [1970]）。

30. 地衣的共生特性帶來一些有趣的技術問題。地衣一向是分類學家的迷你夢魘。目前，地衣是以真菌夥伴的名稱來稱呼。比方說，石黃衣（*Xanthoria parietina*）這種真菌和不規則共球藻（*Trebouxia irregularis*）這種藻類互動而形成的地衣，就稱為石黃衣（*Xanthoria parietina*）。同樣的，石黃衣和樹生共球藻（*Trebouxia arboricola*）結合形成的地衣也稱為石黃衣（*Xanthoria parietina*）。地衣的名稱以一概全，也就是以部分的稱呼來指稱全體（Spribille [2018]）。目前的系統意味著，地衣的真菌部分**就是地衣本身**。但事實並非如此。地衣是幾個夥伴協商的結果。戈瓦德悲歎道，「把地衣視為真菌，等於完全沒看到地衣 」（Goward [2009c]）。就像科學家把任何含有碳（從鑽石、甲烷到甲基安非他命）的化合物稱為**碳**。不得不承認，他們恐怕漏掉了什麼。這不只是語意學的埋怨；給一個東西命名，就是認可那東西存在。發現任何新物種的時候，會加以「描述」、命名。而地衣確實有名字，而且名字還不少。地衣學家並不是分類學的禁欲者。只是他們能給的名字，都和他們打算描述的現象擦肩而過。這是結構性的問題。生物學是以一個分類系統為中心，而這系統無從辨別地衣的共生狀態。地衣的共生狀態根本無從命名。

31. Sancho et al.（2008）。

32. de la Torre Noetzel et al.（2018）。

33. 關於地衣的獨特化學物質和人類的應用，見 Shukla et al.（2010）和《全球真菌現況報告》（*State of the World's Fungi*, 2018）；地衣關係的代謝遺跡，見 Lutzoni et al.（2001）。

34. 深碳觀測計畫的報告，見 Watts（2018）。

35. 地衣沙漠，見《全球真菌現況報告》（*State of the World's Fungi*, 2018）；岩石內的地衣，見de los Ríos et al.（2005）和Burford et al.（2003）；關於南極旱谷，見 Sancho et al.（2008）；關於液態氮，見 Oukarroum et al.（2017）；關於地衣的壽命，見 Goward（1995）。

36. Sancho et al.（2008）。

37. 噴出造成的衝擊，見 Sancho et al.（2008）及 Cockell（2008）。一些研究證實，細菌比地衣更能抵抗高溫和衝擊壓力。重返大氣層，見 Sancho et al.（2008）。

38. Sancho et al.（2008）及 Lee et al.（2017）。

39. 地衣的起源，見 Lutzoni et al.（2018）和 Honegger et al.（2012）。近似地衣的古老化石的身分，以及那些化石和現存支系之間的關係，仍然有很多爭議。已經發現據今六億年，有類似地衣的海洋生物（Yuan et al. [2005]），有些人認為，這些海洋地衣在地衣祖先登陸的過程中，扮演了某種角色（Lipnicki [2015]）。關於地衣和再地衣化（re–lichenization）的多重演化，見 Goward（2009c）；去地衣化（de–lichenization），見 Goward （2010）；選擇性的地衣化，見 Selosse et al.（2018）。

40. Hom and Murray（2014）。

41. 關於「歌曲，而不是歌手」，見 Doolittle and Booth （2017）。

42. 黑夜水點衣（*Hydropunctaria maura*）從前稱為黑夜瓶口衣（*Verrucaria maura*）。地衣登陸新生島嶼的長期研究，見敘爾特塞島（Surtsey）的例子：www.anbg.gov.au/lichen/case–studies/surtsey.html（檢索於 2019 年 10 月 29 日）。

43. 「整體」和「部分的集合」，見 Goward（2009a）。

44. Spribille et al.（2016）。

45. 地衣內的真菌多樣性討論，見 Arnold et al.（2009）；雜髓衣的額外夥伴，見 Tuovinen et al.（2019）及 Jenkins and Richards（2019）。

46. 關於「怎麼稱呼不重要」，見 Hillman （2018）。戈瓦德提出的一個地衣定義，納入最近的這些發現：「地衣化的持久實體副產物，定義為一個過程，不定數量的真菌、藻類和細菌分類群組成的一個非線性系統，而形成一個葉狀體（也就是地衣的共有本體），而這葉狀體被視為組成單元的突現性質」（Goward 2009b）。

47. 將地衣視為微生物儲藏庫，見 Grube et al.（2015）、Aschenbrenner et al.（2016）和 Cernava et al.（2019）。

48. 地衣的酷兒理論，見 Griffiths（2015）。

49. Gilbert et al.（2012）更詳細地分析了微生物如何混淆生物個體性的不同定義。想要進一步了解微生物和免疫，見 McFall–Ngai（2007）和 Lee and Mazmanian（2010）。有些人根據生物系統的「共同命運」，而對生物個體提出不同的定義。比方說，菲德列克．布夏（Frédéric Bouchard）提出，「一個生物個體是功能整合的實體，遇到環境的天擇壓力時，其整合和系統的共同命運息息相關」（Bouchard, 2018）。

50. Gordon et al.（2013）及 Bordenstein and Theis（2015）。

51. 腸道細菌導致的感染，見 Van Tyne et al.（2019）。

52. Gilbert et al.（2012）。

第四章　神奇蘑菇：菌絲體的心智

1. 莎賓娜的話，源自高登．瓦森的一段錄音，引用於 Schultes et al.（2001），頁 156。

2. 迷幻藥臨床研究的簡短摘要，見 Winkelman（2017）；進一步的討論，見 Pollan（2018）。

3. Hughes et al.（2016）。

4. 螞蟻死命一咬的時機和高度，見 Hughes et al.（2011）和 Hughes（2013）；引導方向，見 Chung et al.（2017）。蛇形蟲草屬有許多種，巨山蟻也有許多種，不過每種巨山蟻只會成為一種真菌的寄主，而每種真菌只能控制一種巨山蟻（de Bekker et al. [2014]）。不同的真菌、螞蟻配對，會選擇獨特的死亡地點。有些真菌會讓它們的昆蟲化身咬住細枝，有些咬住樹皮，有些咬住葉子（Andersen et al. [2009] 和 Chung et al. [2017]）。

5. 真菌在螞蟻生物量之中的比例，見 Mangold et al.（2019）；螞蟻體內真菌網絡視覺化，見 Fredericksen et al.（2017）。

6. 真菌靠著化學方式操控螞蟻的假說，見 Fredericksen et al.（2017）；蛇形蟲草產生的化學物質，見 de Bekker et al.（2014）；關於蛇形蟲草和麥角鹼的討論，見 Mangold et al.（2019）。

7. 化石化的葉片疤痕，見 Hughes et al.（2011）。

8. 麥肯納的引文，見 Letcher（2006），頁 258。

9. Schultes et al.（2001），頁 9。關於動物界的迷醉，Siegel（2005）與 Samorini（2002）有廣泛且有時不加批判的討論。

10. 關於毒蠅傘的討論，見 Letcher（2006）第 7–9 章。有些人假定，賽林鎮（Salem）的女巫審判是痙攣性麥角中毒的結果（Caporael, 1976; Matossian, 1982），不過 Spanos 與 Gottleib（1976）鏗鏘有力地反駁了他們的論點。麥角菌引起的幻覺和心理靈性痛苦，在中世紀和文藝復興時代稱為聖安東尼之火（Saint Anthony's fire），現在認為可能啟發了當時的地獄形象。關於波希，見 Dixon（1984）。牲畜也可能麥角中毒。麥角由於對牛、馬、羊的影響，被稱為「夢草」、「醉草」、「裸麥草蹣跚病」（Clay [1988]）。麥角菌也有強烈的藥效，數百年來都被助產婦用來阻止產後出血。亨利・惠康（Henry Wellcome）是位創業家，建立了惠康信託基金會（Wellcome Trust），他研究了麥角對穀物真菌之藥效的報告。惠康記錄道，十六世紀蘇格蘭、德國和法國的助產婦認為麥角能促進子宮收縮，控制產後出血，「效力強烈而確實」。這些男性醫師從這些藥婆或助產婦學到麥角的療效，形成麥角新鹼（ergometrine）這種藥物的基礎；而麥角新鹼至今仍然用來治療產後的嚴重出血（Dugan [2011]，頁 20–21）。正是因為麥角以作為產科藥物聞名，所以艾伯特・赫夫曼一九三〇年代開始在山多斯實驗室（Sandoz Laboratories）研究麥角，這個研究計畫促成了 LSD 在一九三八年製成。麥角鹼、其歷史和應用的討論，見 Wasson et al.（2009），"A Challenging Question and My Answer"

11. 裸蓋菇在墨西哥的使用歷史討論，見 Letcher（2006）第 5 章、Schultes（1940）和 Schultes et al.（2001）; “Little Flowers of the Gods”。薩阿岡的引文，見

Schultes（1940）。

12. Letcher（2006），頁 76。

13. 麥肯納和塔西里洞穴壁畫與引文，見 McKenna（1992）第 6 章；麥肯納和塔西里洞穴壁畫的討論，見 Metzner（2005），頁 42–43；更關鍵的討論，見 Letcher（2006），頁 37–38。

14. 二〇一九年發表的一份論文分析了玻利維亞一組儀式器具中狐狸吻部做的小袋裡的殘留物，這些東西歷史超過一千年。研究者發現多種精神作用物質的痕跡——包括古柯鹼（來自古柯）、二甲基色胺（DMT）、野芸香鹼（harmine）和蟾蜍毒色胺（bufotenine）。分析提供了脫磷酸裸蓋菇素（psilocin）的試驗性證據。脫磷酸裸蓋菇素是裸蓋菇鹼分解而成的精神作用物質，這項證據如果是真的，表示儀式器具中有裸蓋菇（Miller et al. [2019]）。伊留西斯密儀是穀物和收穫女神狄蜜特（Demeter）與祂女兒波瑟芬妮（Persephone）的慶典，也是古希臘最主要的一個宗教節慶。慶典中，入教者會喝下一杯叫作「凱寇恩」（kykeon）的液體。喝下之後，入教者會看到鬼魂的幻影，經歷令人驚歎的入神和幻覺狀態。許多人表示，那些經驗永遠地改變了他們（Wasson et al. [2009] 第 3 章）。雖然凱寇恩實際的成分仍然是嚴密守護的祕密，但很可能是會影響精神狀態的酒——美國權貴被人發現在家和賓客在晚宴上喝凱寇恩，掀起了人盡皆知的醜聞（Wasson et al. [1986]，頁 155）。伊留西斯儀式並沒有賓客名單，所以不確定究竟有誰參加。不過，大部分雅典市民都是入教者，許多著名人物應該都曾參與，包括古希臘的三大悲劇劇作家尤里庇底斯（Euripides）、索福克勒斯（Sophocles）、艾斯奇勒斯（Aeschylus）與抒情詩人品達（Pindar）。柏拉圖在他的《會飲篇》（*Symposium*）和《斐德洛篇》（*Phaedrus*）有點詳細地寫到神祕的入教經驗，他的用語顯然是在描述伊留西斯慶典中的儀式（Burkett [1987]，頁 91–93）。亞里斯多德並沒有明確提過伊留西斯的密儀，但他確實提過神祕的入教儀式——西元前四世紀中，伊留西斯的儀式十分盛行，因此這些亞里斯多德的敘述很可能和伊留西斯密儀相符。赫夫曼（以及高登．瓦森和卡爾．魯克〔Carl Ruck〕）提出假設，認為凱寇恩是用穀物上的麥角菌製成，而且經過某種純化，避免誤食而產生的可怕症狀（Wasson et al. [2009]）。麥肯納猜測，伊留西斯的教士會發放裸蓋菇（McKenna [1992] 第 8 章）。也有人認為，那是鴉片罌粟做成的製劑。此外，還有其他可能在古代宗教脈絡下使用蕈類的例子。中亞曾經興起一種宗教信仰，他們會使用一種會影響精神狀態的製劑——「蘇摩」（soma）。蘇摩會引發入神狀態，印度古籍《梨俱吠陀》（*Rigveda*）大約成書於西元前一千五百年，其中就收錄了對蘇摩的頌歌。不過這種飲料和凱寇恩一樣，至今成分不明。有些人（最著名的是瓦森）認為那是毒蠅傘這種紅底白點的蕈類（相關討論見 Letcher [2008] 第 8 章）。麥肯納（不出所料）認為比較可能是裸蓋菇。另外也有人認為是大麻。不過無論哪一種說法，都沒有明確的證據。

15. 虛構怪物引用出處，見 Yong（2017）。二〇一八年，日本琉球大學的研究者發現，幾種蟬體內馴化了蛇形蟲草屬的真菌（Matsuura et al. [2018]）。蟬就像許多主要以植物汁液為食的昆蟲，仰賴共生細菌產生一些必需的養分和維生素，否則就無法生存。不過在一些日本種的蟬身上，扮演這角色的不是細菌，而是一種蛇形蟲草。誰也料不到會有這種事。蛇形蟲草是效率無情的殺手，它們的能力經過千萬年磨練。不過不知怎麼，在它們共存的長久歲月中，蛇形蟲草成了蟬不可或缺的生命伴侶。更重要的是，這種情形在三個不同支系的蟬身上分別發生了至少三次。馴化的蛇形蟲草提醒了我們，「有益」和「寄生」的微生物之間的分野有時沒那麼顯而易見。

16. 免疫抑制藥，見《全球真菌現況報告》（*State of the World's Fungi*, 2018））中 "Useful Fungi" 部分；青春永駐的祕方，見 Adachi and Chiba（2007）。

17. Coyle et al.（2018）；「古怪」的發現，見 twitter.com/mbeisen/status/1019655132940627969（檢索於 2019 年 10 月 29 日）。

18. 受感染的蠅類行為描述，見 Hughes et al.（2016）及 Cooley et al.（2018）；「會飛的死亡鹽瓶」，見 Yong（2018）。

19. 卡森的研究，見 Boyce et al.（2019）和 Yong（2018）中的討論。這不是首度提出操控昆蟲的真菌可能是用化學物質控制寄主，而這些化學物質也可能影響人類的精神狀態；墨西哥一些原住民祭典中，會吃下蛇形蟲草屬真菌的親戚和裸蓋菇（Guzmán et al. [1998]）。

20. 報告指出，卡西酮會增加螞蟻的攻擊性，也可能使受感染的蟬出現過度活躍的行為（Boyce et al. [2019]）。

21. 見 Ovid（1958），頁 186；亞馬遜的薩滿教，見 Viveiros de Castro（2004）；關於尤卡吉爾人，見 Willerslev（2007）。

22. 見 Hughes et al.（2016）。神經微生物學（neuromicrobiology）是比較新的領域，我們對腸道微生物對動物行為、認知和心理狀態的影響，仍然是一知半解（Hooks et al. [2018]）。雖然如此，有些模式仍然逐漸浮現。比方說，小鼠一開始就需要健康的腸道微生物群，才能發展出功能正常的神經系統（Bruce–Keller et al. [2018]）。如果小鼠的亞成鼠還沒發展出功能正常的系統，微生物群系就遭到破壞，會導致認知缺陷，包括記憶問題、無法分辨物體（de la Fuente–Nunez et al. [2017]）。一些研究交換了不同小鼠品系的微生物叢，最戲劇化地證實了這個論點。當「害羞」的小鼠品系接受「正常」品系的糞便移植，就不會再小心翼翼。同樣的，如果「正常」品系接種了「害羞」品系的微生物，就會變得「過度謹慎、猶豫」（Bruce–Keller et al. [2018]）。小鼠腸道微生物叢的差異，會影響小鼠忘記疼痛經驗的能力（Pennisi [2019b] 和 Chu et al. [2019]）。許多腸道微生物會產生化學物質，影響神經系統活動，包括神經傳導物質和短鏈脂肪酸（short chain fatty acid,SCFA）。血清素這種神經傳導物質充足時，我們會感到快樂，缺乏時則會憂鬱。我們體內超過百分之九十的血清素在腸道中形成，而腸道微生物對於調節血清素生產，扮演了重要角色（Yano et al. [2015]）。有兩則研究將憂鬱的人類患者糞便微生物叢移植到無菌的小鼠和大鼠身上，調查移植的影響。結果發現實驗動物產生憂鬱的症狀，包括焦慮、對愉快的行為失去興趣。這些研究顯示，腸道微生物叢不平衡，不只會導致憂鬱，也可能是小鼠和人類憂鬱行為的原因（Zheng et al. [2016] 和 Kelly et al. [2016]）。進一步的人類研究，顯示某些益生菌治療能減少憂鬱、焦慮症狀以及負面念頭（Mohajeri et al. [2018] 和 Valles–Colomer et al. [2019]）。不過，神經微生物學領域有著數十億的益生菌產業在虎視眈眈，一些研究者指出有過度炒作結果的趨勢。腸道菌落很複雜，要加以控制是一大挑戰。而且有許多變數，很少實驗能辨識出特定微生物作用和特定行為之間的因果關係（Hooks et al. [2018]）。

23.「延伸的表現型」，見 Dawkins（1982）；「極為受限的推測」，見 Dawkins（2004）；從延伸的表現型來看真菌操控昆蟲行為的討論， 見 Andersen et al.（2009）、Hughes（2013 and 2014） 和 Cooley et al.（2018）。

24.關於一九五〇和六〇年代的「第一波」迷幻藥研究的討論，見 Dyke（2008）和 Pollan（2018）第 3 章。

25.約翰霍普金斯大學的研究，見 Griffiths et al.（2016）；紐約大學的研究，見 Ross et al.（2016）；格里菲斯的訪問，見路易斯．史瓦茲博格（Louis Schwartzberg）導演的《奇妙的真菌：我們腳下的魔法》（*Fantastic Fungi: The Magic Beneath Us*）；一般討論（包括記錄的「處理效應」大小），見 Pollan（2018）第 1 章。

26. 關於裸蓋菇鹼相關的神祕體驗，見 Griffiths et al.（2008）；敬畏在迷幻藥輔助的心理治療中扮演的角色，見 Hendricks（2018）。

27. 裸蓋菇鹼在治療菸草上癮扮演的角色，見 Johnson et al.（2014 and 2015）；裸蓋菇鹼促使的「開放」和生活滿意度，見 MacLean et al.（2011）；迷幻藥用於治療成癮的一般討論，見 Pollan（2018）第 6 章第 2 節；和自然界的連結感，見 Lyons and Carhart–Harris（2018）和 Studerus et al.（2011）。用致幻的皮約特仙人掌（peyote）來治療酗酒，在美國原住民群落已有久遠的傳統。一九五〇到七〇年代之間，一些研究調查了裸蓋菇鹼和 LSD 用來治療藥物上癮的可能性。幾則研究提出正向的結果。二〇一二年，一個統合分析匯集了一些控制最嚴謹的試驗資料。報告指出，一劑 LSD 對於酒精濫用有正面影響，效用長達六個月（Krebs and Johansen [2012]）。馬修．約翰遜和他的同事在一個為了調查這個現象的「自然生態學」而設計的線上調查中，分析了逾三百人的敘述，他們表示在使用裸蓋菇鹼或 LSD 的經驗之後，已經減少香菸的用量，或完全停止吸菸（Johnson et al. [2017]）。

28. 「原本是徹頭徹尾的」見 Pollan（2018）第 4 章；非物質現實是宗教信仰的基礎，見 Pollan（2018）第 2 章。即使約翰霍普金斯大學負責引導、觀察試驗的工作人員也表示，他們的世界觀有了意外的改變。一名參與數十場裸蓋菇鹼試驗的指導員描述了當時的經驗：「我一開始是在無神論者那邊，不過我開始每天在工作上都看到和這種想法有牴觸的事情。我和服用裸蓋菇鹼的人坐在一起，我的世界變得愈來愈神祕了」（Pollan [2018] 第 1 章）。

29. 迷幻藥對神經元生長和結構的影響，見 Ly et al.（2018）。

30. 裸蓋菇鹼和預設模式網絡，見 Carhart–Harris et al.（2012）和 Petri et al.（2012）；關於 LSD 對於腦部連結的影響，見 Carhart–Harris et al.（2016b）。

31. 賀弗的引文，見 Pollan（2018）第 3 章。

32. 約翰遜的引文，見 Pollan（2018）第 6 章；裸蓋菇鹼在治療憂鬱症「僵化悲觀」時扮演的角色，見 Carhart–Harris et al.（2012）。

33. 自我消散和「融合」的討論，見 Pollan（2018）序與第 5 章。

34. 「涼爽夜晚般的心智」和「綺麗」，見 McKenna and McKenna（1976），頁 8–9。

35. 懷海德的引文，見 Russell（1956），頁 39；「極為受限」的推測，見

Dawkins（2004）。

36. 很難直截了當地估計究竟最初有蕈類變得「神奇」，是什麼時候的事。最簡單的辦法，是假設製造裸蓋菇鹼的能力，始於所有製造裸蓋菇鹼的蕈類近代的共同祖先。不過這樣其實行不通，因為：一、裸蓋菇鹼在真菌支系之間水平轉移（Reynolds et al. [2018]）；二、裸蓋菇鹼的生物合成，經過一次以上的演化（Awan et al. [2018]）。俄亥俄州立大學的研究者傑森·斯洛特（Jason Slot）估計的時間是七千五百萬年前，根據的假說是，製成裸蓋菇鹼所需的基因最早是在裸傘屬（*Gymnopilus*）和裸蓋菇屬（*Psilocybe*）這兩個屬形成基因叢。斯洛特懷疑確實是這樣，因為其他出現裸蓋菇鹼基因叢的例子，都是透過水平基因轉移而得。

37. 裸蓋菇鹼基因叢的水平基因轉移，見 Reynolds et al.（2018）；裸蓋菇鹼生物合成的多個起源，見 Awan et al.（2018）。

38. 有些昆蟲和真菌之間的一些關係，涉及比較模稜兩可的操控，例如「杜鵑菌」（cuckoo fungus）會利用白蟻的社會行為，產生像白蟻卵的小球，並且產生真正白蟻卵中含有的一種荷爾蒙。白蟻把假卵帶到蟻巢，加以照料。真菌「卵」沒孵化，於是就被丟進垃圾堆。杜鵑菌在養分豐富的堆肥之間萌發，不用和其他真菌競爭（Matsuura et al. [2009]）。

39. 搜尋裸蓋菇的切葉蟻，見 Masiulionis et al.（2013）；蚋和食用裸蓋菇的其他昆蟲，以及裸蓋菇鹼的「誘餌」假說，見 Awan et al.（2018）。純的裸蓋菇鹼結晶非常昂貴，而且管制嚴格，因此研究困難。有些證據顯示，裸蓋菇鹼會阻礙昆蟲和其他無脊椎動物的行為。一九六〇年代有一系列知名的實驗，研究者將多種藥物用在蜘蛛身上，研究牠們織的網。高劑量的裸蓋菇鹼會使蜘蛛完全無法織網。裸蓋菇鹼劑量較低的蜘蛛織的網比較稀疏，行為看起來「好像身體變沉重了」。相較之下，LSD 會使蜘蛛織出「格外整齊」的網（Witt [1971]）。近年的研究發現，接受甲替平（metitepine）處理的果蠅會喪失食欲（裸蓋菇鹼會刺激血清素受體，甲替平這種化學物質則會阻斷）。因此有些人主張，裸蓋菇鹼的作用可能是提高果蠅的食欲——很可能是為了散播真菌孢子（Awan et al. [2018]）。麥克·博格（Michael Beug）是長青州立大學的生化與真菌學家，是一位反對裸蓋菇鹼抑制劑假說的研究者。蕈類可以視為果實。蘋果樹會讓蘋果很醒目，促進種子散布；同樣的，真菌會產生菇體，促進孢子散布。博格指出，產生裸蓋菇鹼的真菌菇體中，含有高濃度的裸蓋菇鹼，不過大部分菌絲體中的含量卻幾乎可以忽略（不過也有例外——據報暗藍裸蓋菇〔*Psilocybe caerulescens*〕和胡格沙裸蓋菇／長生裸蓋菇〔*Psilocybe hoogshagenii / semperviva*〕的菌絲體含有高濃度的裸蓋菇鹼）。不過那是在菌絲體，不是在最需要防禦的菇體中。裸蓋菇為什麼特地防禦它們的果實，卻不保護菌絲體（Pollan [2018] 第 2 章）？

40. 我們知道其他哺乳類也會食用某些種的裸蓋菇，而不會產生不良影響。負責北美真菌協會（North American Mycological Association）中毒報告的生化兼真菌學家博格，收到許多這樣的通報。博格告訴我：「發生在牛、馬身上，可能是意外，也可能不是。」不過有時候，動物似乎確實會刻意尋找裸蓋菇。「有些狗看到主人撿裸蓋菇，起了好奇心——然後會一再跑去吃裸蓋菇，吃下去的影響看在人類觀察者眼中很熟悉。」他只收到過一隻貓的報告，那隻貓「反覆去吃裸蓋菇，似乎變得十分『著蘑』。」

41. Schultes（1940）。

42. 關於瓦森在《生活》的文章和傳播廣度的討論，見 Pollan（2018）第 2 章及 Davis（1996）第 4 章。

43. 「跟在她後面」見 McKenna（2012）。第一次在流傳甚廣的機關報刊中描述服用神奇蘑菇體驗的，大概是記者西德尼．卡茲（Sidney Katz），他在熱門的加拿大雜誌《麥克連》（*Maclean's*）發表了一篇文章，提名為〈我發瘋的十二小時〉（My Twelve Hours as a Madman）。相關討論，見 Pollan（2018）第 3 章。

44. 李瑞的「幻象之旅」討論和哈佛裸蓋菇鹼計畫，見 Letcher（2006），頁 198–201 及 Pollan（2018）第 3 章。李瑞的引文，見 Leary（2005）。

45. Letcher（2006），頁 201 及 254–55，Pollan（2018）第 3 章。

46. 對於神奇蘑菇的興趣水漲船高，相關討論見 Letcher（2006），"Underground, Overground"；關於栽培技術的討論，見 Letcher（2006），"Muck and Brass"；栽培者指南，見 McKenna and McKenna（1976）。

47. 關於《種菇人》和荷蘭、英國神奇蘑菇背景的討論，見 Letcher（2006），"Muck and Brass"。

48. 蕈類在中美洲的牧草地生長迅速，沒有任何證據顯示人們主動栽培那些蕈類。

49. 含有裸蓋菇鹼的地衣，見 Schmull et al.（2014）；全球的裸蓋菇分布，見

Stamets（1996 and 2005）；「大量發生」見 Allen 與 Arthur（2005）；世界各地發現裸蓋菇的狀況，見 Letcher（2006），頁 221–25；「公園、住宅開發區」，見 Stamets（2005）。

50. Schultes et al.（2001），頁 23。

51. 見 James（2002），頁 300。

第五章　在植物的根出現之前

1. 湯姆・威茲／凱薩琳・布瑞南，〈綠草〉（Green Grass），收錄於《嗨翻天》（*Real Gone*）專輯（2004）。

2. 陸生植物的演化，見 Lutzoni et al.（2018）、Delwiche and Cooper（2015）及 Pirozynski and Malloch（1975）；植物的生物量，見 Bar–On et al.（2018）。

3. 早期的生物結皮（biocrust），見 Beerling（2019），頁 15、Wellman and Strother（2015）；奧陶紀的生命，見 web.archive.org/web/20071221094614/http://www.palaeos.com/Paleozoic/Ordovician/Ordovician.htm#Life（檢索於 2019 年 10 月 29 日）。

4. 植物祖先登陸的動機，見 Beerling（2019），頁 155。這個主題有時無法得到共識，或許沒什麼奇怪。克里斯・皮洛辛斯基（Kris Pirozynski）和大衛・馬洛克（David Malloch）在他們一九七五年的論文〈陸生植物起源：事關向真菌性〉（The origin of land plants: a matter of mycotropism）中，首次提出這個概念。他們在論文中宣稱，「當時陸生植物從來沒獨立（於真菌），否則它們絕對無法占據陸地」。這概念在當時非常激進，因為這樣假設了生命史最重大的一個演化發展中，共生是一股主要的力量。琳・馬古利斯接納了這個概念，把共生描述成「宛如月亮，將生命的潮水從深海中拉到乾燥的陸地上、拉向空中」（Beerling [2019]，頁 126–27）。對於真菌和真菌在陸生植物演化中扮演什麼角色的討論，見 Lutzoni et al.（2018）、Hoysted et al.（2018）、Selosse et al.（2015）及 Strullu–Derrien et al.（2018）。

5. 形成菌根關係的植物種類比例，見 Brundrett and Tedersoo（2018）。百分之七的陸生植物不會形成菌根關係，而是演化出其他策略，例如寄生或食肉。這數字甚至可能不到百分之七——最近的研究發現，傳統認為「非菌根」的植物（例如十字花科的植物）也會和非菌根真菌建立關係，和菌根關係一樣對植物有利（van der Heijden et al. [2017]，Cosme et al. [2018] 和 Hiruma et al. [2018]）。

6. 海藻中的真菌（藻菌共生〔mycophycobiosis〕），見 Selosse and Tacon（1998）；「柔軟綠球」，見 Hom and Murray（2014）。
7. 我們稱作「蘚類」的一群植物活細胞，被視為陸生植物最早分支出來的支系，可能可以追溯到超過四億年前。陶氏蘚屬（*Treubia*）和裸蒴蘚屬（*Haplomitrium*）的蘚類或許最能讓我們一窺早期的植物生命（Beerling [2019]，頁 25）。除了化石，還有幾條線索。植物用化學訊號和菌根菌溝通，現存所有植物群負責這些化學物訊號的遺傳體都相同，表示這存在於所有植物的共同祖先（Wang et al. [2010]、Bonfante and Selosse [2010] 和 Delaux et al. [2015]）。最早陸生植物的現存祖先——蘚類和最古老的菌根菌支系建立了關係（Pressel et al. [2010]）。此外，近期估算的時機顯示，真菌比現代陸生植物更早轉移到陸地，表示早期植物幾乎不可能不遇到真菌（Lutzoni et al. [2018]）。
8. 根的演化，見 Brundrett（2002）及 Brundrett and Tedersoo（2018）。
9. 較細、更能見機行事的根部演化，見 Ma et al.（2018）。細根的直徑有大有小，不過通常落在一百到五百微米。叢枝菌根是菌根菌最古老的支系之一，運輸菌絲的直徑大約二十到三十微米，而細小的吸收菌絲有二到七微米那麼細（Leake et al. [2004]）。
10. 土壤生物量的三分之一到二分之一，見 Johnson et al.（2013）；估計土壤表層十公分中菌根菌的長度，見 Leake and Read（2017）。這些估計根據的是不同生態系找到的菌根菌絲體長度，並且考慮到菌根種類和土地利用形式（Leake et al. [2004]）。
11. 法蘭克的菌根菌研究，見 Frank（2005）；法蘭克成果的討論，見 Trappe（2005）。
12. 法蘭克的實驗描述，見 Beerling（2019），頁 129。法蘭克最直言不諱的批評者是植物學家羅斯科·龐德（Roscoe Pound，之後成為哈佛法學院院長），他譴責法蘭克的提議「確實膽小」。龐德站在比較「清醒」的作者那邊，他們堅持菌根菌「很可能是有害的，會奪走應當屬於樹木的養分」。「總而言之」，龐德怒吼道，共生「對一方有利，但我們永遠無法確定另一方如果獨立存在，不會長得那麼好」（Sapp [2004]）。

13. Tolkien（2014），「你這個小園丁、愛樹人」，見第一部，〈再會，羅瑞安〉（Farewell to Lórien）；「山姆・詹吉在特別美麗或親愛的樹木」見第三部，〈灰港岸〉（The Grey Havens）。

14. 泥盆紀的迅速演化，見 Beerling（2019），頁 152 及 155；二氧化碳驟降，見 Johnson et al.（2013）及 Mills et al.（2017）。引發大氣二氧化碳驟降的原因，還有其他假說。例如火山和其他地殼活動釋放出二氧化碳和其他溫室氣體。如果火山排放的二氧化碳減少，那麼大氣中的二氧化碳也會減少，有可能引發一段全球寒冷化的時期（McKenzie et al. [2016]）。

15. 泥盆紀的菌根幫助植物迅速擴張，見 Beerling（2019），頁 162；從菌根活動的角度來看風化，見 Taylor et al.（2009）。

16. 米爾斯使用 COPSE 模式（COPSE 由二氧化碳、氧、磷、硫與演化的英文縮寫組成），檢視這些元素在演化過程中漫長期間裡的循環，與「陸地生物相、大氣、海洋和沉積物的簡化表徵」之間的關聯（Mills et al. [2017]）。

17. Mills et al.（2017）；菲爾德實驗菌根對古代氣候的反應，見 Field et al.（2012）。

18. 菌根演化的一般討論，見 Brundrett and Tedersoo（2018）。從前幫助植物登陸陸地，現在在草原和熱帶雨林欣欣向榮的那群真菌——叢枝菌根菌，一般認為只演化過一次。叢枝菌根菌會在植物細胞之中，長成羽狀瓣。溫帶森林裡主要是外生菌根菌，而外生菌根菌是在超過六十個不同的情境下演化而來（Hibbett et al. [2000]）。法蘭克在十九世紀末觀察到，這些真菌（包括塊菌）包覆在植物的根尖周圍，交織生長成菌毯或菌絲鞘。蘭花有自成一格的菌根關係，有著自己的演化史。杜鵑花科（Ericaceae）的植物也一樣（Martin et al. [2017]）。菲爾德和她的同事目前正在研究完全不同的一群菌根菌，這類菌根菌在二〇〇〇年代晚期才發現，稱為毛黴亞門（Mucoromycotina）。毛黴亞門的菌根菌出現在植物界的各種植物身上，應該和最早的陸生植物一樣古老，不過即使已有數十年的研究，仍然完全不曾受注意。這些菌根菌很可能遠在天邊、近在眼前（van der Heijden et al.[2017]、Cosme et al. [2018]、Hiruma et al. [2018] 和 Selosse et al. [2018]）。

19. 草莓的實驗，見 Orrell（2018）；菌根菌對植物與授粉者交互作用的影響，見 Davis et al.（2019）。

20. 關於羅勒，見 Copetta et al.（2006）；關於番茄，見 Copetta et al.（2011）

及 Rouphael et al.（2015）；關於薄荷，見 Gupta et al.（2002）；關於萵苣，見 Baslam et al.（2011）；關於朝鮮薊，見 Ceccarelli et al.（2010）；關於聖約翰草和紫錐花，見 Rouphael et al.（2015）；關於麵包，見 Torri et al.（2013）。

21. Rayner（1945）。

22. 「智能的社會功能」，見 Hum phrey（1976）。

23. 「互惠的回報」，見 Kiers et al.（2011）。基爾斯和她的同事採用人工系統，因此可以極為精準。他們的植物不是一般植物，而是根部的「組織培養」——切下的根部脫離莖和葉，獨立生長。儘管如此，植物和真菌可以選擇把養分或碳傳送給偏好的夥伴這種情形，也曾出現在整株種植於土壤中的植物（Bever et al. [2009], Fellbaum et al. [2014]、和 Zheng et al. [2015]）。植物和真菌究竟如何調控這些通量，目前所知不多，不過這似乎是植物與真菌關係的共通點（Werner and Kiers [2015]）。

24. 不是所有植物和真菌都能那麼精密地控制它們的交換。有些植物承襲了能力，可以選擇將碳供應給偏好的真菌夥伴。有些植物則沒有這種天賦（Grman [2012]）。有些植物特別依賴它們的真菌夥伴。有些（例如產生粉狀種子的植物）少了真菌就無法發芽；不過許多植物不需要。有些植物在幼嫩時完全不會回報真菌，但逐漸成熟之後就會開始回報，菲爾德稱這種生活方式為「先享受後付出」（Field et al. [2015]）。

25. 資源不均等的研究，見 Whiteside et al.（2019）。

26. 基爾斯和她的同事量測了網絡中的運輸速度，觀察到的最大速度超過每秒五十微米（大約比被動擴散作用的速度快一百倍），而且網絡中的流向經常變動（振盪）（Whiteside et al. [2019]）。

27. 背景條件在菌根關係中扮演的角色，見 Hoeksema et al.（2010）及 Alzarhani et al.（2019）；磷對植物「挑剔程度」的影響，見 Ji and Bever（2016）。即使在同種的植物和真菌之間，個別植物、真菌之間的行為，仍然有很大的差異（Mateus et al. [2019]）。

28. 地球上的樹木數量估測，見 Crowther et al.（2015）。

29. Lekberg 與 Helgason（2018）討論了真菌學研究的知識缺口。

30. 對於植物和真菌之間的交換，以及如何控制交換作用的討論，見 Wipf et

al.（2019）。一則研究中，一株真菌同時連接到兩種不同的植物——亞麻和高粱，結果雖然高粱給真菌的碳比較多，真菌卻把比較多的養分供應給亞麻。根據成本效益分析，應該會預期真菌會供應高粱比較多的養分（Walder et al. [2012] 和 Hortal et al. [2017]）。有些種的植物更極端，完全不把任何碳供應給菌根夥伴。這些例子中，夥伴之間的交換似乎不是根據一報還一報的互惠回報。當然了，可能有許多其他成本效益沒納入考量，不過很難一次量測那麼多變數。因此，大部分的研究都針對少量容易操控的參數，例如碳和磷。這樣提供了精密的細節，但很難把實驗結果拓展到現實世界的複雜情境中（Walder and van der Heijden [2015] 和 van der Heijden and Walder [2016]）。

31. 菌根菌對於大陸尺度森林動態的影響，見 Phillips et al.（2013）、Bennett et al.（2017）、Averill et al.（2018）、Zhu et al.（2018）、Steidinger et al.（2019）及 Chen et al.（2019）；樹木隨著勞倫斯冰蓋後退而遷移的情形，見 Pither et al.（2018）。

32 英屬哥倫比亞大學的研究，見 Pither et al.（2018）及 Zobel（2018）的評論；菌根調節植物入侵石南原的研究，見 Collier and Bidartondo（2009）；植物和菌根夥伴共同遷徙，見 Peay（2016）。

33. Rodriguez et al.（2009）。

34. Osborne et al.（2018）；評論見 Geml and Wagner（2018）。

35. 關於內捲，見 Hustak and Myers（2012）。

36. 對於適應氣候變遷時植物－真菌關係的角色，相關討論見 Pickles et al.（2012）、Giauque and Hawkes（2013）、Kivlin et al.（2013）、Mohan et al.（2014）、Fernandez et al.（2017）及 Terrer et al.（2016）；「驚人的惡化」，見 Sapsford et al.（2017）及 van der Linde et al.（2018）。菌根關係可以藉一些方式來反映地上的世界，例如對土壤養分循環的影響。我們可以把土壤養分循環想成化學的天氣系統。不同類真菌建立的化學「氣候」，有助於決定哪種植物會生長在哪裡。而不同植物的影響，又會回饋到菌根菌的行為。叢枝菌根（arbuscular mycorrhizal, AM）菌是生長在植物細胞內的古老支系，會影響植物的化學天氣系統，而影響的方向和外生菌根（ectomycorrhizal, EM）菌截然不同，而外生菌根菌經過多次演化，以菌絲毯或菌絲鞘的形態生長在植物根部周圍。外生菌根菌和叢枝菌根菌不同，是非共生腐生菌的後代。因此，外生菌根菌比叢枝菌根菌擅長分解有機質。從生態系的尺度來看，這會造成很大的差異。外生菌根菌適合生長在比較冷的氣候，那裡的分解作用比較緩慢。叢枝菌根菌則適合比較溫暖、潮溼的氣候，那裡的分解作用比較快速。外生菌根菌通常會和非共生的腐生菌競爭，減緩碳循環的速度。叢枝菌根菌通常會促進非共生腐生菌的活性，加快碳循環的速度。外生菌根菌會讓更多的碳在表層土壤固定。叢枝菌根菌則使得更多的碳流入下層土壤，在那裡定固（Phillips et al. [2013]、Craig et al. [2018]、Zhu et al. [2018] 和 Steidinger et al. [2019]）。菌根關係也能影響植物和彼此互動的方式。在一些情況下，菌根菌會減輕植物之間的競爭互動，使得優勢較差的植物種類落地生根，增加植物的多樣性（van der Heijden et al. [2008]、Bennett and Cahill [2016]、Bachelot et al. [2017] 和 Chen et al. [2019]）。另一些情況下，菌根菌會讓植物排除競爭者，減少多樣性。有時，植物對菌根群落的回饋可以長達幾代，有時稱為「傳承效應」（legacy effect）（Mueller et al. [2019]）。一則針對北美西岸松小蠹蟲的研究，發現松樹幼苗的存活率取決於它們的菌根群落來自哪裡。如果種下時的菌根菌來自成年松樹死於松小蠹蟲的地方，幼苗的死亡率就比較高。菌根群落會讓松小蠹蟲的影響在一代代松樹之間傳下去（Karst et al. [2015]）。

37. Howard（1945）第 1、2 章。

38. 作物生產倍增，見 Tilman et al.（2002）；農業排放和作物產量的高原階段，見 Foley et al.（2005）及 Godfray et al.（2010）；使用磷肥造成的功能障礙，見 Elser and Bennett（2011）；作物損失，見 King et al.（2017）；三十座足球場，見 Arsenault（2014）；全球食物需求預估，見 Tilman et al.（2011）。

39. 中國傳統農業的研究，見 King（1911）；霍華德對於「土壤生命」的關切，見 Howard（1940）；農業損害土壤微生物群落，見 Wagg et al.（2014）、de Vries et al.（2013）及 Toju et al.（2018）。

40. 農景（Agroscope）的研究，見 Banerjee et al.（2019）；犁地對於菌根群落的影響，見 Helgason et al.（1998）；有機和無機農法對菌根群落影響的比較，見 Verbruggen et al.（2010）、Manoharan et al.（2017）及 Rillig et al.（2019）。

41. 「生態系工程師」，見 Banerjee et al.（2018）；菌根菌在土壤穩定性扮演的角色，見 Leifteit et al.（2014）、Mardhiah et al.（2016）、Delavaux et al.（2017）、Lehmann et al.（2017）、Powell and Rillig（2018） 及 Chen et al.（2018）；菌根菌對土壤水分吸收的影響，見 Martínez–García

et al.（2017）；土壤中儲存的碳，見 Swift（2001）及 Scharlemann et al.（2014）；固定在真菌中的土壤碳分析，見 Clemmensen et al.（2013）及 Lehmann et al.（2017）；土壤中的生物數量估計，見 Berendsen et al.（2012）；世上曾經活過的所有人類數量估計，見 www.prb.org/howmanypeople haveeverlivedonearth/（檢索於 2019 年 10 月 29 日）。

42. 菌根菌對植物逆境抵抗能力的影響，見 Zabinski and Bunn（2014）、Delavaux et al.（2017）、Brito et al.（2018）、Rillig et al.（2018）及 Chialva et al.（2018）。其他一些研究發現，把生長在植物莖內的內生真菌接種到作物上，可能大幅提高作物對乾旱和熱逆境的耐受性（Redman and Rodriguez [2017]）。

43. 菌根關係對作物產量的影響結果難以預測，見 Ryan and Graham（2018），反面的討論見 Rillig et al.（2019）及 Zhang et al.（2019）；菲爾德研究作物對菌根菌的反應，見 Thirkell et al.（2017）；不同作物品種的菌根反應差異，見 Thirkell et al.（2019）。

44. 菌根產品效用的討論，見 Hart et al.（2018）及 Kaminsky et al.（2018）。愈來愈多的產品利用植物的內生真菌來保護作物。二〇一九年，美國環境保護署核准了一種設計給蜂類帶到植物上的真菌殺蟲劑（Fritts [2019]）。

45. 見 Kiers and Denison（2014）。

46. 見 Howard（1940）第 11 章。

47. Bateson（1987）第 4.94 章；Merleau–Ponty（2002）第 1 部，“The Spatiality of One’s Own Body and Motility”。

第六章　全林資訊網

1. Humboldt（1845）第 1 卷，頁 33。由安娜・維斯特麥爾（Anna Westermeier）英譯。一八四九年出版的英譯版，並未出現含有「網狀、交纏的織物」（net–like, entangled fabric）的句子（*Eine allgemeine Verkettung, nicht in einfacher linearer Richtung, sondern in netzartig verschlugenem Gewebe, [. . .], stellt sich allmählich dem forschenden Natursinn dar*）。

2. 那位俄國植物學家是 F・卡緬斯基（F. Kamienski），他在一八八二年發表了他對錫杖花的推測（Trappe[2015]）；放射性葡萄糖的研究，見 Björkman（1960）。

3. 洪堡德的「網狀、交纏的織物」相關討論，見 Wulf（2015）第 18 章。

4. 李德對放射性二氧化碳的研究，見 Francis and Read（1984）。愛德華・I・紐曼（Edward I. Newman）著有一篇經典的共享菌根網絡回顧，在一九八八年評論道，「如果這個現象很普遍，對生態系的功能可能有著深遠的意義」。紐曼辨識出共享菌根網絡可能造成影響的五條途徑：一、種子苗可能迅速和大型菌絲網絡連結，很早就開始從菌絲網絡受惠；二、一株植物可能透過菌絲連結，從另一株植物得到有機物（例如富含能量的含碳化合物），或許足以改善「受惠者」的生長和存活機率；三、如果植物從共同的菌絲體網絡得到礦物質養分，而不是個別從土壤中吸收，植物之間的競爭平衡可能會改變；四、礦物質養分可能從一株植物傳送到另一株，因此或許能減少競爭優勢；五、垂死根部釋放的養分可能透過菌絲連結，直接送到活的根部，完全不用進入土壤溶液中（Newman [1988]）。

5. Simard et al.（1997）。西馬德在英屬哥倫比亞的一片森林中種植了三個樹種的種子苗。其中兩個樹種（白樺和花旗松）和同一類菌根菌建立了關係。第三個樹種（北美西部側柏）和一類沒什麼關係的菌根菌共生。這表示，西馬德可以很確定白樺和花旗松共享同一個網絡，而側柏則只有共享根部空間，卻沒有直接的真菌連結（不過這方式並沒有明確顯示植物維持沒有連結的狀態——之後西馬德的研究在這部分受到了批評）。西馬德對李德先前研究的一個重要更動，是讓種子苗兩兩一對，兩株種子苗暴露的二氧化碳分別用兩種不同的放射性碳同位素標記。每株種子苗只有一種同位素，因此能追蹤碳在植株間的**雙向**移動。雖然可能發現受惠植株從供應植株那裡取得了標記的碳。不過供應植株也可能從受惠植株得到一樣多的碳；若不這麼做，就無從知道。西馬德的方式讓她能計算植物之間的淨移動。

6. Read（1997）。

7. 根嫁接，見 Bader 與 Leuzinger（2019）；「我們應該別那麼注重」，見 Read（1997）。過去幾十年來，根嫁接受到的關注相對之下很少，卻解釋一些有趣的現象，例如「活樹樁」在砍樹之後還能存活很久。根嫁接可以發生在同一株植物的根部、同種植物的不同個體之間，甚至是不同種植物的個體之間。

8. Barabási（2001）。

9. 網際網路的研究，見 Barabási and Albert（1999）；一九九〇年代中期網路科學發展的一般討論，見 Barabási（2014）；「比瑞士錶更多」見 Barabási

（2001）；「宇宙之網」和宇宙的網絡結構，見 Ferreira（2019）清楚明瞭的歸納，以及 Gott（2016）第 9 章、Govoni et al.（2019）及 Umehata et al.（2019），相關評論見 Hamden（2019）。

10. 一些研究發現植物之間具有生物學意義的資源轉移，摘要見 Simard et al.（2015）。「二百八十公斤」，見 Klein et al.（2016）及 van der Heijden（2016）的評論。Klein et al.（2016）與眾不同的研究，量測了一片森林中成熟樹木之間的碳轉移。那些樹木的樹齡接近，表示樹木間沒有明顯的供源－積存梯度。

11. 結果好處不多或時多時少的研究，見 van der Heijden et al.（2009）及 Booth（2004）。整體來看，發現植物明確受惠的實驗，使用的植物會和一類菌根菌——外生菌根菌建立關係。效應比較模稜兩可的研究，檢視的是最老的一類菌根菌——叢枝菌根菌。

12. 對於研究社群中的各種看法，以及對證據的不同解讀，相關討論見 Hoeksema（2015）。一部分的問題是，共享菌根網絡的實驗在控制下的實驗室環境中已經很複雜，更不用說在野外的土壤中了。首先，很難證實出兩株植物之間是由同一真菌連結在一起。生物系統都會外漏。用來處理一株植物的放射性標記，可能通過無數的途徑，最後跑到另一株植物中。此外，任何對網絡的實驗，都需要比較網絡中的植物和非網絡中的植物。問題是，網絡是預設的模式。有些研究者移動植株之間細緻隔網的位置，切斷植株之間的真菌連結。有些則挖溝來分開植株，但很難確定這些干預會不會造成間接傷害。

13. 真菌異營的多個起源，見 Merckx（2013）。達爾文熱愛蘭花，花很多時間思考蘭花的種子那麼小，為何能存活。一八六三年，達爾文在寫給英國皇家植物園園長約瑟夫．胡克（Joseph Hooker）的一封信中寫道，雖然他「沒有證據繼續下去」，但他「深信」發芽的蘭花種子「早期寄生於隱花植物（cryptogam，也就是真菌）」。直到三十年後，才證實真菌是蘭花種子發芽的關鍵（Beerling [2019]，頁 141）。

14. 關於血晶蘭，見 Muir（1912）第 8 章；「千條看不見的細繩」見 Wulf（2015）第 23 章。這是繆爾不斷出現的主題。繆爾也曾寫過「無數牢不可破的細繩」，此外還有他最知名的文句：「我們設法單獨挑出一個東西，就會發現那東西和這宇宙的其他一切都牢不可分。」

15. 供源－積存的動態會調節植物的光合作用。光合作用產物累積時，光合作用速率就會降低。菌根菌網絡會成為碳積存庫，使得光合作用產物不會累積（這樣通常會減緩光合作用速率），因此提高植物的光合作用速率（Gavito et al. [2019]）。

16. 西馬德將種子苗遮蔭，見 Simard et al.（1997）；垂死的植物，見 Eason et al.（1991）。

17. 碳流動的方向調換，見 Simard et al.（2015）。

18. 演化之謎的討論，見 Wilkinson（1998）及 Gorzelak et al.（2015）。

19. 分享過剩的資源當作「公共財」，見 Walder 與 van der Heijden（2015）。另一個可能是，受惠植株收留了多種不同的真菌。環境改變時，甲植物因為乙植物的真菌群落而受益。多樣的真菌群落，成為對抗環境不確定性的保障（Moeller and Neubert [2016]）。

20. 共同的菌根連結會調節近親選擇，見 Gorzelak et al.（2015）、Pickles et al.（2017）及 Simard（2018）。一些種的蕨類發展出一種近親選擇，或親代「養育」，利用的是共享菌絲體網絡，很可能已有數百萬年的歷史（Beerling [2019]，頁 138–40）。這些蕨類屬於石松屬（*Lycopodium*）、石杉屬（Huperzia）、松葉蕨屬〔Psilotum）、小陰地蕨屬（*Botrychium*）和瓶爾小草屬（*Ophioglossum*），生活史有兩個階段。孢子萌發成「配子體」（gametophyte）這種構造。配子體是小型的地下構造，不會進行光合作用，是授精發生的地方。配子體受精之後，會發展成地上的成熟階段，也就是「孢子體」（sporophyte）。孢子體是進行光合作用的地方。配子體和成熟的孢子體共用菌根網絡，靠著菌根網絡提供的碳維生，只能存活在地下。這是「先享受，後付出」的例子。

21. 雙向運輸，見 Lindahl et al.（2001）及 Schmieder et al.（2019）。

22. 一些研究證實了植物參與共享菌根網絡的益處，見 Booth（2004）、McGuire（2007）、Bingham and Simard （2011）及 Simard et al.（2015）。

23. 參與者在共享菌根網絡中沒有受益的研究，見 Booth（2004）；共享菌根網絡導致競爭加劇的情形，見 Weremijewicz et al.（2016）及 Jakobsen and Hammer（2015）。

24. 「真菌快車道」，和真菌運送有毒物質，見 Barto et al.（2011 and 2012）及 Achatz and Rillig（2014）。

25. 關於荷爾蒙，見 Pozo et al.（2015）；透過菌根菌網絡運送細胞核，見 Giovannetti et al.（2004 and 2006）；在寄生植物和寄主之間運送 RNA，見 Kim et al.（2014）；RNA 調控植物和真菌病原體之間的互動，見 Cai et al.（2018）。

26. 細菌利用真菌網絡，見 Otto et al.（2017）、Berthold et al.（2016），及 Zhang et al.（2018）；「菌絲內生」細菌對真菌代謝的影響，見 Vannini et al.（2016）、Bonfante and Desirò（2017）及 Deveau et al.（2018）；粗柄羊肚菌栽培細菌，見 Pion et al.（2013）及 Lohberger et al.（2019）。

27. Babikova et al.（2013）。

28. 番茄株之間的植物間資訊傳遞，見 Song and Zeng（2010）；花旗松和松樹苗之間的逆境訊息傳遞，見 Song et al.（2015a）；花旗松和松樹苗之間的轉移，見 Song et al.（2015b）。

29. 植物中的電子訊號，見 Mousavi et al.（2013）、Toyota et al.（2018），相關評論見 Muday and Brown–Harding（2018）；植物對植食性動物的電位反應，見 Salvador–Recatalà et al.（2014）。植物根部和真菌之間仰賴化學溝通才能建立關係，而這些化學溝通還有許多問題尚待解答。李德曾經嘗試種植真菌異營的血晶蘭（就是繆爾筆下「鮮明耀眼的紅柱」），有了一些進展之後，撞上「一堵磚牆」。李德回憶道：「很神奇。真菌長向種子，顯得興奮又興味盎然——蓬起來，然後說『你好啊』。顯然有在傳遞訊息。可惜我們從來沒有夠大的設施來更進一步。這些訊息傳遞的問題，得由下一代的研究者來努力。」

30. Beiler et al.（2009 and 2015）。其他研究根據互動的物種不同，而研究共享菌根網絡的結構，不過這些研究並沒有明確考量生態系中樹木的空間分布。其中包括 Southworth et al.（2005）、Toju et al.（2014, 2016）及 Toju and Sato（2018）。

31. 如果在貝樂森林樣區裡的樹木之間隨機畫線，最後樹與樹之間的連線數目會差不多。很少樹木的連結特別多或特別少。可以計算每棵樹的平均連結數量，大部分樹木的連結數會落在這個數目附近。以網絡的語彙來說，這種典型節點代表網絡的「尺度」（scale）。不過現實中的情況不大一樣。在貝樂的樣區、巴拉巴西的網絡地圖，或飛機航線網絡中，網絡裡絕大部分的連結都出自少數連結眾多的樞紐。這類網絡的節點彼此差異太大，所以並沒有典型節點。這些網絡沒有尺度，所以稱為「無尺度」網絡。一九九〇年代晚期，巴拉巴西發現了無尺度網，提供了一個架構，可以為複雜系統建立模型。連結眾多與連結稀少的樞紐之間的差異，見 Barabási（2014），“The Sixth Link: The 80/20 Rule”；無尺度網絡的弱點，見 Albert et al.（2000）及 Barabási（2001）；Bascompte（2009）討論了自然界的無尺度網絡。

32. Simard et al.（2012）討論了不同類的共享菌根網絡，以及這些網絡相異的架構；不同叢枝菌根網絡融合的討論，見 Giovannetti et al.（2015）。兩棵樹之間有連結，不表示雙方是以同樣的方式連結。比方說，有些類的赤楊和種類非常少量的真菌建立關係，而這些真菌通常不會和赤楊之外的其他植物建立關係。這表示赤楊有孤立主義者的傾向，會和彼此形成封閉、對內的網絡。從一塊林地的整體架構來看，一片赤楊樹叢會是一個「模組」——內部有大量連結，但鮮有**對外**連結（Kennedy et al. [2015]）。這個概念我們很熟悉。拿一張紙，畫出你認識的人的網絡。然後把每條連結想像成關係。你有多少關係是均等的？你把你和姊妹、你堂表親、工作上的朋友、你的房東視為你社交網絡的等效連結時，你遺漏了什麼？網絡科學家古樂朋（Nicholas Christakis）和詹姆斯．福勒（James Fowler）描述了一個社交網絡連結的「傳染力」（contagion）有多大的影響力。你也許和你妹妹、你房東有社交連結，不過這些連結卻各有不同的影響力和傳染力。古樂朋和福勒發展出一個理論——「三度影響力」來描述社會影響在三度分離之後下滑的情形（Christakis and Fowler [2009] 第 1 章）。

33. Prigogine and Stengers（1984）第 1 章。

34. 將生態系視為複雜適應性系統，見 Levin（2005）；生態系的動態非線性表現，見 Hastings et al.（2018）。

35. 西馬德把共享菌根網絡類比成類神經網絡並列，見 Simard（2018）。其他領域的研究者也有類似看法。Manicka 與 Levin（2019）認為，目前只用於研究腦部功能的工具，應該轉移到其他生物場域，以克服隔離生物探索領域的「主題倉」。在神經科學中，「連結體」（connectome）是腦內神經連結的地圖。有沒有可能繪製一個生態系中菌根連結體的地圖呢？貝樂告訴我：「如果我有無窮的經費，我會在森林裡取樣取到過癮。然後就能非常精確地了解那個網絡——究竟是誰和誰**在哪裡**建立了關係——而且也會對整個系統有宏觀的了解。」類似方式的神經科學研究例子，見 Markram et al.（2015）。

36. Simard（2018）。

37. 賽洛斯向我解釋：「許多真菌和根部互動的方式很隨性。以塊菌為例吧。當然了，你會發現塊菌的菌絲體生長在標準的『寄主』樹木根部。但你也會發現周圍植物的根部長了塊菌菌絲體，那些植物並不是塊菌的一般寄主，通常根本不會建立菌根關係。這些隨性的關係並不是嚴格的菌根關係，不過確實存在。」進一步探討連結不同植物的非菌根菌，見 Toju and Sato（2018）。

第七章　基進真菌學

1. Le Guin（2017）。
2. 許多這些早期的植物（分類為石松類〔lyco phyte〕和蕨類植物〔pteridophyte〕）產生的「真正」木材比較少，一般認為主要的組成是樹皮狀的物質——「周皮」（periderm）（Nelsen et al. [2016]）。
3. 三兆棵樹，見 Crowther et al.（2015）。目前全球生物量分布的最佳估計，認為植物大約占地球總生物量的百分之八十。植物部分中，大約百分之七十估計為「木質」莖和樹幹，因此木材大約占全球生物量的百分之六十（Bar–On et al. [2018]）。
4. 木材組成和木質素與纖維素的相對含量，見 Moore（2013a）第 1 章。
5. 木材分解和酵素燃燒，見 Moore et al.（2011）第 10.7 章以及 Watkinson et al.（2015）第 5 章；八百五十億噸，見 Hawksworth（2009）；二〇一八的全球碳預算，見 Quéré et al.（2018）。其他主要的腐生菌群還有褐腐菌，因為會使木材變成褐色而得名。褐腐菌主要分解木材的纖維素成分。不過褐腐菌也能利用自由基化學，加速木質素分解。褐腐菌的方式和白腐菌稍微不同。褐腐菌不是用自由基來拆開木質素分子，而是產生化學基和木質素發生反應，使木質素容易被細菌腐化（Tornberg and Olsson [2002]）。
6. 那麼大量的木材如何在那麼長的時間中維持不腐壞，一直是廣受討論的主題。二〇一二年《科學》期刊發表的一篇論文中，大衛．希貝特（David Hibbett）領導的團隊指出，白腐菌中木質素過氧化酶的演化，大約和石炭紀末期碳埋藏「驟減」同時發生，表示石炭紀的沉積可能是由於真菌還未演化出分解木質素的能力（Floudas et al. [2012], with commentary by Hittinger [2012]）。這項發現支持了最早由珍妮佛．羅賓森（Jennifer Robinson [1990]）提出的假設。二〇一六年，Matthew Nelsen et al. 發表一篇論文駁斥這個假說，他們的論據如下：一、許多構成石炭紀沉積的植物造成大量的碳埋藏，卻不是主要的木質素生產者。二、分解木質素的真菌和細菌，可能在石炭紀之前就存在了。三、大量的煤層，是在估計白腐菌演化出木質素分解酶的時間之後才形成。四、如果石炭紀之前木質素不曾分解，那麼大氣中所有的二氧化碳應該在不到一百萬年內被移除。見 Nelsen et al.（2016），評論見 Montañez（2016）。這問題並不是那麼顯而易見。分解與碳埋藏的相對速度很難量測，而且難以想像白腐菌分解木質素和其他堅韌木材成分（例如結晶狀纖維素）的能力，對全球的碳埋藏量不造成影響（Hibbett et al. [2016]）。

7. 關於真菌分解煤，見 Singh（2006），頁 14–15；「煤油菌」是一種酵母菌，煤油念珠菌（*Candida keroseneae*）（Buddie et al. [2011]）。

8. Hawksworth（2009）。另外 Rambold et al.（2013）指出，「真菌學應該被視為生物學中的一個領域，和其他主要學科平起平坐」。

9. 中國古時候的真菌學，見 Yun–Chang（1985）；中國現代真菌學和全球蕈類生產的狀況，見《全球真菌現況報告》（*State of the World's Fungi*, 2018）；蕈類中毒的死亡人數，見 Marley（2010）。

10.《全球真菌現況報告》（*State of the World's Fungi*, 2018）；Hawksworth（2009）。

11.「宇宙動物園」（zooniverse）是個數位平臺，人們可以參與眾多領域的研究計畫；關於公民科學和宇宙動物園近來的歷史，見 Lintott（2019），回顧見 West（2019）；「專業民眾」關於愛滋病危機的經典討論，見 Epstein（1995）；現代群眾外包（crowdsourced）參與科學的討論，見 Kelty（2010）；生態學的公民科學，見 Silvertown（2009）；Werrett（2019）討論了家中實驗性「節儉」科學的歷史。達爾文的研究是著名的例子。他幾乎一輩子都在家進行幾乎所有的工作。他在窗檯上種蘭花，在果園種蘋果，在露臺養養鴿和蚯蚓。達爾文用來支持他演化理論的大部分證據，都來自業餘動、植物培育者的網絡，而達爾文持續和一些組織良好的業餘採集者與後院愛好者的網絡大量通信（Boulter [2010]）。今日，數位平臺開啟了新的可能性。二〇一八年底，一陣低頻的地鳴傳過全球，卻逃過主流地震偵測系統的法眼。學界和民間的地震學家在推特上互動，即時合作，才拼湊出這陣地鳴的軌跡和身分（Sample [2018]）。

12. DIY 真菌學的歷史，見 Steinhardt（2018）。

13. McCoy（2016）。

14. 農業廢料的數據，見 Moore et al.（2011）第 11.6 章；墨西哥市的尿布，見 Espinosa–Valdemar et al.（2011）——留著塑膠膜，仍然會減少百分之七十的重量，十分驚人。關於印度的農業廢料，見 Prasad（2018）。

15. 白堊紀一第三紀滅絕事件時的真菌增殖，見 Vajda 與 McLoughlin（2004）；廣島原爆後的松茸，見 Tsing（2015）,“Prologue”。安清在她的筆記中注明，這說法的來源很難查明。

16. 鮑魚菇從菸蒂長出的影片，見 https://web.archive.org/web/20200429100059/https://www.youtube.com/watch? v=fCAX9P50SNU（檢索於 2019 年 10 月 29 日）。

17. Harms et al.（2011）討論了非專一真菌酵素和分解毒素的潛力。

18. 二〇一五年，史塔麥茲得到美國真菌學會（Mycological Society of America）頒發的獎項。官方聲明將史塔麥茲形容為「真菌學社群中極有原創性、自學而成的一員，對於真菌學領域有著重大的而長久的影響」（fungi.com/blogs/articles/paul–receives–the–gordon–and–tina–wasson–award，檢索於 2019 年 10 月 29 日）。二〇一八年提姆．費里斯（Tim Ferris）的訪談中，史塔麥茲解釋道，他是因為「有史以來無人比他讓更多學生投入真菌學」而獲獎（tim.blog/2018/10/15/the–tim–ferriss–show–transcripts–paul–stamets/，檢索於 2019 年 10 月 29 日）。

19. 甲基膦酸二甲酯，見 Stamets（2011），“Part II: Mycorestoration”。要注意，這裡沒提到變藍裸蓋菇——這是史塔麥茲親自告訴我的。

20. 真菌分解毒素的能力總結，見 Harms et al.（2011）；真菌修復法更廣泛的討論，見 McCoy（2016）第 10 章。

21. 菌絲體公路，見 Harms et al.（2011）；大腸桿菌的真菌過濾法，見 Taylor et al.（2015）；用菌絲體回收黃金的芬蘭公司，見 https://web.archive.org/web/20200429095819/https://phys.org/news/2014–04–filter–recover–gold–mobile–scrap.html（檢索於 2019 年 10 月 29 日）。一些研究指出，車諾比的核子落塵之後，蕈類在放射性重金屬銫之中受到滋養（Oolbekkink and Kuyper [1989]、Kammerer et al.[1994] 及 Nikolova et al.[1997]）。

22. 真菌的額外需求，見 Harms et al.（2011）；挑戰見 McCoy（2016）第 10 章。

23. 關於真菌共續（CoRenewal）組織，見 corenewal.org（檢索於 2019 年 10 月 29 日）；加州大火之後的真菌清除情形，見 newfoodeconomy.org/mycoremediation–radical–mycology–mushroom–natural–disaster–pollution–clean–up/（檢索於 2019 年 10 月 29 日）；丹麥港口的鮑魚菇擋柵，見 www.sailing.org/news/87633.php#.XCkcIc9KiOE（檢索於 2019 年 10 月 29 日）。

24. 消化聚胺酯的真菌，見 Khan et al.（2017）；真菌消化塑膠的其他例子，見 Brunner et al.（2018）。蘑菇山（Mushroom Mountain）組織的真菌學家查德・柯特（Tradd Cotter）策畫了一個群眾外包的倡議計畫，從不尋常的地方收集真菌品系；見 newfoodeconomy.org/mycoremediation–radical–mycology–mushroom–natural–disaster–pollution–clean–up/（檢索於 2019 年 10 月 29 日）。

25. 關於瑪麗・杭特，見 Bennett and Chung（2001）。「群眾」未必一定要是「非科學家」。二〇一七年，地球微生物群系計畫（Earth Microbiome Project）在《自然》期刊發表的一則研究，由於獨特的研究法而吸引了關注。研究者呼籲全球的科學家提供保存良好的環境樣本，納入全球微生物多樣性的調查（Raes [2017]）。

26. 達爾文每年都和他一位牧師堂兄比賽，看誰能用最新的品種雜交，種出最大顆的梨。這比賽成為家族的一大樂事。見 Boulter（2010），頁 31。

27. 關於吳三公，見 McCoy（2016），頁 71；關於「巴黎」菇，見 Monaco（2017）；歐洲的栽培通史，見 Ainsworth（1976）第 4 章。生長在巴黎的地下蕈類故事到了現代，出現一個轉折。巴黎的汽車持有量持續下滑，幾座地下停車場轉型成了成功的食用菇養菇場，見 www.bbc.co.uk/news/av/business–49928362/turning–paris–s–underground–car–parks–into–mushrooms–farms（檢索於 2019 年 10 月 29 日）。

28. 確實不只人類會處理菇類。幾種北美的松鼠會把菇類先乾燥再貯藏，之後食用（O'Regan et al. [2016]）。

29. 大白蟻蟻巢的歷史，見 Erens et al.（2015）；大白蟻社會的複雜程度，見 Aanen et al.（2002）。

30. 大白蟻消化和多產的代謝作用，見 Aanen et al.（2002）、Poulsen et al.（2014）及 Yong（2014）。

31. 吃下「私有財產」的白蟻，見 Margonelli（2018）第 1 章；吃鈔票的白蟻，見 www.bbc.co.uk/news/world–south–asia–13194864（檢索於 2019 年 10 月 29 日）；討論史塔麥茲的殺蟲真菌產品，見 Stamets（2011），"Mycopesticides"。二〇一九年在《自然》期刊發表的一則研究指出，布吉納法索的一個「近似自然環境」中，受過基因改造的黑殭菌品系能剷除幾乎所有的蚊子。作者提議使用改造的黑殭菌品系，對抗瘧疾蔓延（Lovett et al. [2019]）。

32.「喚醒」土壤，見 Fairhead and Scoones（2005）；白蟻土的好處，見 Fairhead（2016）；法國駐軍被毀，見 Fairhead and Leach（2003）。

33.精神階級，見 Fairhead（2016）。幾內亞一些地方的人們會把大白蟻蟻巢內取得的泥土塗在房屋牆面（Fairhead [2016]）。

34.討論真菌做成的材料，見 Haneef et al.（2017）及 Jones et al.（2019）；波特菇和電池，見 Campbell et al.（2015）；真菌製的皮膚替代物，見 Suarato et al.（2018）。

35.抗白蟻的真菌材質，見 phys.org/news/2018–06–scientists–material–fungus–rice–glass.html（檢索於 2019 年 10 月 29 日）。菌絲體建築材料已經用於一些知名的展覽，包括二〇一四年在紐約現代藝術博物館（Museum of Modern Art）的 PS1 藝廊展亭，以及印度科欽（Kochi）的菌絲體殼設施。

36.美國太空總署在太空栽培建築物，見 www.nasa.gov/ directorates/spacetech/niac/2018_Phase_I_Phase_II/Myco–architecture_o_planet/（檢索於 2019 年 10 月 29 日）；利用真菌「自我修復」水泥，見 Luo et al.（2018）。

37.要製造木材－菌絲體複合材料，需把鋸屑和玉米混合成溼潤的漿。混合物接種真菌菌絲體之後，灌入塑膠模具。菌絲體會「鑽透」基質，形成由環環相扣的菌絲體和部分分解的木頭構成的一個模造物。皮革和軟泡棉又是另一回事了。不是把接種的基質填進模具裡，而是塗在平坦的面上。只要控制生長環境，就能誘使菌絲體往上空生長。不到一週，海綿質層就能收成了。壓縮、染色之後，能產生觸感非常像皮革的材質。直接乾燥，就會形成泡棉。

38.拜爾的長期目標是了解菌絲體產生實體結構的生物物理學。「我把真菌視為奈米科技的組裝者，把分子放到該放的地方。」拜爾解釋道。「我們正在設法了解微纖維的三維方向性如何影響材質的特性——強度、耐久性和彈性。」拜爾的期許是發展出可以設計基因的真菌。他解釋道，達成這個程度的控制之後，「我們就能運用一種不同的材質。甚至應該可以讓真菌分泌像甘油這樣的塑化劑。然後就會得到自然更有彈性、防水的東西。可以做的事情好多。」可以這個詞是關鍵。真菌的遺傳錯綜複雜，我們的了解有限。插入一個基因、讓真菌表現這個基因是一回事。插入基因、讓真菌穩定地用預期中的方式表現基因，是另一回事。而發布一系列的遺傳指令，規畫真菌的行為，又是另一回事了。

39 用真菌建造史無前例，所以許多研究必須從頭做。對拜爾來說，比起直截了當的生產，這是更大的重點。過去十年間，他們投資了三千萬美元在研究。要這樣和菌絲體合作，就需要新方　、新方式來說服真菌生長、改變行為。

40. 真菌建築，見 info.uwe.ac.uk/news/uwenews/news.aspx?id=3970 及 www.theregister.co.uk/2019/09/17/like_computers _love_fungus/（皆檢索於 2019 年 10 月 29 日）。

41. 授粉者的重要性與授粉者數量減少的情形，見 Klein et al.（2007）及 Potts et al.（2010）；蜂蟹蟎造成的問題，見 Stamets et al.（2018）。

42. 關於真菌抗病毒物質的回顧，見 Linnakoski et al.（2018）；生物防禦計畫的討論，見 Stamets（2011）第 4 章。史塔麥茲告訴我，發現抗病毒活性最強的真菌是藥用擬層孔菌（*Laricifomes officinalis*）、白樺茸（*Inonotus obliquus*）、靈芝（*Ganoderma spp.*）、樺樹多孔菌（*Fomitopsis betulina*）和雲芝（*Trametes versicolor*）。中國有著記載最詳盡的藥用真菌史，在中國，藥用真菌在藥典中占有重要的地位，至少已兩千年。草藥誌的經典《神農本草經》大約成書於西元兩百年，一般認為是遠比較古老的口述傳統編纂而成，其中七種真菌是至今仍在使用的藥材，包括靈芝（*Ganoderma lucidum*）和豬苓（*Polyporus umbellatus*）。靈芝是最受推崇的一種藥用真菌，在無數的畫作、雕刻和刺繡作品中都能看到（Powell [2014]）。

43. Stamets et al.（2018）。

第八章　走進真菌的微宇宙

1. Haraway（2016）第 4 章。
2. 關於人類微生物群系中的酵母菌，見 Huffnagle and Noverr（2013）。酵母基因組定序，見 Goffeau et al.（1996）；因酵母菌而得的諾貝爾獎，見《全球真菌現況報告》（*State of the World's Fungi*, 2018），“Useful Fungi”。
3. 早期釀酒證據的討論，見 Money（2018）第 2 章。
4. Lévi–Strauss（1973），頁 473。
5. 關於馴養酵母，見 Money（2018），第 1 章，以及 Legras et al.（2007）；啤酒先於麵包，見 Wadley and Hayden（2015）及 Dunn（2012）。農業發展影響了人類與真菌之間的一些關係。許多植物的真菌病原體應該是和馴化的作物同步演化。今日的情況也一樣，馴化和栽培讓植物的真菌病原體得到了新的機會（Dugan [2008]，頁 56）。

6. 我受到《神聖草藥與療癒啤酒》（*Sacred Herbal and Healing Beers*）的啟發（Buhner [1998]）。

7. 蘇美人與《埃及亡者之書》，見 Katz（2003）第 2 章；關於奇奧蒂人，見 Aasved（1988），頁757；戴奧尼索斯，見Keré nyi（1976），以及Paglia（2001）第 3 章。

8. 生物技術中的酵母菌相關討論，見 Money（2018）第 5 章；Sc2.0，見 syntheticyeast.org/sc2–0/introduction/（檢索於 2019 年 10 月 29 日）。

9. 敘事詩見 Yun–Chang（1985）；山口素堂的俳句出自 Tsing（2015），“Prologue”；大阿爾柏圖斯的引文出自 Letcher（2006），頁 50；傑瑞德的引文，出自 Letcher（2006），頁 49。

10. Wasson and Wasson（1957）第 II 卷第 18 章。瓦森夫婦用他們的分類來劃分這個世界。美國（瓦森是美國人）、盎格魯撒克遜人和斯堪的納維亞人都是恐菇。俄國（瓦倫提娜是俄國人）、斯拉夫和加泰隆尼亞是戀菇。瓦森夫婦輕蔑地表示：「希臘人一向是恐菇。」「我們在古希臘人的文字中，從頭到尾都找不到一個對菇類有熱情的文字。」當然了，事情很少那麼單純。瓦森夫婦建構了一個二元的系統，卻也最先瓦解這系統的明確界線。他們觀察到，芬蘭人「傳統上是恐菇」，但從前俄國人會去度假的地方，學會「認識、喜愛許多種的菇」。不過瓦森夫婦沒說，改過自新的芬蘭人究竟落在他們系統的兩極之間什麼地方。

11. 真菌和細菌重新分類，見 Sapp（2009）， 頁 47；討論真菌分類學的歷史，見 Ainsworth（1976）第 10 章。

12. 泰奧弗拉斯托斯，見 Ainsworth（1976），頁 35；真菌和雷擊的關係，與歐洲人對真菌了解程度的一般討論，見 Ainsworth（1976）第 2 章；「真菌目」和真菌分類學的精采通史，見 Ramsbottom（1953）第 3 章。

13. Money（2013）。

14. Raverat（1952），頁 136。

15. 記載中最早的一次分類嘗試是在一六〇一年，把蕈類的物種區分成「可食」和「有毒」兩大類，著眼於蕈類和人體的潛在關係（Ainsworth [1976]，頁183）。這些判斷通常沒什麼意義。例如釀酒啤母菌可以用來做麵包、釀酒，然而一旦進入血液裡，就可能導致感染，危及生命。

16.「互利共生」這個詞在剛出現的幾十年間是指早期一派無政府主義者的思想，明顯地有政治意涵。「Organism」──生物、有機體的概念，在十九世紀晚期的德國生物學家眼中，也完全是以政治的角度去理解。魯道夫·魏修（Rudolf Virchow）認為生物是由一個合作的細胞群體組成，每個細胞都為整體的利益而努力，就像一群獨立合作的公民，是健康國族國家運作的基礎（Ball [2019] 第 1 章）。

17.「仍然很邊緣」，見 Sapp（2004）。達爾文天擇演化理論、湯瑪斯·馬爾薩斯（Thomas Malthus）對糧食供給和人口的分析，以及亞當·斯密的市場理論之間的關係，受到不少的學術關注。例如 Young（1985）。

18. Sapp（1994）第 2 章。

19. Sapp（2004）。

20. 關於李約瑟，見 Haraway（2004），頁 106；Lewontin（2000），頁 3。

21. 荷蘭自由大學教授托比·基爾斯是把「生物市場架構」應用在植物與真菌互動的一位主要倡導者。生物市場本身不是新的概念──其實用於思考動物行為已經數十年了。不過基爾斯和她的同事率先把這概念用於沒有腦子的生物（例如 Werner et al. [2014]、Wyatt et al. [2014]、Kiers et al. [2016] 和 Noë and Kiers [2018]）。對基爾斯來說，經濟的比喻是經濟模式的基礎，而經濟模式是有用的調查工具。基爾斯告訴我，「這和做出人類市場的類比無關」，而是關乎「讓我們做出更經得起考驗的預測」。植物和真菌交易是個多樣到令人眼花的世界。經濟模式不把這世界一股腦歸到「複雜性」或「依賴脈絡」的模糊概念，而是使之可以分解成交互作用的密集網絡，測試基本的假設。基爾斯發現植物和菌根菌會用「互惠回報」來調節碳和磷的交換，之後開始對生物市場產生了興趣。植物如果從真菌得到比較多磷，就會提供真菌比較多的碳；而真菌如果得到比較多碳，就會提供植物比較多的磷（Kiers et al. [2011]）。在基爾斯看來，市場模式提供了一種方式，讓人了解這些「策略貿易行為」可能是如何演進、在不同狀況下如何改變。「目前這是非常有用的工具，甚至讓我們可以設置不同的實驗。」她解釋道。「我們可以說，『理論顯示，我們增加夥伴的數量時，貿易策略會依據那些資源，而有某種改變』。因此我們才能設置實驗──我們來試試改變夥伴的數量，看這策略會不會真的改變。這是傳聲的媒介，而不是死板的規章。」在這個例子中，市場架構是工具，是一系列的故事，根據的是人類互動有助於構思關於這世界的問題、產生新觀點。不過這並不是說（像克魯泡特金所言）人類應該依據非人生物的行為來決定自己的行為。也不是說植物和真菌其實是會做理性決策的資本主義者。當然了，即使是，植物與真菌的表現也不大可能完全符合特定的人類經濟模式。任何經濟學家都會承認，人類市場實際上不會表現得像「理想」的市場。雖然建構了模式來涵納人類經濟生活，但人類經濟生活複雜紛亂，超出了那些模式。而且其實真菌的生活也無法剛好符合生物市場理論。首先，生物市場（就像衍生出生物市場的人類資本主義市場）需要可以分辨因自己利益而行動的個別「商人」。真相是，怎樣算個別「商人」，目前還不清楚（Noë and Kiers [2018]）。「單一」菌根菌的菌絲體可能和另一菌根菌的菌絲體融合，最後網絡中有一些不同類的核（幾個不同的基因組）在流動。怎樣算是個體呢？是一個核？還是一個互連的網絡？或是一個網絡中的一叢？對於這個挑戰，基爾斯很坦率。「如果生物市場理論不適合研究植物和真菌之間的交互作用，那麼我們就不再用了。」市場架構的工具，無法事先知道用途。儘管如此，生物市場對這領域的一些研究者而言，是個問題。基爾斯說過：「即使沒特別的理由，這爭論也能變得情緒化。」或許這是因為生物市場架構刺激到了社會政治的敏感神經？世上的人類經濟制度很多，形形色色。不過生物市場架構這理論的本體，和自由市場資本主義驚人地相似。如果比較不同文化體系發展出的經濟模式的價值，會有幫助嗎？貢獻價值的方式很多。可能有其他沒考慮到的貨幣。

22. 網際網路和全球資訊網比起許多人類科技，更是一個自我組織的系統（引用巴拉巴西的話，看起來全球資訊網「和細胞或生態系的共通點，比瑞士錶更多」）。話說回來，這些網路是由機器和協定構成，少了持續的人類關注，就會停止運作。

23. 薩普跟我說的一個故事，說明了生物學家的比喻多麼容易成為閃燃點。他注意到，許多生物學家把更大、更複雜的生物（例如動物和植物）描繪得比它們的細菌或真菌夥伴更「成功」。薩普對這種論點稍稍表達了懺悔。「根據的是哪種成功的定義？據我所知，這世界是微生物當家作主。這個星球屬於微生物。一開始就有微生物，最後也會有微生物，那時複雜的『高等』動物早就不在了。微生物產生了我們所知的大氣和生命，構成我們大部分的身體。」薩普解釋了他是怎麼觀察到演化生物學家約翰．梅納德．史密斯（John Maynard Smith）改變一個比喻，就降低了微生物的重要性。如果一個微生物從一段關係中獲益，梅納德．史密斯稱之為「寄生微生物」，大型的生物則稱為「寄主」。然而，如果大型生物在控制微生物，梅納德．史密斯並沒有稱大型生物為寄生生物。他換了比喻，稱大型生物為「主」，微生物為

「奴」。薩普的顧慮是，微生物不是寄生就是受到奴役，不過對梅納德·史密斯而言，這絕不能理解成會左右寄主的優勢夥伴。微生物絕不會是控制的一方。

24. 關於普波威（puhpowee）這個詞，見 Kimmerer（2013），“Learning the Grammar of Animacy” 和 “Allegiance to Gratitude”。荷蘭靈長類學者法蘭斯·德瓦爾（Frans de Waal）看人們用「擬人化」的罪名為人類例外論開脫，深感挫折，他抱怨「人類否定論」（anthropodenial）：「是對於人類與動物共同特徵的先驗排斥，但這些共同特徵其實可能存在」（de Waal [1999]）。

25. Hustak 與 Myers（2012）。

26. 英格德（Ingold）問，如果把真菌（而不是動、植物）視為「生命形態的典範」，人類的思想會有多大的不同？他探討了採用「真菌模式」生命的含義，主張人類一樣深陷於網絡之中，只不過我們的「關係途徑」比真菌更難以分辨（Ingold [2003]）。

27. 「共享資源」見 Waller et al.（2018）。

28. Deleuze and Guattari（2005），頁 11。

29. Carrigan et al.（2015）。乙醇脫氫酶和乙醛脫氫酶（acetaldehyde dehydrogenase）不同；乙醛脫氫酶這種酵素也負責代謝乙醇，在不同人類族群之間有差異，可能導致一些人難以代謝酒精。

30. 醉猴子假說，見 Dudley（2014）。真菌感染證實會提高水果的香氣，吸引動物取食（Peris et al. [2017]）。

31. Wiens et al.（2008）及 Money（2018）第 2 章。

32. 生質燃料生產在美國的後果，見 Money（2018）第 5 章；土地利用改變與生質燃料，見 Wright and Wimberly（2013）；補貼與碳釋放，見 Lu et al.（2018）。

33. Stukeley（1752）。

後記：這堆堆肥

1. Ladinsky（2002）。

真菌微宇宙

看生態煉金師如何驅動世界、推展生命，連結地球萬物

Entangled Life: How Fungi Make Our Worlds, Change Our Minds & Shape Our Futures

作者 梅林·謝德瑞克Merlin Sheldrake
審訂 張東柱
譯者 周沛郁
封面設計 莊謹銘
內頁排版 高巧怡
行銷企劃 林瑀、陳慧敏
行銷統籌 駱漢琦
業務發行 邱紹溢
營運顧問 郭其彬
責任編輯 何韋毅
總編輯 蔣慧仙
出版 果力文化／漫遊者文化事業股份有限公司
地址 台北市松山區復興北路331號4樓
電話 (02) 2715-2022
傳真 (02) 2715-2021
服務信箱 service@azothbooks.com
網路書店 www.azothbooks.com
臉書 www.facebook.com/azothbooks.read
營運統籌 大雁文化事業股份有限公司
地址 台北市松山區復興北路333號11樓之4
劃撥帳號 50022001
戶名 漫遊者文化事業股份有限公司
初版一刷 2021年8月
出版三刷(1) 2021年11月
定價 台幣480元
ISBN 978-986-06336-2-7

國家圖書館出版品預行編目 (CIP) 資料

真菌微宇宙：看生態煉金師如何驅動世界、推展生命，連結地球萬物／梅林·謝德瑞克（Merlin Sheldrake）著；周沛郁譯. -- 初版.-- 臺北市：果力文化，漫遊者文化事業股份有限公司，2021.08
320 面；15×21 公分
譯自：Entangled life: how fungi make our worlds, change our minds and shape our futures.
ISBN 978-986-06336-2-7（平裝）
1. 真菌
379.1 110010497